中等职业教育土木类专业规划教材

土木工程概预算
TUMU GONGCHENG GAIYUSUAN

主 编 朱凤兰 韩军峰
主 审 吴安保

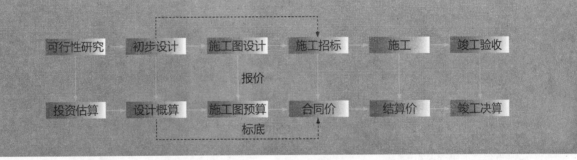

内容提要

本书分别以《铁路基本建设工程设计概(预)算编制办法》、《铁路工程工程量清单计价指南》和《公路工程基本建设项目概算预算编制办法》、《公路工程工程量清单计量规则》为依据，系统介绍了基本建设定额和铁路、公路工程概预算编制的原理与方法，突出职业性、实用性、创新性，具有结构新颖、图文并茂、内容全面、通俗易懂、案例丰富的特点。

全书共分六单元阐述，具体内容有工程造价基础知识、定额概论、铁路工程概(预)算编制、公路工程概(预)算编制方法、工程量清单计价、工程计量与价款结算。

本书被列入"中等职业教育土木类专业规划教材"，可作为工程管理、土木工程专业相关课程的教材，也可供铁路、公路施工、招投标、预算、监理等相关人员参考。

图书在版编目(CIP)数据

土木工程概预算 / 朱凤兰，韩军峰主编. — 北京：人民交通出版社，2011.8
ISBN 978-7-114-09271-8

I. ①土… II. ①朱… ②韩… III. ①土木工程－建筑概算定额②土木工程－建筑预算定额 IV. ①TU723.3

中国版本图书馆 CIP 数据核字(2011)第138836号

中等职业教育土木类专业规划教材

书　　名：	土木工程概预算
著 作 者：	朱凤兰　韩军峰
责任编辑：	刘彩云
出版发行：	人民交通出版社
地　　址：	(100011)北京市朝阳区安定门外外馆斜街3号
网　　址：	http：//www.ccpress.com.cn
销售电话：	(010)59757973
总 经 销：	人民交通出版社发行部
经　　销：	各地新华书店
印　　刷：	北京交通印务实业公司
开　　本：	787×1092　1/16
印　　张：	20.5
字　　数：	430千
版　　次：	2011年8月　第1版
印　　次：	2013年2月　第2次印刷
书　　号：	ISBN 978-7-114-09271-8
定　　价：	39.00元

(有印刷、装订质量问题的图书由本社负责调换)

中等职业教育土木类专业规划教材
编审委员会

主 任 委 员　徐　彬

副主任委员　（以姓氏笔画为序）

　　　　　　　安锦春　陈苏惠　陈志敏　陈　捷　张永远
　　　　　　　张　雯　徐寅忠　曹　勇　韩军峰　蒲新录

委　　　员　（以姓氏笔画为序）

　　　　　　　王丽梅　石长宏　刘　强　朱凤兰　朱军军
　　　　　　　米　欣　宋　杨　张建华　张维丽　李志勇
　　　　　　　李忠龙　李荣平　杨立新　杨　伟　杨　妮
　　　　　　　苏娟婷　连建忠　陈　宇　房艳波　姚建英
　　　　　　　姜东明　姜毅平　禹凤军　钟起辉　徐　成
　　　　　　　徐瑞龙　强天林　焦仲秋　程达峰　韩高楼
　　　　　　　褚红梅

丛 书 编 辑　刘彩云　（lcy@ccpress.com.cn）

中等职业教育土木类专业规划教材
出 版 说 明

近年来,国家大力发展中等职业教育,中职教育获得了前所未有的发展,而且随着社会需求的不断变化,以及中职教育改革的不断深化,中职教育也面临着新的机遇和挑战;同时,随着我国城市化的推进和交通基础设施建设的蓬勃发展,公路、铁路、城市轨道交通等领域的大规模建设,对技能型人才的需求非常强烈,为土木类中职教育的发展提供了难得的契机。

为贯彻落实《国家中长期教育改革和发展规划纲要(2010—2020 年)》以及《中等职业教育改革创新行动计划(2010—2012 年)》等一系列文件的精神和要求,加快培养具有良好职业道德、必要文化知识、熟练职业技能等综合职业能力的高素质劳动者和技能型人才,人民交通出版社在有关学会和专家的指导下,组织全国十余所土木类重点中职院校,通过深入研讨,确立面向"十二五"的新型教材开发指导思想,共同编写出版本套中职土木类专业规划教材,意在为广大土木类中职院校提供一套具有鲜明中职教育特点、体现行业教育特色、适用且好用的高品质教材,以不断推进中职教学改革,全面提高中职土木类专业教育教学质量。

本套教材主要特色如下:

(1)面向"十二五",积极适应当前的职业教育教学改革需要,确保创新性和高质量。

(2)充分体现行业特色,重点突出教材与职业标准的深度对接,以及铁道、公路、城市轨道交通知识体系的深入交叉、整合、渗透,以满足教学培养和就业需要。

(3)立体化教材开发,教材配套完善——以"纸质教材+多媒体课件"为主体,配套实训用书,建设网络教学资源库,形成完整的教学工具和教学支持服务体系。

(4)纸质教材编写上,突出简明、实务、模块化,着重于图解和工程案例教学,确保教材体现较强的实践性,适合中职层次的学生特点和学习要求;当前高速公路、高速铁路、城市地铁、隧道工程建设发展迅速,技术更新较快,邀请企业人员与高等院校专家全程参与教材编写与审定,提供最新资料,确保所涉及技术和资料的先进性和准确性;结合双证书制进行教材编写,以满足目前职业院校学生培养中的双证书要求。

本套教材开发依据教育部新颁中等职业学校专业目录中的土木类铁道施工与养护、道路与桥梁工程施工、工程测量、土建工程检测、工程造价、工程机械运用与维修等专业要求，最新修订的全国技工院校专业目录中的公路施工与养护、桥梁施工与养护、公路工程测量、建筑施工等专业，以及公路、铁路、隧道及地下工程等土建领域的相关专业要求，面向上述领域的各职业和岗位，知识相互兼容与涵盖。本套教材可供上述各专业使用，其他相关专业以及相应的继续教育、岗位培训亦可选择使用。

人民交通出版社
中等职业教育土木类专业规划教材编审委员会
2011年6月

前 言

土木工程概(预)算,是基本建设计划、招投标、设计、施工、监理等各项管理工作的重要基础,也是基本建设投资、拨款、贷款,银行监督,实行投资包干、工程招标、投标,签订承发包合同的主要依据。因此,它是基本建设管理工作中一个重要而不可缺少的环节。特别是随着我国铁路、公路工程新一轮概预算编制办法的颁布以及工程量清单计价模式在全国的推行,铁路、公路建设领域以市场自主定价为导向的工程造价改革已进入实施阶段,这在客观上要求广大工程技术人员与管理者必须紧跟目前的改革趋势,更新观念,掌握和理解铁路、公路工程施工概(预)算编制的新知识、新方法,提高自身业务能力。

本书共分6个单元,详细、系统地阐述了基本建设、定额及铁路、公路工程概(预)算编制的原理、程序和方法。铁路工程概(预)算部分详细介绍了铁道部铁建设[2006]113号文公布的《铁路基本建设工程设计概(预)算编制办法》的相关原理,并通过大量的示例介绍了具体的使用方法;依据铁道部颁布的《铁路工程工程量清单计价指南》,介绍了铁路工程工程量清单的编制及应用原理,对铁路拆迁工程、路基工程、桥涵工程、隧道及明洞工程、轨道工程、站后工程及大临工程的构造和工程量计算规则作了较为详细的介绍。公路工程概(预)算部分以交通运输部2007年第33号文公布的《公路工程基本建设项目概算预算编制办法》和《公路工程工程量清单计量规则》为依据,全面介绍了公路工程概(预)算编制原理和各分类工程工程量清单计量规则与方法。

本书在编写的过程中本着"简明扼要、综合性强、实践性强、强调行业特色"的宗旨,广泛吸收新工艺、新方法、新规范、新标准,着重突出职业性、实用性、创新性,具有结构新颖、图文并茂、内容全面、通俗易懂、案例丰富的特点。

本书由齐齐哈尔铁路工程学校朱凤兰、太原铁路机械学校韩军峰担任主编,朱凤兰负责全书的统稿工作。具体编写分工为:单元1、单元5、单元6由齐齐哈尔铁路工程学校朱凤兰编写,单元2、单元3中的3.1、3.2和单元4中4.1、4.2由齐齐哈尔铁路工程学校王丹编写,单元3中的3.3~3.6和单元4中的4.3由中铁二十三局二公司张时钟编写。

由于本书涉及的内容广泛,许多方面在我国仍属于需要研究和探索的课题,加之作者水平有限,难免存在错误和不足之处,敬请读者批评指正。

编 者
2011年6月

目 录

单元 1　工程造价基础知识 ··· 1
　1.1　基本建设概述 ·· 1
　1.2　基本建设程序 ·· 8
　1.3　建设项目投资控制测算体系 ·· 19
　1.4　工程造价及其计价特点 ··· 25
　1.5　工程造价计价依据 ··· 29
　单元小结 ·· 33
　拓展阅读 ·· 34
　练习题 ··· 35

单元 2　定额概论 ··· 36
　2.1　定额及定额的作用 ··· 36
　2.2　制订定额的基本方法 ·· 41
　2.3　定额的分类 ·· 48
　2.4　定额的基本内容 ·· 52
　2.5　定额的构成及应用 ··· 57
　单元小结 ·· 68
　拓展阅读 ·· 68
　练习题 ··· 69

单元 3　铁路工程概(预)算编制 ·· 70
　3.1　铁路工程概(预)算费用组成 ··· 70
　3.2　铁路工程概(预)算费用计算方法 ··· 74
　3.3　铁路工程概(预)算编制程序及原则 ·· 108
　3.4　铁路工程概(预)算编制内容要求 ··· 115
　3.5　铁路工程概(预)算编制方法 ··· 119
　3.6　铁路工程概(预)算编制步骤与方法 ·· 121
　单元小结 ·· 128
　拓展阅读 ·· 128
　练习题 ··· 130

单元 4　公路工程概(预)算编制方法 ·· 131
　4.1　公路工程概(预)算费用组成 ··· 131

4.2 公路工程概算费用计算方法 …… 132
4.3 公路工程概(预)算编制 …… 170
单元小结 …… 178
拓展阅读 …… 178
练习题 …… 179

单元5 工程量清单计价 …… 180
5.1 工程量清单 …… 180
5.2 工程量清单计价 …… 188
5.3 工程量清单投标报价 …… 212
5.4 合同计价 …… 221
5.5 投标报价的策略 …… 224
单元小结 …… 226
拓展阅读 …… 226
练习题 …… 227

单元6 工程计量与价款结算 …… 228
6.1 工程计量 …… 228
6.2 工程变更及其价款确定 …… 238
6.3 工程价款的结算 …… 244
单元小结 …… 252
拓展阅读 …… 252
练习题 …… 254

附录1 设备与材料的划分标准 …… 256
附录2 公路工程预算示例 …… 259
附录3 铁路工程概(预)算示例 …… 277
附录4 铁路工程工程量计算规则 …… 305
附录5 公路工程工程量清单计算规则 …… 310

参考文献 …… 316

单元1　工程造价基础知识

引子

随着资本市场和经济的全球化,各国为应对金融危机将扩大内需作为确保经济增长的重点。我国也不例外,在国内掀起了加大投资力度,扩大建设规模的高潮,特别是铁路、公路、电力等大型基础工程建设,被列为国家基本建设的首位。那么什么是投资？什么是基本建设？它们有哪些特点？程序如何？对促进国民经济的快速增长和协调发展起到什么样的作用？都是值得我们探讨的问题。

通过对本单元的学习,了解基本建设的概念,掌握工程造价、工程计价特点,熟悉基本建设程序和工程造价计价的方法,明确建设项目投资控制测算体系,以适应当代经济建设和经济发展的需要。

1.1 基本建设概述

1.1.1 基本建设的内容

1) 含义

基本建设是国民经济各部门为了扩大再生产而进行的增加(包括新建、扩建、改建、恢复、添置等)固定资产以及与之相联系的建设工作。具体来讲,基本建设就是把一定的建筑材料、设备等,通过购置、建造和安装等活动,转化为固定资产的过程,诸如铁路、公路、港口、学校等工程的建设,以及机具、车辆、各种设备等的添置和安装,如图1-1所示。

图1-1　基本建设的含义

2) 实质

基本建设就是形成新的固定资产的经济活动的过程。

3) 表现

基本建设最终成果表现为固定资产的增加。

4) 注意问题

固定资产的再生产并不都是基本建设,表现在:对于利用更新改造资金和各种专项基金进行挖潜、革新、改造项目,均视为固定资产更新改造,而不列入基本建设范围之内。

5) 基本建设内容

基本建设是一种宏观的经济活动,是实现扩大再生产的重要手段,它为国民经济各部门的发展和人民物质文化生活水平的提高建立物质基础。一般由如图1-2所示内容组成。

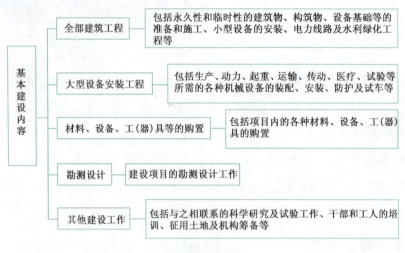

图1-2 基本建设内容

1.1.2 相关概念

1) 资产

根据《企业会计准则》,资产是企业拥有或控制的,能以货币计量的包含有可能的未来经济利益的经济资源。企业的资产一般可分为固定资产、流动资产、无形资产(如债权、商誉)等。资产的分类如图1-3所示。

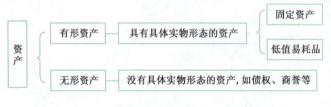

图1-3 资产的分类

2) 固定资产

固定资产是指使用期限在一年以上,单位价值在国家或各主管部门规定的限额以上并在生产过程中保持原有实物形态的资产。不具备上述条件的有形资产称为低值易耗品。固定资产包括生产性固定资产(如厂房、机器设备,铁路的路基、桥梁等劳动资料)和非生产性固定资产(如住宅、教室、医院、剧院和其他生活福利设施等)。

固定资产在生产过程中保持原有实物形态,直到磨损陈旧而报废。它本身的价值随着磨损程度的不断加重而逐渐减小,一点一点转移到产品成本中去,它和生产中使用的原料、燃料等流动资产有着明显的不同。

3) 流动资产

流动资产是指可以在一年或者超过一年的一个营业周期内变现或耗用的资产,主要包括现金、银行存款、短期投资、应收及预付款项、待摊费用、存货(如原料、燃料、辅助材料)等。它在一个生产周期中就全部消耗掉,并把它的价值全部转移到产品中去,其原有的形态也不复存在了。

4) 投资

投资是指投资主体为了特定的目的,以达到预期收益的价值垫付行为。广义的投资是指投资主体为了特定的目的,将资源投放到某项目以达到预期效果的一系列经济行为。其资源可以是资金也可以是人力、技术等。狭义的投资是指投资主体在经济活动中为实现某种预定的生产、经营目标而预先垫付资金的经济行为。

5) 固定资产投资

固定资产投资是以货币形式表现的计划期内建造、购置、安装或更新生产性和非生产性固定资产的资金数额(工作量)。在我国,固定资产投资包括基本建设投资(50%~60%)、更新改造投资(20%~30%)、房地产开发建设投资(20%左右)和其他固定资产投资四部分。

6) 基本建设投资

基本建设投资是以货币形式表现的基本建设的资金数额(工作量),是反映基本建设规模的综合指标。

1.1.3 基本建设的作用及特点

1) 基本建设的作用

①基本建设是为国民经济各部门增加或改造固定资产,提供生产能力,扩大再生产,促进国民经济发展的重要手段。

②基本建设是提高国民经济技术装备水平的手段。基本建设,一方面直接增加了新的生产能力,通过基本建设,增加国民经济各部门的固定资产,提高劳动者技术装备程度,提高生产的机械化、自动化水平;另一方面也通过基本建设用新的技术装备武装各部门,使新的科学技术转化为生产能力。

③基本建设是有计划地调整旧的部门结构,建立新的部门结构的重要物质基础。通过基本建设投资在国民经济中的正确分配,可以改变不符合发展需要的生产比例,建立新的合理的生产部门,促进国民经济按比例的协调发展。

④基本建设是合理分布生产力的重要途径。通过基本建设,使各生产部门和产品数量在地区分布上保持协调比例。

⑤为了改善和提高人民的物质文化生活创造物质条件。基本建设提供的生产性固定资产,可扩大生产能力,促进生产率提高,逐步改善人民的物质文化生活,而它提供的非生产性固定资产,直接为满足人民的物质文化生活需要服务。

2) 基本建设的特点

①建设周期长、物资消耗大。一个项目的建设周期短则两三年,长则几十年,建设过程中要消耗大量的人力、物力、财力,而且在建成投产之前只投入不产出。因此建设的前期工作必须要充分。

②涉及面很广,必须协调好各方面的关系,取得各方面的配合和协作,做到综合平衡。

③建设产品的固定性。建设地点固定,不可移动,因此建设之前必须把建设地点的地质、水文、气象、社会条件等搞清楚,并需选择几个方案进行论证和比较。

④建设过程的连续性。每个项目一旦开工,要求不可间断,整个基本建设活动的过程是一环扣一环的系统过程。

⑤建设产品的单件性。建设项目都有特定的目的和用途,一般只能单独设计、单独建成,即使是相同规模的同类项目,由于地区条件和自然环境不同也会有很大区别,不能成批生产。

⑥产品生产的流动性,即生产者和生产工具要经常流动转移。

1.1.4 基本建设的分类

项目是指在一定的约束条件下(限定资源、限定时间、限定指标、限定质量)具有特定明确目标的一次性任务。

建设项目是指在一个总体设计或初步设计范围内,由一个或若干个单项工程所组成,经济上实行统一核算、行政上实行统一管理的基本建设单位。如一个工厂、一所学校、一条铁路等。基本建设包括的内容十分广泛,可以从不同的角度划分,如图1-4所示。

1) 按基本建设产品对象划分

①土木工程:包括铁路工程、公路工程、桥梁工程、水利工程、港口工程、航空工程、通信工程、地下工程等。

②市政工程:包括城市交通设施工程、城市集中供热工程、燃气工程、给水工程、排水工程、道路工程、园林绿化工程等。

③工业与民用建筑工程(建筑安装工程):包括工业建筑、农业建筑、民用建筑等。

2) 按基本建设项目的性质划分

①新建项目:指为增加新的生产能力(或增加新的效益)而"平地起家"的项目或虽不是从无到有,但其原有基础小,经扩大建设规模后,增加的固定资产价值超过原有固定资产价值3倍以上,亦属新建项目。

②扩建项目:指原有生产企业为扩大原有产品的生产能力或效益以及增加新的产品的生产能力,而新建主要车间等工程的项目。

③改建项目:指原有企业为提高生产效率,改进产品质量或改变产品方向,对原有设备或工程进行技术改造的项目。

④恢复项目:指由于某种原因(如自然灾害、战争等)使原有固定资产全部或局部报废,以后又用基本建设投资按原来规模重新恢复的项目。

单元1　工程造价基础知识

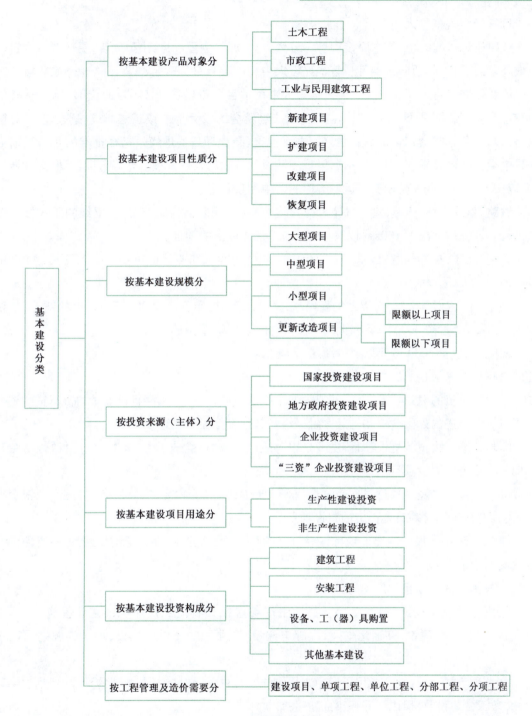

图1-4　基本建设的分类

在上述四类性质中,一个建设项目只能有一种性质,在项目按总体设计全部建成之前,其建设性质是始终不变的。新建项目在完成原总体设计之后,再进行扩建或改建,则另作为一个扩建或改建项目。

3）按建设规模的大小划分

按建设规模的大小，基本建设项目可分为大型项目、中型项目、小型项目，更新改造项目分为限额以上项目、限额以下项目。基本建设大中小型项目是按项目的建设总规模或总投资来确定的。习惯上将大型和中型项目合称为大中型项目。新建项目按项目的全部设计规模（能力）或所需投资（总概算）计算；扩建项目按扩建新增的设计能力或扩建所需投资（扩建总概算）计算，不包括扩建以前原有的生产能力。但是，新建项目的规模是指经批准的可行性研究报告中规定的建设规模，而不是指远景规划所设想的长远发展规模。明确分期设计、分期建设的，应按分期规模计算。如交通运输方面的大中型项目有：

铁路：新建干线、支线、地下铁道和总投资1500万元以上的原有干线、枢纽的重大技术改造工程。地方铁路长度100km以上，货运量50万t以上的项目。

公路：新建、扩建长度200km以上的国防、边防公路和跨省区的重要干线以及长度1000m以上的独立公路大桥。

港口：年吞吐量100万t以上的新建、扩建沿海港口，年吞吐量200万t以上的新建、扩建的内河港口，总投资3000万元以上的修船厂（指有船坞、滑道的）。

民航：总投资2000万元以上的新建、改建机场。

4）按资金来源（投资主体）划分

①国家投资的建设项目：指全部或主要由国家财政性资金、国家直接安排的银行贷款资金和国家统借统还的外国政府和国际金融组织及其他资金投资的建设项目。

②地方政府投资的建设项目：主要是以各级地方政府（含省、地、市、县、乡）财政性资金及其他资金投资的建设项目。

③企业投资的建设项目：指企业（全民所有制企业、企业集团、集体所有制企业、乡镇企业等）用自有资金和自筹资金投资的建设项目。

④"三资"企业投资的建设项目：主要形式有中外合资企业、中外合作企业和外商独资企业投资的建设项目。

5）按基本建设项目的用途划分

①生产性建设投资：指直接用于物质生产或直接为物质生产服务的建设投资，包括工业建设、农田水利建设、交通运输建设、邮电建设、商业和物资供应建设、地质资源勘探建设等。

②非生产性建设投资：指用于满足人民物质文化生活及社会福利需要的建设，包括住宅建设、文教卫生建设、公用生活服务事业建设等。

6）按基本建设投资构成划分

投资构成是反映基本建设投资用于不同种类的基本建设项目，并反映基本建设部门与国民经济其他部门的联系。按投资构成的不同内容可分为四大类：建筑工程、安装工程、设备及工（器）具购置和其他基本建设。

7）按工程管理及造价需要划分

按工程管理和造价需要，基本建设分为建设项目、单项工程、单位工程、分部工程、分项工程五个项目层次。

8）按建设工程结构划分

按建设工程结构，基本建设中的铁路、公路建设主要包括路基、桥梁、隧道、轨道（路面）、车站、信号等。

9）按建设工程技术等级划分

铁路根据其在铁路网中的作用、性质和远期客货运量以及最大轴重和列车速度等条件，共划分为三个等级：Ⅰ级、Ⅱ级、Ⅲ级。

公路根据交通量及其使用任务、性质分为五个技术等级：高速公路、一级公路、二级公路、三级公路、四级公路。

10）按建设工程行政隶属关系划分

铁路分为中央铁路、地方铁路、专用线。

公路分为国道、省道、县道、乡道、专用公路。

1.1.5 基本建设项目的组成

每项基本建设工程，就其实物形态来说，都由许多部分组成。为了便于编制各种基本建设的施工组织设计和概、预算文件，必须对每项基本建设工程进行项目划分。基本建设工程可依次划分为基本建设项目、单项工程、单位工程、分部工程和分项工程。基本建设项目的组成如图 1-5 所示。

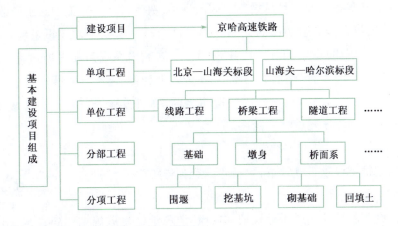

图 1-5 基本建设项目的组成

1）基本建设项目（简称建设项目）

每项基本建设工程就是一个建设项目。建设项目是指有总体设计，经济实行独立核算，行政管理上具有独立组织形式的建设单元。在我国基本建设工作中，通常以一个企业单位或一个独立工程作为一个建设项目。如运输建设方面的一条公路、一条铁路、一个港口。

2) 单项工程（又称工程项目）

单项工程是指具有独立的设计文件，竣工后可以独立发挥生产能力或工程效益的工程，它是建设项目的组成部分。一个建设项目可以是一个单项工程，也可以包括许多个单项工程，如北京—哈尔滨的高铁建设项目中的北京—山海关标段、山海关—哈尔滨标段等。

3) 单位工程

单位工程是指具有独立的设计文件，可以独立组织施工，但不能独立发挥生产能力（或效益）的工程，它是单项工程的组成部分。如山海关—哈尔滨标段的单项工程，可以分为线路工程、桥梁工程和隧道工程等单位工程。

4) 分部工程

分部工程是单位工程的组成部分，一般按单位工程的不同施工部位划分。如桥梁工程可分为基础工程、墩身工程、桥面系工程等。

5) 分项工程

分项工程是分部工程的组成部分，是按照工程的不同结构、不同材料和不同施工方法等因素划分的。如基础工程可划分为围堰、挖基、砌筑基础、回填等分项工程。分项工程的独立存在是没有意义的，它只是建筑或安装工程的一种基本的构成因素，是为了组织施工及为确定建筑安装工程造价而设定的一个产品。

1.2 基本建设程序

1.2.1 基本建设程序的含义

基本建设程序是指建设项目从设想、选择、评估、决策、设计、施工到竣工验收、投入生产整个建设过程中，各项工作必须遵循的先后顺序。这个顺序是由基本建设进程的客观规律（包括自然规律和经济规律）决定的。按照建设项目发展的内在联系和发展过程，建设程序分成若干阶段，这些发展阶段有严格的先后次序，不能任意颠倒、违反其发展规律。

在我国按现行规定，基本建设程序一般可分为决策、设计、准备、实施及竣工验收五个阶段。如图1-6所示为基本建设程序简图。

1) 决策阶段

这个阶段包括建设项目建议书、可行性研究报告等内容。

(1) 项目建议书

根据国民经济和社会发展长远规划，结合行业和地区发展规划的要求，提出项目建议书。项目建议书是要求建设某一项目的建议文件，是投资决策前对拟建项目的轮廓设想。项目建议书的主要作用是对建议建设的项目提供一个初步说明，主要阐述其建设必要性、条件的可行性和获利的可能性，供建设管理部门选择并确定是否进行下一步工作。

项目建议书经批准后，可以进行详细的可行性研究工作。但它不是项目的最终决策。为了进一步做好项目的前期工作，从编制"八五"计划开始，在项目建议书前又增加了探讨项目阶段,凡是重要的大中型项目都要进行项目探讨,经探讨研究初步可行后,再按项目隶属关系编制项目建议书。

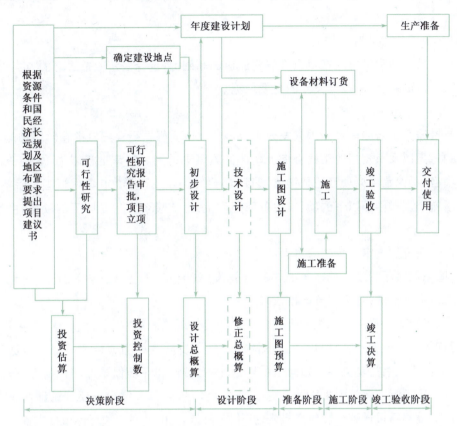

图1-6 基本建设程序简图

项目建议书的内容视项目的不同情况而有繁有简。一般应包括以下几个方面:①建设项目提出的必要性依据;②产品方案、拟建规模和建设地点的初步设想;③资源情况、建设条件、协作关系等的初步分析;④投资估算和资金筹措设想;⑤经济效益和社会效益的估计。

项目建议书按要求编制完成后,按照建设总规模和限额划分审批权限,报批项目建议书。

(2) 可行性研究

可行性研究是对项目在技术上是否可行和经济上是否合理进行科学的分析和论证,是必须在项目建议书批准后着手进行的工作。我国从20世纪80年代初将可行性研究正式纳入基本建设程序和前期工作计划,规定大中型项目、利用外资项目、引进技术和设备进口项目都要进行可行性研究,其他项目有条件的也要进行可行性研究。通过对建设项目在技术、工程和经济上的合理性进行全面分析论证和多种方案比较,提出评价意见,写出可行性报告。凡是经过可行性研究未通过的项目,不得进行下一步工作。

可行性研究包括以下内容:①项目提出的背景和依据;②建设规模、产品方案、市场预测和确定的依据;③技术工艺、主要设备、建设标准;④资源、原材料、燃料供应、动力、运输、供水等协作配合条件;⑤建设地点、布置方案、占地面积;⑥项目设计方案,协作配套工程;⑦环保、防震要求;⑧劳动定员和人员培训;⑨建设工期和实施进度;⑩投资估算和资金筹措方式,经济效益和社会效益。

(3) 编制可行性研究报告

编制可行性研究报告是在可行性研究通过的基础上,选择经济效益最好的方案进行编制,它是确定建设项目、编制设计文件的重要依据。

(4) 审批可行性研究报告

可行性研究报告的审批是国家发改委或地方发改委根据行业归口主管部门和国家专业投资公司的意见以及有资格的工程咨询公司评估意见进行的。其审批权限为:总投资在 2 亿元以上的项目,不论是中央项目还是地方项目,都要经国家发改委❶审查后报国务院审批;中央各部门所属小型和限额以下的项目,由各部门审批;地方投资 2 亿元以下的项目,由地方发改委审批。

可行性研究报告审批的法律依据:

①《国务院关于投资体制改革的决定》(国发〔2004〕20 号)第三条第四款"简化和规范政府投资项目审批程序,合理划分审批权限。"

②《国务院办公厅关于加强和规范新开工项目管理的通知》(国办发〔2007〕64 号)第二条中"实行审批制的政府投资项目,项目单位应首先向发展改革等项目审批部门报送项目建议书,依据项目建议书批复文件分别向城乡规划、国土资源和环境保护部门申请办理规划选址、用地预审和环境影响评价审批手续。完成相关手续后,项目单位根据项目论证情况向发展改革等项目审批部门报送可行性研究报告,并附规划选址、用地预审和环评审批文件。"

③《国务院办公厅关于加强基础设施工程质量管理的通知》(国办发〔1999〕16 号)第二条第六款"严格把好建设前期工作质量关。建设项目的项目建议书、可行性研究报告和初步设计文件,必须按照国家规定的内容,达到规定的工作深度。各级项目审批机关对前期工作达不到规定要求和工作深度的项目不得审批。"

④《国家计委关于重申严格执行基本建设程序和审批规定的通知》(计投资〔1999〕639 号)第一条"严格执行基本建设程序。尤其是在建设项目前期工作阶段,必须严格按照现行建设程序执行。现行基本建设前期工作程序包括项目建议书、可行性研究报告、初步设计、开工报告等工作环节。只有在完成上一环节工作后方可转入下一环节。除国家特别批准外,各地方、部门和企业不得简化项目建设程序。"

例如国务院和国家发改委审批的国家铁路建设项目,由铁道部上报项目建议书、可行性研究报告;初步设计、开工报告由建设单位上报,铁道部审批。合资(合作)铁路建设项目由铁道部会同地方政府上报项目建议书、可行性研究报告;初步设计由建设单位(业主单位或出资人

---

❶ 即中华人民共和国发展和改革委员会(简称发改委)。

代表)上报,铁道部会同地方政府审批;开工报告由铁道部审批(地方控股项目可由地方政府审批)。

铁道部审批限额以上项目,由建设单位(业主单位或出资人代表)上报项目建议书、可行性研究报告、初步设计和开工报告;限额以下项目,可简化程序由建设单位(业主单位或出资人代表)只上报可行性研究报告。

可行性研究报告经批准后,不得随意修改和变更。如果在建设规模、产品方案、建设地区、主要协作关系等方面有变动,以及突破投资控制限额时,应经原批准机关同意。经过批准的可行性研究报告是初步设计的依据。可行性研究报告的批准,意味着项目立项。

(5)组建建设单位

按现行规定,大中型和限额以上项目可行性研究报告经批准后,项目可根据实际需要组成筹建机构,即建设单位。

目前建设单位的形式很多,有董事会或管委会、工程指挥部、原有企业兼办、业主代表等。有的建设单位到竣工投产交付使用后就不再存在,也有的建设单位待项目建成后即转入生产,不仅负责建设过程,而且负责生产管理。

2)设计阶段

设计文件是指工程图及说明书,它一般由建设单位通过招标投标或直接委托设计单位编制。编制设计文件时,应根据批准的可行性研究报告,将建设项目的要求逐步具体化为可用于指导建筑施工的工程图及其说明书。对一般不太复杂的中小型项目采用两阶段设计,即扩大初步设计(或称初步设计)和施工图设计;对重要的、复杂的、大型的项目,经主管部门指定,可采用三阶段设计,即初步设计、技术设计和施工图设计。

(1)初步设计

初步设计是根据可行性研究报告的要求所做的具体实施方案,目的是为了阐明在指定的地点、时间和投资控制数额内,拟建项目在技术上的可能性和经济上的合理性,并通过对工程项目所作出的基本技术经济规定,编制项目总概算。

初步设计由主要投资方组织审批,其中大中型和限额以上项目要报国家发改委和行业归口主管部门备案。初步设计文件经批准后,总平面布置、主要工艺过程、主要设备、建筑面积、建筑结构、总概算均不得随意修改和变更。如果初步设计提出的总概算超过可行性研究报告确定的总投资估算额的5%或其他主要指标需要变更时,需报可行性研究报告原审批单位同意。

(2)技术设计

技术设计是在初步设计的基础上,进一步确定建筑、结构、设备、防火、抗震等技术要求。解决初步设计中的重大技术问题,如工艺流程、建筑结构、设备选型及数量确定等,以使建设项目的设计更具体、更完善,技术经济指标更好。

(3)施工图设计

施工图设计是在前一阶段的基础上进一步形象化、具体化、明确化,完成建筑、结构、水、电、气、工业管道等全部施工图纸以及设计说明书、结构计算书和施工图设计概(预)算等。它具有详细的构造尺寸,确定的各种设备的型号、规格及各种非标准设备的制造加工图。在施工图设计阶段(或施工准备阶段)应编制施工图预算。

3) 建设准备阶段

为了保证工程按期开工并顺利实施,在开工建设前必须做好各项准备工作。这一阶段的准备工作包括征地、拆迁和"三通一平"(水、电、路通和场地平整);报批开工报告,落实建设资金;组织准备和主要材料的招标或订货;组织施工招标,择优选定施工单位。

4) 建设施工阶段

建设项目经批准新开工建设后,项目便进入了建设施工阶段。建设施工阶段是将设计方案变成工程实体的过程。

施工前要落实好施工条件,做好各项生产准备工作,包括:①组织管理机构,制定管理制度和有关规定。②招收并培训生产人员,组织生产人员参加设备的安装、调试和工程验收。③签订原料、材料、协作产品、燃料、水、电等供应及运输协议。④进行工具、器具、备品、备件等的制造或订货。⑤其他必需的生产准备。

施工过程中,严格按设计图、施工程序和顺序、合同条款、预算投资、施工组织设计等合理组织施工,确保工程质量、工期、成本计划等目标的实现。建设项目达到竣工标准要求,经过验收合格后,移交给建设单位。

新开工建设的时间,是指建设项目设计文件中规定的任何一项永久性工程第一次破土开槽开始施工的日期。不需要开槽的,正式开始打桩日期就是开工日期。铁路、公路、水库等需要进行大量土石方工程的,以开始进行土石方工程日期作为正式开工日期。分期建设项目,分别按各期工程开工的日期计算。

5) 竣工验收、交付使用阶段

按批准的设计文件和合同规定的内容建成的工程项目,其中生产性项目经负荷试运转和试生产合格,并能够生产合格产品的,非生产性项目符合设计要求,能够正常使用的,都要及时组织验收,办理移交手续,交付使用。

竣工验收前,建设单位或委托监理单位组织设计、施工等单位进行初验,向主管部门提出竣工验收报告,系统整理技术资料,绘制竣工图,并编好竣工决算,报有关部门审查。

竣工验收、交付使用阶段是建设全过程的最后一道程序,是投资成果转入生产或使用的标志,是建设单位、设计单位和施工单位向国家汇报建设项目的生产能力或效益、质量、成本、收益等全面情况及交付新增资产的过程。竣工验收对促进建设项目及时投产,发挥投资效益及总结建设经验,都有重要作用。通过竣工验收,可以检查建设项目实际形成的生产能力或效益,也可避免项目建成后继续消耗建设费用。

6) 项目后评价阶段

项目后评价是在项目建成投产或交付使用并运行一段时期后,对项目取得的经济效益、社会效益和环境效益进行的综合评价。项目竣工验收是工程建设完成的标志,不是项目建设程序的结束。项目是否达到投资决策时所确定的目标,只有经过生产经营或使用后,根据取得的实际效果才能进行准确判断。只有经过项目后评价,才能反映项目投资建设活动所取得的效益和存在的问题。因此,项目后评价也是项目建设程序中的重要环节。

【案例】

甲方:××通用机械厂　　　　乙方:××集团第八分公司

基本案情:甲方为使本厂的自筹招待所工程尽快发挥效益,1995年3月,在施工图还没有完成的情况下,就和乙方签订了施工合同,并拨付了工程备料款。意在早做准备,加快速度,减少物价上涨的影响。乙方按照甲方的要求进场做准备,搭设临时设施、租赁了机械工具,并购进了大批建筑材料等待开工。当甲方拿到设计单位的施工图及设计概预算时,出现了以下问题:

甲方原计划自筹项目总投资150万元,设计单位按甲方提出的标准和要求设计完成后,设计概算达到215万元。一旦开工,很可能造成中途停建。但不开工,施工队伍已进场做了大量工作,经各方面研究决定:"方案另议,缓期施工"。甲方将决定通知乙方后,乙方很快送来了索赔报告。

乙方作出如下声明:

我方按照贵厂招待所工程的施工合同要求准时进场(1995年3月20日),并做了大量准备工作。鉴于贵方提出"缓期施工"的时间难以确定,我方必须重新考虑各种可能,以减少双方更大的损失。现将自进场以来所发生的费用报告如下:临时材料库及工棚搭设费,工人住宿、食堂、厕所搭建费,办公室、传达室、新改建大门费,搅拌机、卷扬机租赁费,钢管脚手架、钢模板租赁费,工人窝工费,已购运进场材料费,已为施工办理各种手续费用,上缴有关税费,共10项合计40.5万元。

甲方认真核实了乙方费用证据及实物,同意乙方退场决定,并给予了实际发生费用损失补偿。

【案例评析】

工程建设要先设计后施工,工程建设中的自筹资金要满足工程需要,工程建设要量力而行,这些都是基本建设必须遵循的基本法则。不按照基建程序仓促上马,急于取得什么经济效益,而最终却得到了相反的结果。一个好的愿望当它违背了客观规律,脱离了科学的决策的时候,结果往往会造成不可估量的经济损失。

这个案例比较典型地反映了工程建设中常见的"五个一"现象,即一急就拍、一拍就错、一错就改、一改就乱、一乱就费。

1.2.2　铁路基本建设

铁路基本建设是国家基本建设一个重要组成部分,它主要包括铁路的新建、改建和扩建,及铁路工厂建设和机车、车辆、设备购置等,是建立和扩大铁路固定资产再生产的重要手段。

它对改变铁路路网结构、扩大铁路运能、调整生产力的地区分布,促进国民经济的发展,有着十分重要的作用,铁路建设在国家经济建设中处于"先行"的位置。

新建铁路基本建设工程项目有线路路基及轨道、桥、隧建筑等、站场、机务设备、车辆设备、给水、排水、通信、信号、房屋建筑。一般把前三种工程统称为站前工程,后七种统称为站后工程。完成这些项目的施工任务以及与此相联系的其他工作都是新建铁路的基本建设包含的内容。

铁路基本建设是一项综合性经济活动,具有广泛的社会性,它涉及生产和非生产建设,涉及各行业、各地区的利益、涉及资源、财政、工农业生产、交通运输、环境保护等外部因素。因此,在铁路建设中必须在国家计划的指导下,从实际出发,从全局出发,正确处理好经济与技术、当前与长远、铁路与地方之间的关系。

为提高铁路基本建设工程质量,应贯彻"以质量为中心,以标准化、计量为基础"的方针,完善项目法人责任制、招标投标制、工程监理制、质量监督制和合同管理制。设计单位向业主负责,从设计任务书开始,一直到完成施工图设计,确定建设工程投资额或工程造价;施工单位通过投标向业主承包工程,根据设计文件完成工程施工;中国建设银行负责管理基本建设投资,办理基本建设拨款结算和放款,进行财务监督。

1)铁路工程基本建设程序

铁路大中型建设工程应在项目决策阶段开展预可行性研究和可行性研究,在设计阶段应开展初步设计和施工图设计。小型项目或工程简易的项目,可适当简化。图1-7为铁路工程基本建设程序简图。

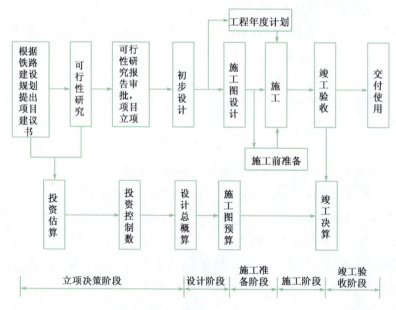

图1-7 铁路工程基本建设程序简图

(1)立项决策阶段

依据铁路建设规划,对拟建项目进行预可行性研究,编制项目建议书;根据批准的铁路中长期规划或项目建议书,在初测基础上进行可行性研究,编制可行性研究报告。项目建议书和可行性研究报告按国家规定报批。

工程简易的建设项目,可直接进行可行性研究,编制可行性研究报告。

预可行性研究报告是项目立项的依据,根据国家批准的铁路中长期规划,收集相关资料,进行社会、经济和运量调查,现场踏勘,系统研究项目在路网及综合交通运输体系中的作用和对社会经济发展的作用,初步提出建设方案、规模和主要技术标准,对主要工程、外部环境、土地利用、协作条件、项目投资、资金筹措、经济效益等进行初步研究,然后进行编制,论证项目建设的必要性和可能性,并编制投资预估算。

可行性研究文件是项目决策的依据,根据国家批准的铁路中长期规划或项目建议书开展初测,进行社会、经济和运量调查,综合考虑运输能力和运输质量,从技术、经济、环保、节能、土地利用等方面进行全面深入的论证,对建设方案、建设规模、主要技术标准等进行比较分析后,提出推荐意见,进行基础性设计,提出主要工程数量、主要设备和材料概数、拆迁概数、用地概数和补偿方案、施工组织方案、建设工期和投资估算,进行经济评价后编制,论证建设项目的可行性,并编制投资估算。

可行性研究的工程数量和投资估算要有较高的准确度,环境保护、水土保持和使用土地设计工作应达到规定的深度。

(2) 设计阶段

根据批准的可行性研究报告,在定测基础上开展初步设计。初步设计经审查批准后,开展施工图设计。

工程简易的建设项目,可根据批准的可行性研究报告,直接进行施工图设计。

初步设计文件是确定建设规模和投资的主要依据,根据批准的可行性研究报告开展定测、现场调查,通过局部方案比选和比较详细的设计,提出工程数量、主要设备和材料数量、拆迁数量、用地总量与分类及补偿费用、施工组织设计及工程总投资(设计概算)。

初步设计文件应满足主要设备采购、征地拆迁和施工图设计的需要。

初步设计概算静态投资一般不应大于批复可行性研究报告的静态投资。

施工图设计文件是工程实施和验收的依据,根据审批的初步设计文件进行编制,为工程建设提供施工图、表、设计说明和工程投资检算。

(3) 工程实施阶段

在初步设计文件审查批准后,组织工程招标投标、编制开工报告。开工报告批准后,依据批准的建设规模、技术标准、建设工期和投资,按照施工图和施工组织设计文件组织建设。

(4) 竣工验收阶段

铁路建设项目按批准的设计文件全部竣工或分期、分段完成后,按规定组织竣工验收,办理资产移交。铁路建设项目由验收机构组织验收,验收机构按国家规定设立。铁路大中型建设项目竣工验收分为静态验收、动态验收、初步验收、安全评估和正式验收及固定资产移交五个阶段(铁建设〔2008〕23号文规定)。限额以下项目和小型项目可一次验收。

静态验收是指由建设单位(或委托单位)组织验收工作组,对建设项目进行检查,确认工程是否按设计完成且质量合格,系统设备是否已安装并调试完毕。静态验收包括专业现场验收和静态综合系统验收。

动态验收是指铁路建设项目静态验收合格后,由建设单位(或委托单位)组织整个系统验证性综合调试,并委托专业机构进行动态检测,验收工作组对工程安全运行状态进行的全面检查和验收。动态验收内容执行铁道部相关规定。

建设管理单位确认建设项目达到初验条件后提出申请初验报告,验收机构认为达到初验标准后,组织对项目进行初验;初验合格后,方可交付临管运营。正式验收原则上在初验一年后进行。验收机构认为建设项目达到正式验收标准后,组织验收。验收合格后交付正式运营。建设项目正式验收合格后,按规定办理固定资产移交手续。

工程验交后,按合同责任期进行用后服务与保修,提供技术咨询,进行工程回访,负责必要的维修工作。工程施工承包企业应对保修范围和保修期限内发生的质量问题,按规定履行保修义务,并对造成的损失承担赔偿责任。

2)铁路基本建设的特点

①生产周期长。铁路基本建设在较长时间内,不能向社会提供任何生产资料和生活资料,但它却从社会中不断取走大量的生产资料和生活资料。可见,铁路基本建设的规模不能过大,战线不能太长,应注意抓好国家铁路重点工程和一些工期短、形成生产能力快的铁路建设项目的建设。

②生产流动性大。铁路基建生产的各个要素都是流动的,没有固定生产条件和生产对象,使生产在空间布局和时间排列上不易合理,要均衡地、连续地、有节奏地进行生产比较困难,劳动强度比较大。

③生产具有不可中断性。它的生产过程要持续一个相当长的阶段,每个工作日的生产成果只能是产品的一个局部,而不可能是完整的产品,只有当这种过程持续相当长的时期后,才能生产出具有完整使用价值的产品。这个生产过程一旦中断,就会使已经消耗的大量劳动白白浪费掉,这方面有大量的经验教训。因此,基本建设必须有周密的计划,严格的程序,良好的组织,以保证不间断地进行生产。

④工程施工的标准性。铁路施工企业承担路基、桥梁、隧道、轨道以及房屋建筑、通信、信号、电力装备安装等工程,任务不是千篇一律,不是在一个标准上设计、施工的。工程施工的标准,主要根据沿途范围内客货运量的大小,以及采用的牵引动力等综合决策。施工企业在接受任务的同时,必须明确工程项目的施工标准,据以组织安排一系列施工准备工作。当然,铁路施工企业作业标准必须遵照施工有关规程,按照一系列设计文件所确定的标准施工,同时明确上级或业主的原则、目的、要求和整个工程的进程、工期等具体规定。

⑤既有线改造工程施工的特殊性。既有线改造工程属于特殊性工程,它不仅有新线建设

工程的一般要求,而且工程施工有其特有的困难,不能较大的干扰正常运输秩序,不能影响运输生产能力,施工条件受限制,难以集中人力和物力等。因此,既有线改造工程应做到:

a. 施工组织要按运输的需要和可能安排,无论运料车辆的运行和运料车辆区间的装卸等,均应统筹规划,合理安排,按照计划实行,既不干扰既有线运输,也不影响施工作业进度。

b. 工程施工受到行车的干扰较多,施工单位应与运输单位有关部门共同协调,互相支持,确保运输和施工作业安全。

c. 为了提高运输能力,一般应安排运输能力紧张的区间与站场优先施工,先难后易、分段施工,力争一次交付使用,迅速见效。

1.2.3 公路基本建设

1) 公路基本建设程序

公路基本建设是指新建、扩建、改建和重建的公路工程,其中新建和改建是最主要的形式。但这里的改建不同于技术改造。技术改造是指对原有公路进行局部的改造,改造后的公路虽然提高了服务水平,但没有改变其原有公路的技术等级。而改建则不同,改建后的公路不但提高了服务水平,而且还使公路的技术等级发生了质的变化,如将原有的三级公路改建为二级公路或一级公路等。一条公路特别是高等级公路,从计划建设到竣工交付使用,一般要经过调查、勘测、设计、编制概算、施工、竣工验收等程序。公路工程基本建设程序包括进行可行性研究,编制设计任务书;设计和编制概算;列入年度基本建设计划;施工建设;竣工验收,交付使用。图 1-8 为公路工程基本建设程序简图。

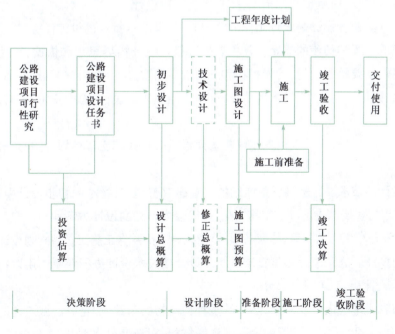

图 1-8 公路工程基本建设程序简图

（1）公路建设项目可行性研究

可行性研究是在公路建设项目决策之前,对建设项目和与项目有关的各项主要问题,进行比较细致地调查分析,然后提出多种比较方案,从技术、经济、资源、物资设备等不同方面,对各方案进行准确的计算、比较,在分析、研究、比较的基础上,选出最佳方案,提出可行性报告。

可行性研究是建设项目决策的基础和依据,是科学地进行建设,加快工程进度,缩短工期,提高效益的重要手段。国外比较发达的国家,都重视公路建设工程的可行性研究,并把可行性研究作为公路建设工程的首要环节。

（2）公路建设项目设计任务书

设计任务书是确定基本建设项目,编制设计文件的主要依据。在可行性研究后,即可根据可行性研究报告,编制设计任务书。公路工程设计任务书一般包括如下内容:①建设目的和依据。②建设规模,包括路线、桥梁长度,建设标准等。③要求达到的技术水平和经济效益。④水文、地质、材料、燃料、动力、运输等协作条件。⑤需占用的土地。⑥防震要求。⑦建设工期。⑧投资控制数及资金来源。⑨有关附件。

（3）公路工程设计

公路工程设计,按照单项投资的多少和技术繁简程度不同,可分为:①一阶段设计,即只进行扩大初步设计;②两阶段设计,包括初步设计和施工图设计;③三阶段设计,就是在初步设计和施工图设计之间,增加一个技术设计阶段。

公路大、中修工程和小型新、改建工程,一般均采用一阶段设计。大中型工程,采用两阶段设计。只有重大项目,由审批部门指定,才采用三阶段设计。

①初步设计。初步设计是设计工作的第一阶段,是根据批准的设计任务书的要求,对建设项目进行概略的计算和初步的规定。其主要内容包括设计指导思想和依据、线性或桥梁结构方案、总体布置、主要辅助设施、建设材料和施工设备需要量、劳动力需要量、临建设施、占地面积和征地数量、建设工期、主要技术经济指标、施工组织规划设计、总概算等,既有设计图表,又有文字说明。

初步设计批准后,即可要求列入年度基本建设或公路改建工程计划,并开始进行下一阶段设计。

②技术设计。技术设计是根据更详细的调查研究资料,对批准的初步设计中有关技术、经济的各项初步规划和技术决定进一步具体化,提出较为详细的设计方案和拟采取的施工工艺流程,校正材料、设备和劳力需要量,核实各项技术经济指标,并修正施工组织规划设计和总概算。

③施工图设计。施工图是根据批准的初步设计或技术设计进行绘制的用以指导施工的图纸,分为施工总图和施工详图两部分。

施工总图表明路线走向及桥梁、涵洞等多种构造物的布置、配合等。施工详图表明线路的纵断面、横断面、交叉、桥梁和涵洞的上下部详细结构,以及其他各种附属设施或配件、构件的尺寸,连接、断面图和明细表等。

采用新技术施工时,还应作出工艺过程设计,并经过试验,把设计建立在技术、先进而又可行的基础上。

(4) 公路项目年度基本建设计划

建设项目,必须有经过批准的初步设计和总概算,并经计划部门综合平衡,在资金、材料和施工力量有保证后,才能列入年度基本建设计划。该建设计划是确定年度建设任务,进行建设拨款的依据。

(5) 公路工程施工与竣工

工程列入年度计划后,即可开始招标,由中标单位开始进行施工准备;如果公路部门自己施工,列入年度计划后,即可开始施工准备,在施工图批准和准备就绪后开工。设计规定的内容完成后,能正常交付使用时就可进行验收。

正式验收之前,建设单位要组织设计、施工单位进行交工验收,也就是初验。初验后,要提交交工验收报告。经过交工验收,符合设计要求后,即可绘制竣工图表,编制竣工决算,然后进行竣工验收,并办理交接手续。

2) 公路基本建设的特点

(1) 施工流动性大。公路工程的产品都是固定性的构造物,即固定于一定的地点不能移动。由于公路线长点多,不仅施工面狭长,而且工程数量的分布也不均匀。因此,公路工程的施工流动性很大,要求各类工作人员和各种机械围绕这一固定产品在不同的时间和空间进行施工,工程所需的人工、材料、机械设备必须合理调配,施工队伍要不断地向新的施工现场转移。

(2) 施工管理工作量大。公路工程因技术等级及所处的环境不同,使得公路的组成结构千差万别,复杂多样。公路工程不仅类型多,工序复杂,而且不同的施工条件具有不同的要求,每项工程也都有不同的施工方法,甚至要个别设计、个别施工。因此,公路工程的施工自始至终都要求设计、施工、材料、运输等各部门必须密切配合,有条不紊地把各环节组织起来,使人力、物力资源在时间、空间上得到最好的利用。因此,施工管理的统筹安排和科学管理是十分重要的。

(3) 施工周期长。公路工程是线性构造物。路基、路面、桥梁、涵洞、隧道等工程的体形庞大,又不可分割,加之工作面狭长,使得产品的生产周期较长,需较长的占用人力、物力资源,直到整个施工周期结束,才能出产品。

(4) 受自然因素影响大。公路工程是裸露于自然界中的构造物,除承受行车作用外,还要受日光、雨水、冰冻等各种自然因素的影响。这些气候条件,除对工程施工造成一定的影响外,还使得产品在使用期间要不断地进行维修和养护,才能保证公路构造物的正常使用。

1.3 建设项目投资控制测算体系

投资控制就是为尽可能好地实现建设项目既定的投资目标而进行的一系列工作。

投资是一项复杂的活动，尤其对工程项目投资是一个涉及面广、影响因素众多的动态系统。要对这个动态的过程进行有效的控制，一方面应全面了解它的运动变化规律和特征，另一方面应对投资活动的变化发展进行量化。这个量或指标就是投资额，如总投资、全部投资、固定资产投资、流动资产投资、技术更新改造投资和设备投资等。

目标值的确定投资控制的关键。投资本身是一个逐步开展和不断深化的过程，因此，在其运动过程的不同阶段便有不同的测算工作，形成不同的投资额和不同的测算种类。随着投资活动的不断深化，要求对投资额进行不同深度和精度的测算，相应的形成了一个完整地反映投资在数量变化上的投资额测算体系，即从项目决策到竣工交付使用的整个过程中，根据在不同阶段投资额的作用和精度要求的不同，形成了投资估算、设计概算、施工图预算（投资检算）、施工预算、标底、投标报价、结算和决算等八种测算方式，并由此构成了建设项目投资额的测算体系，如图1-9所示。

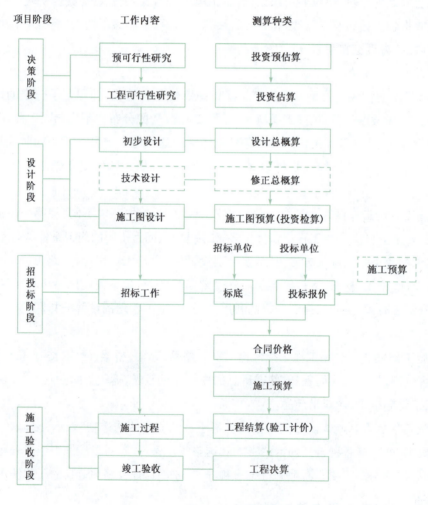

图1-9 投资进程与投资控制测算体系

1.3.1 投资估算

投资估算是指在整个投资决策过程中,依据现有的资料和一定的方法,对拟建项目的投资数额进行的估测计算。

整个项目的投资估算总额,是指从筹建、施工直至建成投产的全部建设费用,包括的内容视项目的性质和范围而定,通常包括工程费用,工程建设其他费用(建设单位管理费、征地费、勘察设计费、生产准备费等),预备费(设备、材料价格差,设计变更、施工内容变化所增加的费用及不可预见费),协作工程投资、调节税和贷款利息等。投资估算是可行性研究、设计方案比较、编制概算和进行施工预测的基础。具体而言,其主要作用有:

①是决定拟建项目是否继续进行的依据;
②是审批项目建议书的依据;
③是批准设计任务书、控制设计概算和整个工程造价最高限额的重要依据;
④是编制投资计划、进行资金筹措及申请贷款的主要依据;
⑤是编制中长期规划、保持合理比例和投资结构的重要依据。

在编制工程项目可行性研究报告的投资估算时,应根据可行性研究报告的内容、国家颁布的估算编制办法等,以估算时的价格进行投资估算,并合理地预测估算编制后直至工程竣工期间的工程价格、利率、汇率等动态因素的变化,打足建设资金,不留投资缺口。投资估算精度较差,一般应控制在实际投资造价的 $-10\% \sim +30\%$ 之间。

1.3.2 设计概算

设计概算包括总概算和修正总概算,是初步设计和技术设计文件的重要组成部分,根据设计要求和相应的设计图纸,按照概算定额或预算定额,各项取费标准,建设地区的自然、技术经济条件和设备预算价格等资料,预先计算和确定建设项目从筹建到竣工验收、交付使用的全部建设费用,即项目的总成本。

设计概算是编制预算、进行施工预测和批准投资的基础。设计概算应控制在批准的建设项目可行性研究报告投资估算允许浮动幅度范围内。一经批准,它所确定的工程概算造价便成为控制投资的最高限额,一般不允许突破。初步设计概算静态投资与批复可行性研究报告静态投资的差额一般不得大于批复可行性研究报告静态投资的 10%。因特殊情况而超出者,须报原可行性研究报告批准单位批准。已批准的初步设计进行设计施工总承包招标的工程,其标底或造价控制值应在批准的总概算范围内。具体而言,设计概算的主要作用有:

①是确定和控制建设项目、各单项工程及各单位工程投资额的依据;
②是编制投资计划的依据;
③是进行拨款和贷款的依据;
④是实行投资包干和招标承包的依据;
⑤是考核设计方案的经济合理性和控制施工图预算的依据;
⑥是基本建设进行核算和"三算"(设计概算,施工图预算、竣工决算)对比的基础。

1.3.3 施工图预算

施工图预算是指在施工图设计阶段,当工程设计基本完成后,在工程开工前,根据施工图纸、施工组织设计、预算定额、费用标准以及地区人工、材料、机械台班的预算价格和技术经济条件等资料,对项目的施工成本进行的计算。施工图预算是施工图设计文件的重要组成部分。

编制施工图预算时要求有准确的工程数据,如详细的外业调查资料、施工图、设备报价等,要求精度较高。施工图预算是批准投资、审核项目、进行投标报价和成本控制的基础,其主要作用有:

①是考核施工图设计进度的依据,也是落实或调整年度基本建设计划的依据;

②在委托承包时,是签订工程承包合同的依据,以及办理财务拨款、工程贷款和工程结算的依据;

③是实行招标、投标的重要依据;

④是承包人企业加强经济核算的依据。

施工图预算与设计概算都属于设计预算的范畴,二者在费用的组成、编制表格、编制方法等方面基本相同,只是编制定额依据、设计阶段和作用不同,施工图预算是对设计概算的深化和细化。施工图预算应当按已批准的初步设计和概算进行,一般不允许突破。

1.3.4 招标标底编制

实行招标的工程项目,一般由招标单位对发包的工程,按发包工程的内容(通常由工程量清单来明确)、设计文件、合同条件以及技术规范和有关定额等资料进行编制。标底是一项重要的投资额测算,是评标的一个基本依据,也是衡量投标人报价水平高低的基本指标,在招投标工作中起着关键作用。其编制一方面应遵守国家的有关规定和要求,另一方面应力求准确。标底一般以设计概算和施工图预算为基础编制,以其中的建筑安装工程费为主,且不超过批准的设计概算。

1.3.5 投标报价

报价是由投标单位根据招标文件及有关定额(有时往往是投标单位根据自身的施工经验与管理水平所制定的企业定额),并根据招标项目所在地区的自然、社会和经济条件及施工组织方案、投标单位的自身条件,计算完成招标工程所需各项费用的经济文件。报价是投标文件最重要的组成部分,是投标工作的关键和核心,也是决定能否中标的主要依据。报价过高,中标率就会降低;报价过低,尽管中标率增大,但可能无利可图,甚至承担工程亏本的风险,因此,能否准确计算和合理确定工程报价,是施工企业在投标竞争中能否获胜的前提条件。中标单位的报价,将直接成为工程承包合同价的基础,并对将来的施工过程起着严格的制约作用。承包单位和业主均不能随意更改报价。

报价与标底有着极为密切的关系,标底同概(预)算的性质很相近,编制方式也相同,都有较为严格的要求。报价则比标底编制要灵活,虽然二者有着很明显的差别,并且从不同角度来对同一工程的价值进行预测,计算结果很难相同,但又有极密切的联系。随着我国投标体制的进一步改革(如项目业主责任制的推行),招投标制度的进一步完善和施工监理制度的推广,将会进一步加强和完善标底与报价这两种测算工作,也必然会使各方和更多人们认识这两种测算工作的重要性,从而把他们做得更好。

报价同施工预算比较接近,但不同于施工预算;报价的费用组成和计算方法同概(预)算类似,但编制体系和要求均不同于概(预)算,特别是目前实行工程招投标,在招投标工作中,采用的是单价合同,使报价时的费用分摊与概(预)算的费用计算方式存在很大的差别。具体体现在如下几方面,如图1-10所示。

图1-10 投标与概预算的区别

注:概(预)算是一种计划行为,强调的是合法性;报价是投标人按着"统一量、市场价、竞争费"的原则,强调的是合理性,是一种市场行为。

1.3.6 施工预算

施工预算是施工单位在投标时或其基层单位(如项目经理部)在合同签订后,按企业实际定额水平编制的预算。是在施工图预算的控制下,根据参照施工图计算的分项工程量、施工定额、实施性施工组织设计或分部分项工程施工过程的设计及其他有关技术资料,通过工料机分析,计算和确定完成一个工程项目或一个单位工程或其中的分部分项工程所需的人工、材料、机械台班消耗量及其他相应费用的经济文件。施工预算所采用的定额为企业定额,取费依据为投标策略或内部管理水平或实际项目赢利期望值,是施工企业对具体项目测算的实际成本,是施工企业进行成本控制与成本核算的依据,也是进行劳动组织与安排,以及进行材料和机械管理的依据,对施工组织和施工生产有着极其重要的作用。

1.3.7 工程结算

工程项目的建设是一个复杂的过程,涉及的单位都是一些相对独立的经济实体,有着各自的经济利益,在项目建设过程中承担着不同的工程内容,因此,无论工程项目采用何种方式进行建设,在建设过程中,各经济实体之间必然会发生货币收支行为。这种在项目建设过程中由于器材采购、劳务供应、施工单位已完工程点的移交和可行性研究、设计任务的完成等经济活动而引起的货币收支行为,就是项目结算。在社会主义商品经济条件下,基本建设项目的建设过程也是一种商品的生产过程,其间所发生的一系列工作和活动最后都要通过结算来做最后的评价。项目结算的作用主要体现在:

①是国家在建设经济活动中,及时掌握经济活动信息,实现固定资产再生产任务的重要手段。

②是加速资金周转、加强经济核算,促进建设任务的完成,保证建设项目顺利进行的法宝。

③是项目建设过程中的财政信用监督手段。

④是协助建设单位有计划地组织一切货币收支活动,使各企业、各单位的劳动耗能及时得到补偿的途径。

项目结算的主要内容包括货物结算、劳务供应结算、工程(费用)结算及其他货币资金的结算等。货物结算是指建设单位同其他经济建设单位之间,由于物资的采购和转移而发生的结算;劳务供应结算是指建设单位同其他单位之间,由于互相提供劳务而发生的结算;工程费用结算指建设单位同施工单位之间,由于拨付各种预付款和支付已完工程费用而发生的结算;其他货币资金结算是指基本建设各部门、各企业和各单位之间由于资金往来以及它们同建设银行之间,因存、贷业务而发生的结算。

工程费用结算习惯上又称为工程价款结算,即验工计价,是项目结算中最重要和最关键的部分,也是项目结算的主体内容,占整个项目结算额的75%~80%。工程价款结算,一般以实际完成的工程量和有关合同单价以及施工过程中现场实际情况的变化资料(如工程变更通知、计日工使用记录等)计算当月应付的工程价款。目前,建设工程价款结算可以根据《建设工程价款结算办法》,依据不同情况采取多种方式:①按月计算;②竣工后一起结算;③分段结算;④约定的其他结算方式。而实行 FIDIC 条款的合同,则明确规定了计量支付条款,对结算内容、结算方式、结算时间、结算程序给了明确规定,一般是按月申报,集中支付,分段结算,最终清算。

1.3.8 竣工决算

竣工决算,对业主而言,是指在竣工验收阶段,当建设项目完工后,由业主编制的建设项目从筹建到建成投产或使用的全部实际成本;对承包人而言,是根据施工过程中现场实际情况的记录、设计变更、现场工程更改、预算定额、材料预算价格和各项费用标准等资料,在概算范围内和施工图预算的基础上对项目的实际成本开支进行的核算,是承包人向业主办理结算工程价款的依据。

竣工决算统计、分析项目的实际开支,为以后的成本测算积累经验和数据,是工程竣工验收、交付使用的重要依据,也是进行建设财务总结、银行实行监督的必要手段。特别是对承包人,是其企业内部成本分析、反映经营效果、总结经验、提高经营管理水平的手段。

在以上八种测算方式中,工程概(预)算具有特别重要的意义和作用,是基本建设工程投资管理的基本环节。概(预)算是编制建设工程经济文件的主要依据,也是其他测算方式(投资估算除外)的基础。

1.4 工程造价及其计价特点

1.4.1 工程造价的概念

工程造价是指进行某项工程建设所花费的全部费用。工程造价是一个广义概念,在不同的场合,工程造价含义不同。

第一种含义:建设工程造价是指建设项目从立项开始到竣工验收交付使用预期花费或实际花费的全部费用,即该建设项目有计划地进行固定资产再生产和形成相应的无形资产、递延资产和铺底流动资金的一次性费用总和。

即从业主角度,为获得一项具有生产能力的固定资产所需的全部建设成本(cost),包括建筑工程、安装工程、设备工器具购置、其他费用、预留费用,与建设项目总概算范围大体一致。从这个意义上说,工程造价就是指工程价格。即为建成一项工程,预计或实际在土地市场、设备市场、技术劳务市场,以及承包市场等交易活动中所形成的建筑安装工程的价格和建设工程总价格。

第二种含义:建设工程造价是指工程价格。即为建成一项工程,预计或实际在土地市场、设备市场、技术劳务市场,以及承包市场等交易活动中所形成的土地转让价格、设备价格、建筑安装工程的价等,强调的是在工程的建造过程中而形成的价格(price),与招投标阶段的标底、投标价、中标价范围大体一致。建设工程造价是在建筑市场通过招投标,由需求主体投资者和供给主体建筑商共同认可的价格。

由于研究对象不同,工程造价有建设工程造价,单项工程造价,单位工程造价以及建筑安装工程造价等。

提示：工程造价的两种含义是从不同角度把握同一种事物的本质。

①从建设工程投资者来说，市场经济条件下的工程造价就是项目投资，是"购买"项目要付出的价格，同时也是投资者在作为市场供给主体"出售"项目时定价的基础。

②对承包人、供应商和规划、设计等单位来说，工程价格是他们作为市场供给主体出售商品和劳务的价格总和，或者是特指范围的工程造价，如建筑安装工程造价。

1.4.2 工程造价计价的特点

建设工程的生产周期长、规模大、造价高、可变因素多，因此工程造价具有下列特点：

1）单件计价

工程建设产品生产的单件性决定了其产品计价的单件性。每个工程建设产品都有专门的用途，都是根据业主的要求进行单独设计并在指定的地点建造的，其结构、造型和装饰、体积和面积、所采用的工艺设备和建筑材料等各不相同。即使是其用途相同的建设工程也会因工程所在地的风俗习惯、气候、地质、地震、水文等自然条件的不同，而使建设工程的实物形态千差万别。因此，建设工程就不能像工业产品那样按品种、规格、质量成批的定价，只能通过特殊的程序（编制估算、概算、预算、合同价、结算价及最后确定竣工决算价等），就各个工程项目计算工程造价，即单件计价。

2）多次性计价与动态计价

建设工程的生产过程是按照建设程序逐步展开，分阶段进行的。为满足工程建设过程中不同的计价者（业主、咨询方、设计方和施工方）各阶段工程造价管理的需要，就必须按照设计和建设阶段多次动态地进行工程造价的计算，以保证工程造价确定与控制的合理性，其过程如图 1-11 所示。

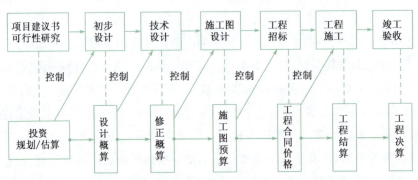

图 1-11 多次计价与动态计价过程

(1) 投资估算

投资估算是在编制项目建议书和可行性研究阶段（或称为投资决策阶段），由业主或其委托的具有相应资质的咨询机构，对工程建设支出进行预先测算的文件。投资估算是决策、筹资和控制造价的主要依据。

(2) 设计概算

设计概算是设计单位在初步设计阶段编制的建设工程造价文件,是初步设计文件的组成部分。与投资估算相比,准确性有所提高,但要受到估算额的控制。

(3) 修正概算

修正概算是指在技术设计阶段,由设计单位编制的建设工程造价文件,是技术设计文件的组成部分。修正概算对初步设计概算进行修正调整,比设计概算准确,但要受到概算额的控制。

(4) 施工图预算

施工图预算是指在施工图设计阶段由设计单位编制的建设工程造价文件,是施工图设计文件的组成部分。它比设计概算和修正概算更为详尽和准确,但同样要受到设计概算和修正概算的控制。

(5) 合同价

合同价是指业主与承包方对拟建工程价格进行洽商,达成一致意见后,以合同形式确定的工程承发包价格。它是由承发包双方根据市场行情共同议定和认可的成交价格。

(6) 结算价

结算价是指在工程结算时,按合同调价范围和调价方法,对实际发生的工程量增减、设备和材料价差等进行调整后计算和确定的业主应向承包人支付的工程价款额,反映该承发包工程的实际价格。

(7) 竣工决算价

竣工决算价是指在整个建设项目或单项工程竣工验收合格后,业主的财务部门及有关部门,以竣工结算等为依据编制而成的,反映建设项目或单项工程实际造价的文件。

从投资估算、设计概算、施工图预算到招标投标合同价,再到工程的结算价和最后在结算价基础上编制的竣工决算,整个计价过程是一个由粗到细、由浅到深,最后确定建设工程实际造价的过程。计价过程各环节之间相互衔接,前者制约后者,后者补充前者。

3) 组合计价

建设项目的组合性决定了计价的过程是一个逐步组合的过程。

其计算过程和计算程序是:

①分部分项工程造价;

②单位工程造价;

③单项工程造价;

④建设项目总造价。

铁路、公路路线长,其中铁路包括路基、桥涵、隧道及明洞、轨道、通信及信号、电力及电力牵引供电、房屋、其他运营生产设备及建筑物等。公路工程包括路基、路面、桥梁、隧道、涵洞、通道、排水系统等,结构复杂,每次计价都不是能够用简单而直接办法计算出来的,必须将整个建设工程分解到最小的工程部位,直至对计量和计价都相对准确和相对稳定的程度。例如公路工程项目可分解为路基工程、路面工程、桥梁工程、隧道工程等,路基工程又被分解为土方工程、石方工程……土方工程又分解为挖方工程、填方工程……挖方又分为机械挖方、人工挖方……机械挖方又分为推土机挖土、挖掘机挖土……挖掘机挖土又可针对不同土质、机械规格进一步细分。不论哪一个建设项目,只要确定了最小工程结构部位,就可以通过人工或机械的工效定额和材料消耗定额,以及人工、材料、机械台班单价,计算出它的单位工程数量所需要的费用(工料机费用或全费用),然后再按照它的工程数量计算出此部位的费用,最后,按照设计要求,将各部位的费用加以组合计算,就可确定出全部工程所需要的费用。任何规模庞大、技术复杂的工程都用这种方法计算其全部造价。组合计价的特点如图 1-12 所示。

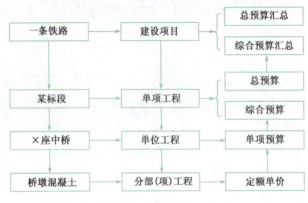

图 1-12 组合计价的特点

4) 计价方法的多样性与计价依据的复杂性

工程的多次计价有各不相同的计价依据,每次计价的精确度要求也各不相同,与此相适应的计价方法具有多样性。例如,编制概、预算的方法有工料单价法、实物法和综合单价法,投资估算的方法有设备系数法、生产能力指数估算法等。

1.4.3 工程造价计价原则

在建设的各阶段要合理确定其造价,为造价控制提供依据,应遵循以下的原则。

1) 符合国家的有关规定

工程建设投资巨大,涉及国民经济的方方面面,因此国家对投资规模、投资方向、投资结构等必须进行宏观调控。在造价编制过程中,应贯彻国家在工程建设方面的有关法规,使国家的宏观调控政策得以实施。

2) 保证计价依据的准确性

合理确定工程造价是工程造价管理的重要内容,而造价编制的基础资料的准确性则是合理确定造价的保证。为确保计价依据的准确性,应注意以下几个方面:

① 正确计算工程量,合理确定工、料、机单价。工程量的准确性及工、料、机单价的合

理与否,直接影响到造价中最为重要、最为基本的直接费的准确性,进而影响整个造价的准确性。

②正确选用工程定额。为适应建设各阶段确定造价的需要,铁道部、交通运输部编制颁发了铁路、公路工程估算指标、概算定额、预算定额等工程定额。在编制造价时应根据建设阶段以及编制办法的规定,合理选用定额,才能准确地编制各阶段造价。

③合理使用费用定额。编制铁路工程造价,取费必须按《铁路基本建设工程投资预估算、估算编制办法》或《铁路基本建设工程设计概(预)算编制办法》中规定的计算方法和费率进行;编制公路工程造价时,除直接工程费以外的其他多项取费,均按《公路基本建设工程投资估算编制办法》或《公路基本建设工程概算预算编制办法》中规定的计算方法及费率进行计算。各项费率应根据工程的实际情况取定。

④注意计价依据的时效性。计价依据是一定时期社会生产力的反映,而生产力是不断向前发展的,当社会生产力向前发展了,计价依据就会与已经发展了的社会生产力不相适应,因而,计价依据在具有稳定性的同时,也具有时效性。在编制造价时,应注意不要使用过时或作废的计价依据,以保证造价的准确合理性。

3) 技术与经济相结合

完成同一项工程,可有多个设计方案、多个施工方案,不同方案消耗的资源不同,因而其造价也不相同。编制造价时,在考虑技术可行的同时,应考虑各可行方案的经济合理性,通过技术比较、经济分析和效果评价,选择方案,确定造价。

1.5 工程造价计价依据

1.5.1 工程造价计价依据

任何工程的建安工程造价都可用以下公式表达:

建安工程费用 = $\sum$工程量 × $\sum$[定额工料机消耗量 × 工料机单价 × (1 + 综合费率)]

即建安费用由工程量、工料机消耗量标准(计价定额)、工料机单价和综合费率四大要素组合而成,对这四大要素产生直接或间接影响的就是工程造价计价依据。

1.5.2 工程造价计价依据的分类

1) 按用途分类

工程造价的计价依据按用途分类,概括起来可以分为七大类十八小类。

第一类,规范工程计价的依据:国家标准《建设工程工程量清单计价规范》。

第二类,计算设备数量和工程量的依据:

①可行性研究资料。

②初步设计、扩大初步设计、施工图设计图纸和资料。

③工程变更及施工现场签证。

第三类,计算分部分项工程人工、材料、机械台班消耗量及费用的依据:

①概算指标、概算定额、预算定额。
②人工单价。
③材料预算单价。
④机械台班单价。
⑤工程造价信息。

第四类,计算建筑安装工程费用的依据:
①间接费定额。
②价格指数。

第五类,计算设备费的依据:设备价格、运杂费率等。

第六类,计算工程建设其他费用的依据:
①用地指标。
②各项工程建设其他费用定额等。

第七类,和计算造价相关的法规和政策:
①包含在工程造价内的税种、税率。
②与产业政策、能源政策、环境政策、技术政策和土地等资源利用政策有关的取费标准。
③利率和汇率。
④其他计价依据。

2) 按使用对象分类

第一类,规范建设单位(业主)计价行为的依据:国家标准《建设工程工程量清单计价规范》。

第二类,规范建设单位(业主)和承包人双方计价行为的依据:包括国家标准《建设工程工程量清单计价规范》,初步设计、扩大初步设计、施工图设计图纸和资料,工程变更及施工现场签证,概算指标、概算定额、预算定额,人工单价,材料预算单价机械台班单价,工程造价信息,间接费定额,设备价格、运杂费率等,包含在工程造价内的税种、税率,利率和汇率,其他计价依据。

1.5.3　现行工程计价依据体系

按照我国工程计价依据的编制和管理权限的规定,目前我国已经形成了由国家、省、直辖市、自治区和行业部门的法律法规、部门规章、相关政策文件以及标准、定额等相互支持、互为补充的工程计价依据体系。

1.5.4　工程造价计价相应依据

1) 铁路工程造价计价依据

铁路工程造价计价依据如图1-13所示。

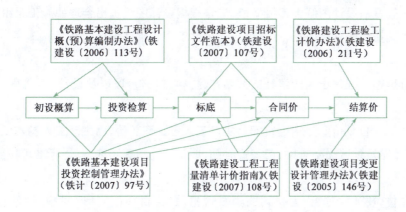

图 1-13 铁路工程造价计价依据

(1) 有关工程造价的经济法规、政策

有关工程造价的经济法规、政策包括与建筑安装工程造价相关的国家规定的建筑安装工程营业税税率、城市建设维护税税率、教育费附加费费率,与进口设备价格相关的设备进口关税税率、增值税税率,与工程建设其他费中土地补偿相关的国家对征用各类土地所规定的各项补偿费标准等。

(2) 编制办法

铁路基本建设工程各阶段计价的编制和取费应依据国家颁布的费用编制办法进行。编制办法规定了工程建设项目在编制工程造价中除人工、材料、机械消耗以外的其他费用需要量计算的标准,包括其他直接费定额、间接费定额、设备工具器具及家具购置费定额、工程建设其他费用中各项指标和定额。

目前铁路投资估算采用铁道部以铁建设〔2008〕10号文公布的《铁路基本建设工程投资预估算、估算编制办法》,该办法自2008年2月1日起施行;铁路概算和预算采用铁道部铁建设〔2006〕113号文公布的《铁路基本建设工程设计概(预)算编制办法》,该办法自2006年7月1日起施行;公路概算和预算采用交通运输部2007年第33号文公布的《公路工程基本建设项目概算预算编制办法》(JTG B06—2007),该办法自2008年1月1日起施行。

(3) 工程定额

工程定额是指在正常施工条件下,完成规定计量单位的符合国家技术标准、技术规范(包括设计、施工、验收等技术规范)和计量评定标准,并反映一定时间施工技术和工艺水平的工程量所必需的人工、材料、施工机械台班消耗量的额定标准。在建筑材料、设计、施工及相关规范等没有突破性的变化之前,其消耗量具有相对的稳定性。工程定额包括施工定额、预算定额、概算定额及估算指标等。

(4) 设计图纸资料

设计图纸资料在编制造价时其作用主要表现在两个方面:一是提供计价的主要工程量,这部分工程量一般是从设计图纸中直接摘取;二是根据设计图纸提出合理的施工组织方案,确定造价编制中有关费用的基础数据,计算相应的辅助工程和辅助设施的费用。

(5) 基础单价

基础单价是指工程建设中所消耗的劳动力、材料、机械台班以及设备、工器具等单位价格的总称。

①劳动力的工日单价。是指建筑安装生产工人日工资单价,由生产工人基本工资、辅助工资、特殊地区津贴及地区生活补贴、工资性补贴、职工福利费等组成,具体标准可按照编制办法规定计算。

②材料单位价格。习惯称为材料的预算价格,是指材料(包括原材料、构件、成品、半成品、燃料、电等)从其来源地(或交货地点)到达施工工地仓库后的出库价格。目前铁路工程建设材料价格基期(2005年)采用铁道部2006年129号文公布的《铁路工程建设材料及其价格》,编制期主要材料的价格采用当地调查价。公路预算定额中基价的材料费单价按北京市2007年价格记取,编制期材料预算价格按实计取。

③施工机械台班单价。是指列入概、预算定额的施工机械按照相应的铁路、公路施工机械台班费用定额分析的单价。目前铁路施工机械定额采用铁道部2006年129号文公布的《铁路工程施工机械台班费用定额》,公路施工机械定额采用交通运输部2007年33号文公布的《公路工程机械台班费用定额》(JTG/T B06-01—2007)。施工机械台班费用定额规定了机械台班中折旧费、大修理费、经常修理费、安装拆卸费标准以及人工、燃油动力消耗标准等其他费用标准。

④设备费单价。是指各种进口设备、国产标准设备和国产非标准设备从其来源地(或交货地点)到达施工工地仓库后的出库价格。

(6) 施工组织计划

施工组织计划是对工程施工的时间、空间、资源所做的全面规划和统筹安排,它包括施工方案的确定、施工进度的安排、施工资源的计划和施工平面的布置等内容。以上这些内容均涉及造价编制中有关费用的计算,如:对同一施工任务可采用不同的施工方法,其工程费用会不相同;资源供应计划不同,施工现场的临时生产和生活设施就不会相同,相应的费用也不会相同;施工平面布置中堆场、拌和场的位置不同,则材料运距不同,其运费也不相同等等。由此可知,施工组织设计是造价编制中不可忽略的重要计价依据之一。

(7) 工程量计算规则

工程量计算规则是计量工作的法规,它规定工程量的计算方法和计算范围。在铁路、公路工程中,工程量计算规则都是放在工程定额的说明中。若采用工程量清单编制概预算时,其工程量计算规则依据铁路、公路工程量清单计价指南中规定执行。在铁路、公路工程设计文件中列有各分部分项工程的工程量,在编制造价时,对设计文件中提供的工程量进行复核,检查是否符合工程量计算规则,否则应按工程量计算规则进行调整。

（8）其他资料

包括有关合同、协议以及用到的其他一些资料，如某种型号钢筋的每米质量、土地平整中土体体积计算时的棱台公式、标准构件的尺寸等，需要从一些工具书或标准图集中查阅。

2）公路工程造价计价依据

（1）公路工程施工图预算计价依据

①国家发布的有关法律、法规、规章、规程等；

②现行《公路工程预算定额》、《公路工程机械台班费用定额》及《公路工程基本建设项目概算预算编制办法》；

③工程所在地省级交通主管部门发布的补充计价依据；

④批准的初步设计文件等有关资料；

⑤施工图纸等设计文件；

⑥工程所在地的人工、材料、设备预算价格等；

⑦工程所在地的自然、技术、经济条件等资料；

⑧工程施工组织设计或施工方案；

⑨有关合同、协议等；

⑩其他有关资料。

（2）公路工程量清单计价依据

①《公路工程国内招标文件范本》或《公路工程国际招标文件范本》中的工程量清单、计量支付规则、设计图纸等；

②现行《公路工程预算定额》、《公路工程机械台班费用定额》及《公路工程基本建设项目概算预算编制办法》；

③工程所在地省级交通主管部门发布的补充计价依据；

④施工图纸等设计文件；

⑤工程所在地的人工、材料、设备预算价格等；

⑥工程所在地的自然、技术、经济条件等资料；

⑦工程施工组织设计或施工方案；

⑧有关合同、协议等；

⑨其他有关资料。

单元小结

本章参考了全国造价工程师职业资格考试培训教材《工程造价管理基础理论与相关法规》、《工程造价计价与控制》，结合新标准、新规范的具体内容，全面叙述了基本建设的含义与分类，重点讲述了基本建设程序、投资控制体系和工程造价的含义、特点及计价依据，明确了基本建设项目的组成以及铁路和公路的基本建设程序与特点，为后续课程的学习奠定了扎实的基础。

【拓展阅读】

世界银行

世界银行是国际复兴开发银行及国际开发协会的总称。

国际复兴开发银行成立于1945年12月25日,现为151个国家的政府所有。银行的资本由其成员国认缴。它的贷款一般宽限期为5年,并可分15年或15年以上偿还。

国际开发协会成立于1960年9月24日。国际复兴开发银行的所有成员,都可加入国际开发协会。现有137个国家参加。它运用的资金称为信贷(通常称软贷),以区别于国际复兴开发银行的贷款(通常称硬贷)。它只贷款给各国政府,一般宽限期为10年,偿还期为35年至40年,免付利息。

利用世界银行贷款的公路建设项目,要符合世界银行的项目程序,也要符合我国的基本建设程序。

世界银行一般要对借款国的经济结构和发展前景进行调查,并派考察团实地考察,再与借款国讨论,经双方同意确定优先项目,作为银行贷款的预选项目。

项目选定后,申请借款国即可编制"项目选定简报",送交世界银行。经世界银行研究同意后,即将其编入贷款计划,成为拟议中的贷款项目。

项目准备工作,首先要对选定项目进行可行性研究,其深入细致的程度至少相当于扩大的初步设计。不仅各种资料齐全,而且数据要准确,为世界银行评估打下良好的基础。

世界银行在帮助进行项目准备工作的同时,往往向申请贷款方提供资金援助和技术援助。如京津塘高速公路的项目准备工作,是澳大利亚政府提供的援助。

在完成工程项目准备工作之后,世界银行即对项目进行评估。早在项目的准备阶段,世界银行专家就开始收集资料;进入评估阶段,再派专家进行现场考察,提出绿皮项目评估报告(即"绿皮书"),作为项目评估报告初稿,也称预评估报告;接着进一步调查研究,修正"绿皮书",提出最终的评估报告(即"黄皮书"),作为同意贷款的通知。

最终评估报告("黄皮书")提出后,世界银行要求中方派代表团到华盛顿世界银行总部就贷款协议举行谈判。谈判内容不仅包括贷款、信贷金额、期限、偿还贷款的方式,而且还包括保证项目执行所采取的措施。谈判中,双方就会有不同意见,只要既坚持原则,又有一定的灵活性,一般均能达成协议。最后签订中华人民共和国与国际复兴开发银行贷款协定、中华人民共和国与国际开发协会信贷协定。这两个协定的正文文本是标准化的,当然还要结合项目内容,以附件和补充信件的形式作一些具体规定。

项目执行以中方为主,但有些文件需要世界银行确认;施工过程中,世界银行派人员到现场检查。世界银行的贷款项目,首先要进行国际竞争性招标;要组织公路项目监理队伍,该监理队伍由中方和外籍专家联合组成;工程项目的正常实施,要有一系列的规章制度;世界银行一般每半年或一年派人员到工地进行实地检查,并提出检查报告;通常还举办各种培训班;每年还组织分片检查,并召开一次项目工作会,通报互检结果,总结交流经验。

世界银行在项目完成1年左右,要对该项目进行总结,称为项目的总结评价阶段。一般先由世界银行项目经营人员准备一个"项目完成报告";然后由执行董事会主席指定专职、独立的"业务评审局",对项目的成果进行一次比较全面的总结评价;最后由"业务评审局"提出"审核报告",直接送交执行董事会主席。

练 习 题

1-1 何谓固定资产、固定资产投资?
1-2 工程造价的含义是什么?工程造价计价特点有哪些?
1-3 基本建设的程序有什么作用?简述基本建设程序。
1-4 铁路基本建设的特点是什么?公路基本建设的特点是什么?
1-5 工程造价计价的依据有哪些?
1-6 简述建设项目投资控制测算体系的组成。

单元 2　定　额　概　论

引子

定额是一切企业实行科学管理的基础,是工程造价的计价依据。工程建设定额是诸多定额中的一种,它研究的是工程建设产品生产过程中的资源消耗标准,它能为工程造价提供可靠的基本管理数据,同时它也是工程造价管理的基础和必备条件,在造价管理的研究工作和实际工作中都必须重视定额的确定。本章着重介绍定额、制订定额的基本方法、定额的分类;掌握施工定额、预算定额、概算定额与概算指标、投资估算指标的概念及它们之间的联系和区别,重点掌握定额的应用及其构成。

2.1　定额及定额的作用

"任何产品的生产过程都是劳动者(工人或技术人员、管理人员等)利用一定的劳动资料(如施工机械等生产工具和土地、临时房屋等物质条件)作用于劳动对象上(如搅拌机搅拌水泥、砂、碎石、水生成搅拌混凝土),经过一定的劳动时间、生产出具有一定使用价值的产品。产品的生产过程同时又是人工、材料、机械设备等生产要素的消耗过程;同时也是产品价值的形成过程。"产品价值的构成如图 2-1 所示。

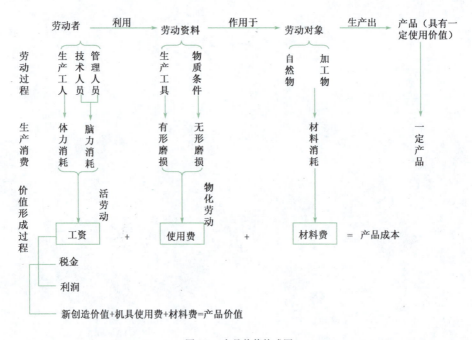

图 2-1　产品价值构成图

在生产过程中,我们需要一个生产消费的数量标准,以便:

①施工生产组织、资源配置;

②评价劳动成果,按劳分配;

③进行建筑产品定价;

④业主估测拟建工程的预期造价。

定额所要研究的对象是生产消耗过程中各种要素的消耗数量标准,即生产一定单位的合格产品,劳动者的体力、脑力、生产工具和物质条件,各种材料的消耗数量或费用标准是多少,而这个消耗数量受下列因素的影响:

①劳动者素质即劳动者体力、技术熟练程度、知识水平的影响;

②劳动资料及生产工具的机械化程度的影响(生产的机械化、工厂化);

③劳动对象水平即新材料、新工艺的影响;

④劳动者、劳动对象、劳动资料三者之间的结合方式即管理水平的影响。

以上四点是直接影响因素,即生产力水平。此外,生产关系、上层建筑从长期来看,对生产消耗水平也有很大影响,因为生产关系是否适合,影响着技术进步和劳动者的积极性。但在较短的时间内,生产力、生产关系对定额的影响是既定的。在既定的影响因素下,某单位合格产品的生产消耗数量,是相对稳定的,因而是可以测定的。但从长期来看,所有这些影响因素都是在变化的。

2.1.1 定额的含义

定额,顾名思义就是规定的标准额度或限额,是一个综合概念,是工程建设中各类定额的总称。定额含义如图2-2所示。

是指在一定的生产力水平和科学技术水平下,生产条件正常,施工组织合理,并且合理地使用材料和机械的情况下,完成单位合格产品所必需消耗的人工、材料、机械设备的数量标准额度

是一种计价依据,它是把处理过的工程造价数据积累转化成一种工程造价信息,它主要是指资源要素消耗量的数据

图2-2 定额的含义

注:所谓正常施工条件是指生产工艺过程符合规范要求,施工条件完善,劳动组织合理,机械运转正常,材料符合一定规格且储备充裕。所谓一定计量单位是指某一工程或其中某一分部分项工程的量,如桥梁工程墩台混凝土浇筑10m³,挖掘机挖运普通土100m³。所谓合格产品是指建筑产品必须符合国家技术标准、技术规范(包括设计、施工、验收等技术规范)和计量评定标准,不合格产品的生产是无效的生产,是对人、财、物的浪费。

从广义上讲,定额是一种规定的额度,也是处理特定事物的数量界限。在现代社会经济生活中,定额几乎无时无处不在。就生产领域来说,工时定额、原材料消耗定额、原材料和成品半成品储备定额、流动资金定额等都是企业管理的重要基础。

在工程建设领域也存在多种定额。建设工程定额是指按照国家有关的产品标准、设计规范和施工验收规范、质量评定标准,并参考行业、地方标准以及有代表性的工程设计、施工资料确定的工程建设过程中完成规定计量单位产品所消耗的人工、材料、机械等消耗量的标准。这种规定的额度所反映的是在一定的社会生产力发展水平下,完成某项工程建设产品与各种生产消耗之间特定的数量关系,考虑的是正常的施工条件、目前大多数施工企业的技术装备程度、合理的施工工期、施工工艺和劳动组织,反映的是一种社会平均消耗水平。例如,某省建筑工程预算定额规定,采用 M5 混合砂浆、机制红砖砌筑 $100m^2$ 一砖厚外墙需消耗综合人工工日 45.29 个,机制红砖 12.754 千块,强度等级为 32.5 级的普通硅酸盐水泥 1080kg,净砂 $5.51m^3$,石灰膏 540kg,水 $7.4m^3$。以上消耗的计价为人工费 513.23 元,材料费 1119.59 元,机械费 57.24 元,合计基价为 1690.06 元。这里砌 $100m^2$ 产品(一砖厚外墙)和所消耗的各种资源之间的关系是客观的,也是特定的,它们之间的数量关系是不可替代的。

我国与西方国家定额的区别:

①定额最初是企业生产性定额,主要用于企业自身生产活动。定额的制订主体和使用主体是一体的,因而具有较强的针对性和适用性,也就具有较强的生命力。

②我国的定额制度,是从前苏联引进的,是计划经济的重要标志。企业执行的是行业或地区统一定额,而没有企业定额。片面强调指令性,过僵过死。

③中国当前实行市场经济,定额管理体制改革的很重要一条就是改变统一定额的指令性为指导性,各企业都要建立、完善自身企业定额,以真正实现企业自主报价,市场竞争形成价格的机制。

2.1.2 定额的特点

1) 定额的科学性

定额的科学性包括两重含义。一重含义是指定额必须和生产力发展水平相适应,反映出工程建设中生产消费的客观规律;另一重含义是指定额管理在理论、方法和手段上应满足现代科学技术和信息社会发展的需要。

定额的科学性,首先表现在用科学的态度制订定额,尊重客观实际,力求定额水平合理;其次表现在制订定额的技术方法上,利用现代科学管理的成就,形成一套系统的、完整的、在实践上行之有效的方法;第三表现在定额制订和贯彻的一体化。制订是为了提供贯彻的依据,贯彻是为了实现管理的目标,也是对定额的信息反馈。

2) 定额的系统性

定额是相对独立的系统,是由多种定额结合而成的有机整体。其结构复杂,有自身的层次,有明确的目标。

定额的系统性是工程建设的特点决定的。按照系统论的观点,工程建设就是庞大的实体系统。定额是为这个实体系统服务的,因而工程建设本身的多种类、多层次就决定了为它服务的定额多种类、多层次。从整个国民经济来看,进行固定资产生产和再生产的工程建设,是一个有多项工程集合体的整体,其中包括农林水利、轻纺、机械、煤炭、电力、石油、冶金、化工、建材工业、交通运输、邮电工程,以及商业物资、科学教育文化、卫生体育、社会福利和住宅工程等。这些工程的建设都有严格的项目划分,如建设项目、单项工程、单位工程、分部分项工程;在计划和实施过程中有严密的逻辑阶段,如规划、可行性研究、设计、施工、竣工交付使用以及投入使用后的维修。与此相适应必然形成土木工程定额的多种类、多层次。

3) 定额的统一性

定额的统一性主要是由国家对经济发展有计划的宏观调控职能决定的。为了使国民经济按照既定的目标发展,就需要借助于某些标准、定额、参数等,对工程建设进行规划、组织、调节、控制。而这些标准、定额、参数必须在一定的范围内是一种统一的尺度,才能实现上述职能,才能利用它对项目的决策、设计方案、投标报价、成本控制进行比较选择和评价。

定额的统一性按照其影响力和执行范围区分,有全国统一定额、地区统一定额和行业统一定额等;按照定额的制订、颁布和贯彻使用内容区分,有统一的程序、统一的原则、统一的要求和统一的用途。

在生产资料私有制的条件下,定额的统一性是很难想象的,充其量也只是工程量计算规则的统一和信息提供。我国土木工程定额的统一性和工程建设本身的巨大投入及巨大产出,对国民经济的影响不仅表现在投资的总规模和全部建设项目的投资效益等方面,而且往往还表现在具体建设项目的投资数额及其投资效益方面,因而需要借助统一的土木工程定额进行社会监督。这一点和工业生产、农业生产中的工时定额、原材料定额是不同的。

4) 定额的权威性

定额具有很高的权威性,这种权威性在一些情况下具有经济法规的性质。权威性反映统一的意志和统一的要求,也反映信誉和信赖程度以及严肃性。

定额权威性的客观基础是定额的科学性。只有科学的定额才具有权威。但是在社会主义市场经济条件下,它必然涉及各有关方面的经济关系和利益关系。赋予定额以一定的权威性,就意味着在规定的范围内,对于定额的使用者和执行者来说,不论主观上愿意不愿意,都必须按定额的规定执行。在当前市场不规范的情况下,赋予定额以权威性是十分必要的。但是在竞争机制引入工程建设的情况下,定额的水平必然会受市场供求状况的影响,从而在执行中可能产生定额水平的浮动。

应该指出的是,在社会主义市场经济条件下,对定额的权威性不应该绝对化。定额毕竟是主观对客观的反映,定额的科学性会受到人们认识能力的局限。更为重要的是,随着投资体制的改革和投资主体多元化格局的形成,随着经营机制的转换,企业都可以根据市场的变化和自身的情况,自主地调整自己的决策行为。因此在这里,一些与经营决策有关的定额的权威性特征就弱化了,工程定额也由指令性过渡到指导性:

量价合一→量价分离,即"控制量、市场价(指导价)、竞争费"→工程实体性消耗和施工措施性消耗相分离→企业在统一项目划分、工程量计算规则和基础定额基础上,编制企业(投标)定额,按个别成本报价,和国际惯例完全接轨。

5) 定额的稳定性与时效性

定额中的任何一种都是一定时期技术发展和管理水平的反映,因而在一段时间内都表现出稳定的状态。稳定的时间有长有短,一般在 5~10 年之间。保持定额的稳定性是维护定额的权威性所必需的,更是有效地贯彻定额所必要的。如果某种定额处于经常修改变动之中,那么必然造成执行中的困难和混乱,使人们感到没有必要去认真对待它,容易导致定额权威性的丧失。土木工程定额的不稳定也会给定额的编制工作带来极大的困难。

但是土木工程定额的稳定性是相对的。当生产力向前发展了,定额就会与已经发展了的生产力不相适应,这样,它原有的作用就会逐渐减弱以至消失,需要重新编制或修订定额。

2.1.3 定额的作用

在工程建设中,项目的投资必须要依靠定额来进行计算,定额的作用包括以下几方面。

① 定额是完成规定计量单位分项工程计价所需的人工、材料、施工机械台班的消耗量标准。由于经济实体受各自的生产条件,包括企业的工人素质、技术装备、管理水平、经济实力等的影响,因此完成某项特定工程所消耗的人力、物力和财力资源存在着差别,而定额就为个别劳动之间存在的这种差异制订了一个一般消耗量的标准,即人工、材料、施工机械台班的消耗量标准,这个标准有利于鞭策落后,鼓励先进。

② 定额是编制工程量计算规则、项目划分、计量单位的依据。要计算建筑安装工程的工程量,必须要依据一定的工程量计算规则。工程量计算规则的确定、项目划分、计量单位的确定,以及计算方法都必须依据定额。

③ 定额是编制建安工程地区单位估价表的依据。建安工程单位估价表的编制过程就是根据定额规定消耗的各类资源(人、材、机)的消耗量乘以该地区基期资源价格,然后进行分类汇总的过程。

④ 定额是编制施工图预算、招标工程标底以及投标报价的依据。定额的制订,其主要目的就是为了计价。我国现阶段还处在定额模式向清单模式过渡的阶段,施工图预算、招标标底以及投标报价书的编制,主要是依据工程所在地的单位估价表(定额的另一种形式)和行业定额来制订。

⑤ 定额是编制投资估算指标的基础。在对一个拟建工程进行可行性研究时,一个重要的

内容就是要用估算指标来估算工程的总投资。估算指标通常是根据历史的预、结算资料和价格变动等资料,依据预算定额、概算定额所编制的反映一定计量单位的建(构)筑物或工程项目所需费用的指标。

2.2 制订定额的基本方法

定额是指在正常的施工条件和合理的劳动组织条件下,完成一定计量单位合格的建筑产品所需的人工、材料、施工机械台班的数量或费用消耗数量的标准额度。它所研究的对象是生产消耗过程中各种要素的消耗数量标准,即生产一定单位的合格产品,劳动者的体力、脑力、生产工具和物质条件,各种材料的消耗数量和费用标准是多少,而不同的施工过程,人工、材料、机械消耗数量的多少也不同,因此要制订定额就必须了解施工过程的分类。

2.2.1 施工过程分类

①根据各阶段工作在产品形成过程中所起作用分类:可分为施工准备过程、基本施工过程、辅助施工过程和施工服务过程。

②按生产要素分类:要进行任何施工过程都离不开劳动力、劳动对象、劳动手段三要素,而且施工过程的最终结果都要生产一定的产品。三要素和产品的变化对劳动、机械效率和材料消耗很大,因此研究定额就要很好地研究三要素和产品。

③按生产特点和组织的复杂程度分类:任何施工过程按其组织上的复杂程度,即按工人与工人、机械与机械、工人与机械、工人与原材料的结合方式可分为工序、工作过程和综合工作过程。

④按使用工具、设备和机械化程度分类:可分为人力施工、机械施工、人工与机械配合施工、机械与机械配合施工。

通过对施工过程的组成部分的分解,按其不同的劳动分工、不同的工艺特点、不同的复杂程度,来区别和认识施工过程的性质和内容,以使我们在技术上采用不同的现场观察方法,研究工时和材料消耗的特点,进而取得编制定额所必需的精确资料。

均可以分为动作、操作、工序、操作过程和综合过程五个程序。而前一程序为后一程序的组成部分,例如工序是由若干个操作所组成,而操作又可划分为若干动作等。

动作是指劳动时一次完成的最基本的活动,例如,转身取工具或材料、动手开动机械等。若干个细小动作就组成所谓操作,以安装模板时"将模板放在工作台上"这一操作为例,可大致划分为"取部分模板"、"走至工作台处"、"将模板放在工作台上"等三个动作。显然,动作和操作并不能完成产品,在技术上亦不能独立存在。

工序是指在施工组织上不可分开和施工技术上相同的过程,它由若干个操作所组成,此时劳动者、劳动对象和劳动工具三者固定。以"预制钢筋混凝土构件"为例,包括"安装模板"、"安置钢筋"、"浇注混凝土"、"捣实"、"拆模"、"养生"等若干工序。其中"安装模板"这一工序由"将模板放在工作台上"和"拼装模板"等操作组成。从技术操作和施工组织观点来看,工序是最基本的施工单位,编制施工定额时,工序是基本组成单位,只有某些复杂的工序为了更精确起见,才以操作作为基本组成单位。

操作过程由若干技术相关的工序所组成,操作过程中各个工序,是由不同的工种和机械依次地或平行地来执行。例如,"铲运机修筑路堤"这一操作过程是由"铲运土"、"分层铺土"、"空回"、"整理卸土"四个工序所组成。

综合过程是同时进行的,在组织上是有机地联系在一起的,能最终获得一种产品的操作过程的总和。例如,用铲运机修筑路堤时,除"铲运机修筑路堤"外,还必须同时经过"土壤压实"、"路堤修整"等操作过程。

施工过程按以上五个程序划分,有助于编制不同种类的定额,施工定额可具体到工序和操作;预算定额以操作过程或工序为依据;概算定额以综合过程或操作过程为依据。表2-1为钢筋混凝土构件的施工过程。

钢筋混凝土构件的施工过程 表2-1

工程名称	综合工作过程	工作过程	工序	操作	动作
钢筋混凝土构件	钢筋混凝土构件施工过程	1. 钢筋制作、绑扎; 2. 模板制、立、拆; 3. 混凝土拌和、运送及灌注	(1)整直; (2)除锈; (3)切断; (4)弯曲; (5)半成品运到绑扎点; (6)绑扎钢筋	(1)在工作台上号样; (2)把钢筋放在工作台上; (3)对准位置; (4)靠近支点; (5)扳动扳手; (6)弯好钢筋; (7)放回扳手; (8)将弯好的钢筋取出	(1)工人走到调直、除锈并切断好的钢筋堆放处; (2)拿起钢筋; (3)走向工作台; (4)把钢筋放在工作台上

在编制施工定额时,工序是基本的施工过程,是主要的研究对象。测定定额时只需分解和标定到工序为止。

2.2.2 工作时间分析

1)工人工作时间分析

工人工作时间分析如图2-3所示。

(1)必需消耗的时间

必需消耗的时间,指在正常施工条件下,工人为完成一定产品所必须消耗的工作时间,它包括有效工作时间、休息时间、不可避免的中断时间。

①有效工作时间,指与完成产品有直接关系的工作时间消耗,其中包括准备与结束时间、基本工作时间、辅助工作时间。

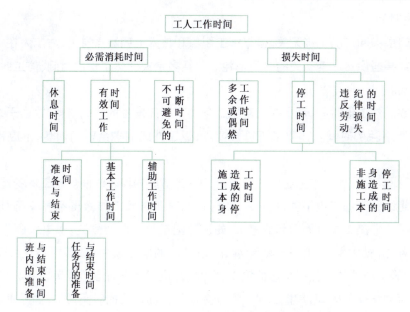

图 2-3　工人工作时间分析

准备与结束时间一般分为班内的准备与结束时间和任务内的准备与结束时间两种。班内的准备和结束工作具有经常性的每天工作时间消耗的特性,如领取料具、工作地点布置、检查安全技术措施、调整和保养机械设备、清理工地、交接班等。任务内的准备与结束工作,由工人接受任务的内容决定,如接受任务书、技术交底、熟悉施工图纸等。

基本工作时间是指直接与施工过程的技术作业发生关系的时间消耗。例如砌砖工作中,从选砖开始直至将砖铺放到砌体上的全部时间消耗。通过基本工作,使劳动对象直接发生变化,如改变材料外形、改变材料的结构和性质、改变产品的位置、改变产品的外部及表面性质等。基本工作时间的消耗与生产工艺、操作方法、工人的技术熟练程度有关,并与任务的大小成正比。

辅助工作时间是指与施工过程的技术作业没有直接关系的工序,为了保证基本工作的顺利进行而做的辅助性工作所需要消耗的时间。辅助性工作不直接导致产品的形态、性质、结构位置发生变化。如工具磨快、校正、小修、机械上油、移动人字梯、转移工地、搭设临时跳板等均属辅助性工作。

②休息时间。工人休息时间是指工人必需的休息时间,是工人在工作中,为了恢复体力所必需的短时间休息,以及工人由于生理上的要求所必须消耗的时间(如喝水、上厕所等)。休息时间的长短与劳动强度、工作条件、工作性质等有关,例如在高温、高空、重体力、有毒性等条件下工作时,休息时间应多一些。

③不可避免的中断时间,是指由于施工工艺特点引起的工作中断所需要的时间,如汽车司机在等待装卸货物和等交通信号时所消耗的时间,因为这类时间消耗与施工工艺特点有关,因此,应包括在定额时间内。

(2) 损失时间

损失时间是指和产品生产无关,但与施工组织和技术上的缺点有关,与工人在施工过程中的个人过失或某些偶然因素有关的时间消耗。包括多余或偶然工作的时间、停工时间、违反劳动纪律的时间。

①多余或偶然工作时间,是指在正常施工条件下不应发生的时间消耗,或由于意外情况所引起的工作所消耗的时间。如质量不符合要求,返工造成的多余时间消耗,不应计入定额时间中。

②停工时间,包括施工本身造成的和非施工本身造成的停工时间。施工本身造成的停工,是由于施工组织和劳动组织不善,材料供应不及时,施工准备工作做得不好等而引起的停工,不应计入定额。非施工本身而引起的停工,如设计图纸不能及时到达,水电供应临时中断,以及由于气象条件(如大雨、风暴、严寒、酷热等)所造成的停工损失时间,这都是由于外部原因的影响,而非施工单位的责任而引起的停工,因此,在拟定定额时应适当考虑其影响。

③违反劳动纪律的时间,是指工人不遵守劳动纪律而造成的时间损失,如上班迟到、早退,擅自离开岗位,工作时间聊天,以及由于个别人违反劳动纪律而使别的工人无法工作等时间损失。

损失时间不应计入定额。

2) 机械工作时间分析

机械工作时间分析如图 2-4 所示。

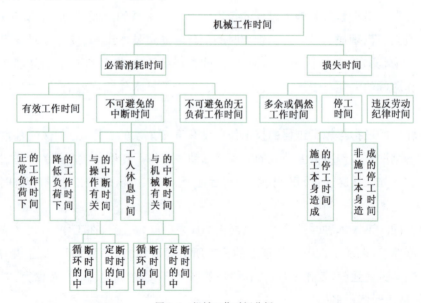

图 2-4 机械工作时间分析

(1) 必需消耗的时间

①有效工作时间,包括正常负荷下和降低负荷下的工作时间消耗。

正常负荷下的工作时间是指机械在与机械说明书规定的负荷相等的正常负荷下进行工作

的时间。在个别情况下,由于技术上的原因,机械可能在低于规定负荷下工作,如汽车载运重量轻而体积大的货物时,不可能充分利用汽车的载重吨位,因而不得不降低负荷工作,此种情况亦视为正常负荷下工作。

降低负荷下的工作时间是指由于施工管理人员或工人的过失,以及机械陈旧或发生故障等原因,使机械在降低负荷的情况下进行工作的时间,这类时间不能计入定额时间。

②不可避免的无负荷工作时间,是指由于施工过程的特性和机械结构的特点所造成的机械无负荷工作时间,一般分为循环的和定时的两类。

循环的不可避免的无负荷工作时间是指由于施工过程的特性所引起的空转所消耗的时间,它在机械工作的每一个循环中重复一次。如铲运机返回到铲土地点。

定时的不可避免无负荷工作时间主要是指发生在载重汽车或挖土机等工作中的无负荷工作时间,如工作班开始和结束时来回无负荷的空行或工作地段转移所消耗的时间。

③不可避免的中断时间,是指由于施工过程的技术和组织的特性所造成的机械工作中断时间,包括与操作有关的和与机械有关的两种中断时间消耗。

与操作有关的不可避免中断时间。通常有循环的和定时的两种。循环的是指在机械工作的每一个循环中重复一次,如汽车装载、卸货的停歇时间。定时的是指经过一定时间重复一次。如喷浆喷白,从一个工作地点转移到另一个工作地点时,喷浆器工作的中断时间。

与机械有关的不可避免中断时间。是指用机械进行工作的人在准备与结束工作时使机械暂停的中断时间,或者在维护保养机械时必须使其停转所发生的中断时间。前者属于准备与结束工作的不可避免中断时间,后者属于定时的不可避免中断时间。

(2)损失时间

①多余或偶然的工作时间,有两种情况:一是可避免的机械无负荷工作,即工人没有及时供给机械用料引起的空转;二是机械在负荷下所做的多余工作,如混凝土搅拌机搅拌混凝土时超过规定搅拌时间,即属于多余工作时间。

②停工时间,按其性质又分为以下两种。

施工本身造成的停工时间指由于施工组织不善引起的机械停工时间,如临时没有工作面,未能及时供给机械用水、燃料和润滑油,以及机械损坏等所引起的机械停工时间。

非施工本身造成的停工时间是由于外部的影响引起的机械停工时间,如水源、电源中断(不是由于施工原因),以及气候条件(暴雨、冰冻等)的影响而引起的机械停工时间;在岗工人突然生病或机器突然发生故障而造成的临时停工所消耗的时间。

③违反劳动纪律时间,是指由于工人违反劳动纪律而引起的机械停工时间。

损失时间不应计入定额消耗时间。

2.2.3 定额制订的基本方法

1)制订定额的基本要求

定额的制订与修订,关键是劳动定额水平的确定。为保证定额水平达到先进合理,及时满

足生产与管理的需要,定额的制订应满足以下基本要求:

①制订定额的速度力求要"快",应根据要求,迅速及时制订定额,以满足生产和管理的需要。

②制订定额的质量力求要"准",使定额水平努力达到先进合理,且定额水平在不同产品、不同车间、不同工序、不同工种间保持平衡,防止高低相差过于悬殊的现象。

③制订定额的范围力求要"全",凡是能实行定额考核的产品、工种和项目,都要实行劳动定额。

在"快、准、全"这三方面中,"准"是关键。如果制订的定额质量不高、准确性差,即使制订得很快、很全,也难以发挥定额的应有作用。

2) 基本定额制订方法

(1) 劳动定额的制订方法

①经验估工法。由定额员或三结合(工人、技术人员和定额员)小组,参照产品图纸和工艺技术要求,并考虑使用的设备、工艺装备、原材料等有关生产技术条件,根据实践经验直接估算出定额的一种方法。

经验估工法的主要特点是方法简单,工作量小便于及时制订和修订定额。但制订的定额准确性较差,难以保证质量。

经验估工法一般适用于多品种生产或单件、小批量生产的企业,以及新产品试制和临时性生产。

②统计分析法。根据一定时期内实际生产中工作时间消耗和产品完成数量的统计(如施工任务单、考勤表及其他有关统计资料)和原始记录,经过整理,结合当前的生产条件,分析对比来制订定额的方法。这种方法简便易行,比经验估计法有更多的统计资料作依据,更能反映实际情况,但这种方法往往有一种偶然性因素包括在内,影响定额的准确性,因此必须建立健全统计资料与定额分析工作。

③类推比较法(又称典型定额法)。它是以某种产品(或工序)的典型定额为依据,进行对比分析,推算确定另一种产品工时定额的方法。这种方法容易保持同类产品之间定额水平的平衡,只要典型定额制订恰当,对比分析细致,则定额的准确程度较经验估计法高。

④技术测定法。根据先进合理的技术文件、组织条件,对施工过程各工序工作时间的各个组成部分进行工作日写实、测时观察,分别测定每一工序的工时消耗,然后通过测定的资料进行分析计算来制订定额的方法。这是一种典型调查的工作方法,通过测定获得制订定额的工作时间消耗的全部资料,有比较充分的依据,准确程度较高,是一种比较科学的方法。但制订过程比较复杂、工作量大,不易做到快和全。

上述四种方法各有优缺点和适用范围。在实际工作中,可以结合起来运用,而技术测定法是一种科学的方法,随着现代化管理水平的日益提高,应该普遍推广和进一步完善这种方法。

(2) 材料消耗定额的制订方法

根据材料使用次数的不同,建筑安装材料分为非周转性材料和周转性材料。

非周转性材料也称为直接性材料。它是指施工中一次性消耗并直接构成工程实体的材料,如砖、瓦、灰、砂、石、钢筋、水泥、工程用木材等。

周转性材料是指在施工过程中能多次使用,反复周转但并不构成工程实体的工具性材料。如模板、活动支架、脚手架、支撑、挡土板等。

① 直接性材料消耗定额的制订。

a. 观测法。它是对施工过程中实际完成产品的数量进行现场观察、测定,再通过分析整理和计算确定建筑材料消耗定额的一种方法。

这种方法最适宜制订材料的损耗定额。因为只有通过现场观察、测定,才能正确区别哪些属于不可避免的损耗;哪些属于可以避免的损耗。

用观测法制订材料的消耗定额时,所选用的观测对象应符合下列要求:建筑物应具有代表性,施工方法符合操作规范的要求,建筑材料的品种、规格、质量符合技术、设计的要求,被观测对象在节约材料和保证产品质量等方面有较好的成绩。

b. 试验法。它是通过专门的仪器和设备在试验室内确定材料消耗定额的一种方法。这种方法适用于能在试验室条件下进行测定的塑性材料和液体材料(如混凝土、砂浆、沥青玛蹄脂、油漆涂料及防腐剂等)。

例如,可测定出混凝土的配合比,然后计算出每 $1m^3$ 混凝土中的水泥、砂、石、水的消耗量。由于在实验室内比施工现场具有更好的工作条件,所以能更深入、详细地研究各种因素对材料消耗的影响,从中得到比较准确的数据。但是,在实验室中无法充分估计到施工现场中某些外界因素对材料消耗的影响。因此,要求实验室条件尽量与施工过程中的正常施工条件一致,同时在测定后用观察法进行审核和修正。

c. 统计法。它是指在施工过程中,对分部分项工程所拨发的各种材料数量、完成的产品数量和竣工后的材料剩余数量,进行统计、分析、计算,来确定材料消耗定额的方法。

这种方法简便易行,不需组织专人观测和试验。但应注意统计资料的真实性和系统性,要有准确的领退料统计数字和完成工程量的统计资料。统计对象也应加以认真选择,并注意和其他方法结合使用,以提高所拟定额的准确程度。

d. 计算法。它是根据施工图纸和其他技术资料,用理论公式计算出产品的材料净用量,从而制订出材料的消耗定额。这种方法主要适用于块状、板状、和卷筒状产品(如砖、钢材、玻璃、油毡等)的材料消耗定额。

② 周转性材料消耗定额的制订。主要是测定其周转次数。周转次数的多少,是根据不同的工程,不同的周转材料,用统计分析法确定。周转性材料每使用一次后的消耗量是以设计周转性材料需要量(即一次使用量)为准,考虑每使用一次后的补充量,使用次数和返还量,通过计算来确定。

(3) 机械台班使用定额的制订方法

依据机械写实、测时和统计资料,以及机械工时分类标准、机械说明书和有关机械效能参考资料,制订机械台班使用定额。而机械写实、测时及统计资料可通过技术测定、经验座谈和统计分析等方法取得,与劳动定额的制订方法基本相同。

2.3 定额的分类

工程建设定额是工程建设中各类定额的总称,是根据国家一定时期的管理体制和管理制度,根据不同定额的用途和适用范围,由指定机构按照一定的程序制订,并按照规定的程序审批和颁发执行。由于工程建设和管理的具体目的、要求、内容等的不同,工程建设定额的形式、内容和种类也不相同。工程管理中包括许多种类的定额,它们是一个互相联系的、有机的整体,在实际工作中需要配合起来使用。按其内容、形式和用途等的不同,可以按照不同的原则和方法对它进行科学分类,常见的有如图2-5所示几种划分方法。

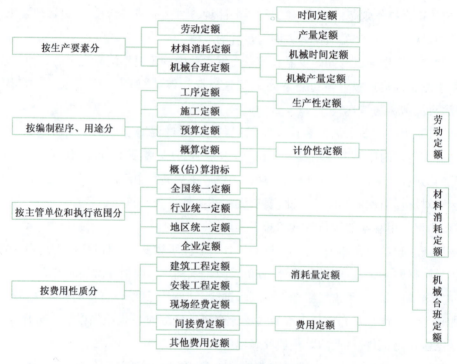

图2-5 工程定额分类

2.3.1 按生产要素分类

按生产要素可分为劳动消耗定额、材料消耗定额和机械台班消耗定额。它直接反映出生产某种单位合格产品所必须具备的因素。实际上,日常生产工作中使用的任何一种概预算定额都包括这三种定额的表现形式,也就是说,这三种定额是编制各种使用定额的基础,因此称为基本定额。

1) 劳动消耗定额

简称劳动定额,亦称工时定额或人工定额,是完成一定单位合格产品(工程实体或劳务)所规定的活劳动消耗的数量标准。它反映了建筑工人在正常施工条件下的劳动生产率水平,表明每个工人为生产一定单位合格产品所必须消耗的劳动时间,或者在一定的劳动时间内所生产的合格产品数量。

2)材料消耗定额

简称材料定额,指在有效地组织施工、合理地使用材料的情况下,生产一定单位合格产品(工程实体或劳务)所必须消耗的某一定规格的建筑材料、成品、半成品、构配件、燃料以及水、电等资源的数量标准。材料作为劳动对象构成工程实体,需用数量大,种类繁多,在建筑工程中,材料消耗量的多少,消耗是否合理,不仅关系到资源的有效利用,而且直接影响市场供求状况和材料价格,对建设工程的项目投资、建筑工程的成本控制都起着决定性作用。

3)机械台班消耗定额

又称机械台班使用定额,指在正常施工条件下,为完成单位合格产品(工程实体或劳务)所规定的某种施工机械设备所需要消耗的机械"台班"、"台时"的数量标准。其表示形式可分为机械时间定额和机械产量定额两种。它是编制机械需要计划、考核机械效率和签发施工任务书、评定奖励等方面的依据。

2.3.2 按编制程序和用途分类

工程建设定额按编制程序和用途,可分为工序定额、施工定额、预算定额、概算定额、概算指标和投资估算指标等,它们的作用和用途各不相同。按编制程序,首先是编制工序定额和施工定额,以施工定额为基础,进一步编制预算定额,而概算定额、概算指标和投资估算指标等的编制又以预算定额为基础。

1)工序定额

工序定额是以个别工序(或个别操作)为标定对象,表示生产产品数量与时间消耗关系的定额,它是组成定额的基础,因此又称为基本定额。如,在砌砖工程中可以分别制订出铺灰、砌砖、勾缝等工序定额,钢筋制作过程可以分别制订出调直、剪切、弯曲等工序定额。

工序定额,由于比较细碎,除用作编制个别工序的施工任务单外,很少直接用于施工中,它主要是在制订或审查施工定额时作为原始资料。

2)施工定额

施工定额是以同一性质的施工过程为标定对象,表示生产产品数量与时间消耗综合关系的定额。它以工序定额为基础,由工序定额综合而成。如,砌砖工程的施工定额,包括调制砂浆、运送砂浆及铺灰浆、砌砖等所有个别工序及辅助工作在内所需要消耗的时间;混凝土工程施工定额,包括混凝土搅拌、运输、浇灌、振捣、抹平等所有个别工序及辅助工作在内所需要消耗的时间。

3)预算定额

预算定额是用来计算工程造价和计算工程中劳动、材料、机械台班需要量的一种计价性定额,分别以房屋或构筑物各个分部分项工程为对象编制。

从编制程序看,预算定额是以施工定额为基础综合和扩大编制而成的,在工程建设定额中占有很重要的地位。它的内容包括劳动定额、材料消耗定额及机械台班定额三个基本部分,并列有工程费用。例如,每浇灌 $1m^3$ 混凝土需要的人工、材料、机械台班数量及费用等。

4) 概算定额

概算定额是编制扩大初步设计概算时,以扩大的分部分项工程为对象,计算和确定工程概算造价、计算人工、材料、机械台班需要量所使用的定额。其项目划分粗细,与扩大初步设计的深度相适应。从编制程序看,概算定额以预算定额为编制基础,是预算定额的综合和扩大,即是在预算定额的基础上综合而成的,每一分项概算定额都包括了数项预算定额。

5) 概算指标

概算指标比概算定额更加扩大、综合,它以整个建筑物或构筑物为对象,以更为扩大的计量单位来计算和确定工程的初步设计概算造价,计算劳动、材料、机械台班需要量。这种定额的设定和初步设计的深度相适应,一般是在概算定额和预算定额的基础上编制。如每 $100m^2$ 建筑物、每 $1000m$ 道路、每座小型独立构筑物所需要的劳动力、材料和机械台班的数量等。

6) 投资估算指标

投资估算指标是在项目建议书和可行性研究阶段编制投资估算、计算资金需要量时使用的一种定额。它的编制基础仍然离不开预算定额、概算定额,但比概算定额具有更大的综合性和概括性。它包括建设项目指标、单项工程指标和单位工程指标等。

2.3.3 按编制单位和执行范围分类

目前,我国现行的工程建设定额按编制单位和执行范围可分为全国统一定额、行业定额、地方定额、企业定额和补充定额等五种。

1) 全国统一定额

全国统一定额由国家发展与改革委员会、中华人民共和国建设部或中央各职能部(局)、中华人民共和国劳动部等国家行政主管部门,综合全国工程建设中技术和施工组织管理的情况统一组织编制,并在全国范围内颁发和执行。如《全国统一建筑工程基础定额》、《全国统一安装工程预算定额》等。

全国统一定额是全国与工程建设有关的单位必须共同执行和贯彻的定额,并由各省、市(通过省、市建设厅或建设委员会)负责督促、检查和管理。

2) 行业定额

行业定额由中央各部门,根据各行业部门专业工程技术特点,以及施工组织管理水平统一组织编制和颁发,一般只在本行业和相同专业性质的范围内使用,如水运工程定额、矿井工程定额、铁路工程定额、公路工程定额等。

3) 地方定额

地方定额是根据"统一领导,分级管理"的原则,由全国各省、自治区、直辖市或计划单列市建设主管部门根据本地区的物质供应、资源条件、交通、气候及施工技术和管理水平等条件编制,由省、市地方政府批准颁发,仅在所属地区范围内适用并执行。地方定额主要是考虑到地区性特点、地方条件的差异或为补充全国统一定额中所缺项而编制的。

由于各地区的气候条件、经济技术条件、物质资源条件和交通运输条件等的不同,所以造成了对定额项目、内容和水平的影响,这是地方定额存在的客观依据。地方定额编制时,应连同有关资料及说明报送主管部门、住房和城乡建设部及劳动部门备案,以供编制全国统一定额时参考。

4) 企业定额

企业定额是指由建筑施工企业按照国家、行业和地方有关政策、法规以及相应的施工技术标准、验收规范、施工方法等资料,根据现行自身的机械设备状况、生产工人技术操作水平、企业生产(施工)组织能力、管理水平、机构设置形式和运作效率以及可能挖掘的潜力情况,自行编制、审查、批准、颁发的,用于企业内部的施工生产、经营管理以及成本核算和投标报价的内部文件。

企业定额只在企业内部使用,主要应根据企业自身的情况、特点和素质确定企业在完成合格产品过程中必须消耗的人工、材料和施工机械台班的数量标准,它不仅反映企业的劳动生产率和技术装备水平,同时也是衡量企业管理水平和综合实力的标尺。企业定额水平只有高于国家现行定额,才能满足生产技术发展、企业管理和市场竞争的需要。

5) 补充定额

补充定额是指随着基本建设事业的不断发展,新结构、新技术、新材料、新设备的不断出现,设计的不断更新、施工技术的快速发展,现行定额不能满足需要的情况下,为了补充缺项而编制的定额。补充定额只能在指定的范围内使用,可以作为修订定额的基础。

2.3.4 按专业性质分类

由于工程建设涉及众多的专业,不同的专业所含的内容也不同,就确定人工、材机械台班消耗数量标准的工程定额来说,也需要按不同的专业分别进行编制和执行。特殊专业的专用定额,只能在指定范围内使用。按专业性质划分,常见的有下列几种定额。

1) 建筑工程定额

①建筑工程定额(亦称土建定额);

②装饰工程定额(亦称装饰定额);

③房屋修缮工程定额(亦称房修定额)。

2) 安装工程定额

①机械设备安装工程定额;

②电气设备安装工程定额;

③送电线路工程定额;

④通信设备安装工程定额;

⑤通信线路工程定额;

⑥工艺管道工程定额；

⑦长距离输送管道工程定额；

⑧给排水、采暖、煤气工程定额；

⑨通风、空调工程定额；

⑩自动化控制装置及仪表工程定额；

⑪工艺金属结构工程定额；

⑫炉窑砌筑工程定额；

⑬刷油、绝热、防腐蚀工程定额；

⑭热力设备安装工程定额；

⑮化学工业设备安装工程定额；

⑯非标准设备制作工程定额。

3）沿海港口建设工程定额

①沿海港口水工建筑工程定额；

②沿海港口装卸机械设备安装定额。

4）其他特殊专业建设工程定额

①市政工程定额；

②水利工程定额；

③铁路工程定额；

④公路工程定额；

⑤园林、绿化工程定额；

⑥公用管线工程定额；

⑦矿山工程专业定额；

⑧人防工程定额；

⑨水运工程定额等。

2.4 定额的基本内容

从定额的分类可以看出，无论何种定额的内容都包含着"三要素"，即劳动定额、材料消耗定额和机械台班使用定额，这三种定额也是制订其他各种定额的基础，因此称为基本定额。

2.4.1 劳动定额

劳动定额亦称人工定额、工时定额或工日定额。它蕴含着生产效益和劳动力合理运用的标准，反映建筑安装工人劳动生产率的平均先进水平，不仅体现了劳动与产品的关系，还体现了劳动配备与组织的关系。它是计算完成单位合格产品或单位工程量所需人工的依据。

1）劳动定额的表现形式

劳动定额以时间定额或产量定额表示，参见表2-2。

劳动定额示例(2-2 人力挖运土方) 表 2-2

工作内容:挖运:挖装运 20m,卸土,空回。增运:平运 10m,空回。

$1m^3$ 的劳动定额

项 目	第一个 20m 挖运						每增运 10m	
	槽外			槽内			挑运	手推车
	松土	普土	硬土	松土	普土	硬土		
时间定额	0.158	0.231	0.33	0.177	0.269	0.379	0.033	0.01
产量定额	6.33	4.33	3.03	5.65	3.72	2.64	—	—
编号	1	2	3	4	5	6	7	8

注:摘自 2009 年度《公路工程施工定额》。

(1)时间定额

它是指某种专业、某种技术等级工人班组或个人,在正常施工条件下,完成单位合格产品或单位工程量所必需的工作时间。它包括准备工作与结束工作时间、基本生产时间、辅助生产时间和生产工人必需的休息时间。时间定额的计算方法如下:

$$单位产品时间定额(工日定额) = \frac{必须消耗的工日数}{生产量或工程量} \quad (2\text{-}1)$$

$$班组单位产品产量定额 = \frac{必须消耗的班组成员工日数总和}{班组产量} \quad (2\text{-}2)$$

$$时间定额 = \frac{工作人数 \times 工作时间}{工作时间内完成的产量或工程量} \quad (2\text{-}3)$$

$$或 = \frac{劳动时间}{工作时间内完成的产量或工程量}$$

式中:工作人数——单位为人工(工或人);

工作时间——单位为 s、min、h、d;

劳动时间——单位为工秒、工分、工时、工日(工天)。

我国现行工作制度,每一工日(工天)按 8h 计算,即 1 工日(工天) = 8 工时 = 8×60 工分 = 8×60×60 工秒。

生产量或工程量的单位,以单位产品或工程量的计量单位计算,如 m^3、m^2、m、t、块、根等。

时间定额的计量单位以每单位产品或工程量所消耗的工日数表示,如:工日/m^3、工日/m^2、工日/t、工日/块等。

(2)产量定额

它是指在正常使用条件下,某种专业、某种技术等级工人班组或个人,在单位时间内所完成的合作产品数量和工程量。产量定额的计量单位是以单位工日完成合格产品或工程量的计量单位表示,如 m^3/工日、m^2/工日、t/工日、块/工日等。其计算方法如下:

$$单位时间产量定额(每工日定额) = \frac{生产量或工程量}{必须消耗的工日数} \quad (2\text{-}4)$$

$$\text{班组单位时间产量定额} = \frac{\text{班组产量}}{\text{必须消耗的班组成员工日数总和}} \quad (2\text{-}5)$$

$$\text{产量定额} = \frac{\text{工作时间内完成的产量或工程量}}{\text{工作人数} \times \text{工作时间}} \quad (2\text{-}6)$$

$$\text{或} \quad = \frac{\text{工作时间内完成的产量或工程量}}{\text{劳动时间}}$$

$$\text{班组产量} = \frac{\text{必须消耗的班组成员工日数总和}}{\text{班组单位产品时间定额}} \quad (2\text{-}7)$$

2) 时间定额与产量定额的关系

① 从上述看出,时间定额与产量定额互为倒数。它们的关系如下:

$$\text{时间定额} \times \text{产量定额} = 1$$

$$\text{时间定额} = \frac{1}{\text{产量定额}} \quad \text{或} \quad \text{产量定额} = \frac{1}{\text{时间定额}} \quad (2\text{-}8)$$

由此可见,知道了时间定额就很容易求出产量定额。

② 时间定额与产量定额成反比关系。时间定额降低,产量定额相应增加,反之亦然。它们的关系如下:

$$\text{时间定额降低百分率}(\%) = \frac{\text{产量定额增加百分率}}{1 + \text{产量定额增加百分率}} \quad (2\text{-}9)$$

$$\text{产量定额提高百分率}(\%) = \frac{\text{时间定额降低百分率}}{1 - \text{时间定额降低百分率}} \quad (2\text{-}10)$$

例如,依据表 2-2 劳动定额可知,人力挖运松土,时间定额降低 10%,则产量定额提高 $0.1/(1-0.1) \times 100\% = 11.1\%$。

那么,每工日应多挖运松土 $0.703 \mathrm{m}^3$。也就是说,人力挖松土由于时间定额降低了 10%,每工日产量定额由 $6.33(1\mathrm{m}^3/\text{工日})$ 提高到 $7.033(1\mathrm{m}^3/\text{工日})$。

时间定额的降低或产量定额的提高,对劳动生产率的提高起着重大影响,这需要通过加强企业管理,采用先进的施工组织和技术措施来实现。

2.4.2 材料消耗定额

1) 材料消耗定额的组成

材料消耗定额是指在合理使用材料的条件下,完成单位产品或单位工程量所必须消耗的一定规模的建筑材料、半成品或构配件的数量标准额度。所谓合格产品或工程量是指质量、规格等方面要符合国家标准、部颁标准或省、自治区、直辖市的标准。材料消耗定额的计量单位是以生产单位产品或工程量所需材料的计量单位表示,如片石混凝土所需水泥、砂子、石子、片石的计量单位分别为"t"和"m^3"。

材料消耗定额包括直接用于产品生产或工程施工的材料净用量及不可避免的工艺和非工艺性的材料损耗(包括料头、装卸车散失)。前者称为材料的净消耗定额(D_j),亦称净定额。这是生产某产品或完成某一施工过程的有效消耗量。后者称为材料的损耗定额(D_s),但不包括可以避免的浪费和损失的材料。这是非有效消耗量。二者之和称为材料消耗总定额(D_z),也叫材料消耗定额,用公式 $D_z = D_j + D_s$ 表示。

例如,浇筑混凝土构件,所需混凝土材料在搅拌、运输、浇筑过程中产生不可避免的零星损耗,以及振动体积变得密实,凝固后体积发生收缩等,因此,每立方米混凝土产品实际需耗用 $1.01 \sim 1.02 m^3$ 的混凝土材料。

2) 材料损耗量

(1) 材料损耗分类

①运输损耗。指材料在运输过程中所发生的自然损耗。这种从生产厂或供料基地运输到工地料库所发生的损耗不包括在材料消耗定额中,应列入材料采购保管费内。

②保管损耗。指材料在保管过程中所发生的自然损耗。这种损耗也不包括在材料消耗定额中,应列入材料采购保管费内。

③施工损耗。指在施工过程中,现场搬运、堆存及施工操作中不可避免的材料损耗以及残余材料和废料损耗等,这些损耗应包括在材料消耗定额内。

(2) 材料损耗量

施工过程中材料损耗一般用损耗率表示。材料损耗率有两种计算方法:

$$材料损耗率 K_总 = \frac{材料损耗量 D_s}{材料总消耗量 D_z} \times 100\% \quad (2\text{-}11)$$

$$材料损耗率 K_净 = \frac{材料损耗量 D_x}{材料净用量 D_j} \times 100\% \quad (2\text{-}12)$$

因此,材料损耗量也有两种计算方法:

$$D_s = D_z \cdot K_总 \quad (2\text{-}13)$$

$$D_s = D_j \cdot K_净 \quad (2\text{-}14)$$

两种计算方法的损耗量相等。

实际上,$K_总$ 和 $K_净$ 相差甚微,可以认为 $K_总 = K_净 = K$,则 K 称为材料损耗率,可从预算定额或材料消耗定额中查出。

3) 材料总消耗量

根据结构物或构筑物施工图纸计算出或根据试验确定出材料净用量 D_j,再按公式 $D_z = (1 + K)D_j$ 计算材料总消耗量 D_z。

建筑材料种类繁多,数量庞大。基本建设中,材料费在建筑工程造价中约占 35% ~ 40% 左右。材料消耗量是节约或是浪费,对产品价值和工程造价有决定性影响。在一定的产品数量和材料质量的情况下,材料的需用量和供应量主要取决于材料消耗定额。先进合理的材料消耗定额,可以起到对物质消耗的控制和监督作用,保证材料的合理供应和使用。同时材料消耗定额还是制订概、预算定额中材料数量及其费用的基础数据。

2.4.3 机械台班使用定额

机械台班使用定额亦称机械设备使用定额。它标志着机械生产率的水平,用它可计算出完成一定合格产品或工程量所需用的机械台班数量。

1）机械台班使用定额的表示形式

机械台班使用定额以机械时间定额和机械产量定额两种形式表示(参见表2-3)。

机械定额示例(2-31 挤密砂桩)　　　　　　　　　　　　　　　　　表2-3

工作内容：调整导管，吊装桩管，振动下沉，添水加砂，振拔桩管，铺拆轨道，桩机移位，50m 内取运料。

每根砂桩的机械定额

项目		桩长(m)	
		10以内	10以上
打拔桩设备	时间定额	0.076	0.1
	产量定额	13.2	10
1m³ 以内装载机	时间定额	0.108	0.143
	产量定额	9.26	6.99
编号		1	2

注：1. 砂桩直径为420mm；打桩设备包括10t 以内履带式起重机及250kN 振动打拔桩锤。
　　2. 摘自2009年度《公路工程施工定额》。

(1) 机械时间定额

机械时间定额也称机械台班时间定额，是指在正常施工条件下，规定某种机械设备完成质量合格的单位产品或单位工程量所需消耗的机械工作时间，包括有效工作时间，不可避免的空转时间和不可避免的中断时间。其计算公式如下：

$$机械时间定额 = \frac{机械台数 \times 机械工作时间}{工作时间内完成的产品数量或工程量} \tag{2-15}$$

式中，机械台数的计量单位为台或机组，机械工作时间的计量单位为班、h、min、s。

机械台数与机械工作时间相乘之积为机械工作时间消耗量，计量单位为台班、机组班、台时、台分、台秒。一个台班表示一台机器工作一个工作班(8h)，一个机组班表示一组机械工作一个工作班(8h)，一个台时表示一台机器工作 1h，其余类推。

$$1 台班 = 8 台时 = 8 \times 60 台分 = 8 \times 60 \times 60 台秒$$

产品数量或工程量的计量单位应能具体正确的表示产品或工程量的形体特征，如 m^3、m^2、km、t 等。

机械时间定额一般以台班(或台时)/产品或工程的计量单位表示，如台班/m^3、台时/m^3、台班/km 等。

(2) 机械产量定额

机械产量定额也称机械台班产量定额，是指在正常施工条件下，规定某种机械设备在单位时间(台班或台时)内应完成质量合格的产品数量或工程量。其计算方法如下：

$$机械产量定额 = \frac{工作时间内完成的产品数量或工作量}{机械台数 \times 机械工作时间} \tag{2-16}$$

机械产量定额的计量单位,以产品或工程的计量单位/台班(或台时)表示。例如,挖掘机挖土产量定额的计量单位为 m^3/台班或 m^3/台时。

2)机械时间定额与机械产量定额之间的关系

机械时间定额与机械产量定额两者的关系互为倒数,即:

$$机械时间定额 \times 机械产量定额 = 1 \tag{2-17}$$

2.5 定额的构成及应用

2.5.1 铁路工程定额的组成

铁路工程预算定额按一定的顺序,分章、节、项汇编成册,共13个专业分册,各专册定额既有专业分工和多种专业使用的定额,又可跨册、跨阶段使用。为方便使用,还另行发行高速铁路路基、桥梁、隧道、轨道工程补充定额,铁路工程混凝土、水泥砂浆配合比用料表,铁路工程概预算工程量计算规则,铁路工程投资控制系统(铁路工程概预算软件)等。

1)各册所含主要工程内容

①第一册　路基工程。主要工程内容有区间的站场土石方、特殊路基加固、防护等工程。

②第二册　桥涵工程。主要工程内容包括各种涵洞,小、中、大、特大桥,深水复杂桥,顶涵、顶桥、倒虹吸管等工程。

③第三册　隧道工程。矿山法施工隧道,包括单、双线。导坑、明洞开挖衬砌,开挖是小型机械施工,出砟机械化,衬砌采用钢模型板等作业。机械化全断面施工隧道,目前只有双线,各种作业全部大型机械化施工。

④第四册　轨道工程。各种等级和轨型的正站线铺轨及上部建筑施工,各类型的道岔铺设,各种上部建筑附属工程和线路标志等。

⑤第五册　通信工程。铁路用的各种通信设备和电缆,各种无线通信以及维修设备等。

⑥第六册　信号工程。铁路用的各种信号设备安装,各种电气集中、自动闭塞、机械化驼峰,自动化设备安装等工程。

⑦第七册　电力工程。柴油发电所、各种变配电所,电气设备安装,各种照明设施,各种配管配线,35kV以下的各种线缆安装、防雷接地、电气设备调试等工程。

⑧第八册　电力牵引供电工程。各种制式的接触网悬挂安装的有关工程,各种牵引变电所、开闭所,分区亭等设备安装有关工程,供电段设备安装等工程。

⑨第九册　房屋工程。适用于铁路沿线(包括枢纽工程)各种新建与改扩建房屋工程(包括站房和工业厂房),不包括独立工业项目、独立建设项目的大型旅客站房、科研和院校等单位的建设项目,以及铁路各单位属于基地建设的生活福利设施等的房屋建筑工程。

⑩第十册　给排水电工程。包括各种铁路沿线的上、下水管道和设备安装,水源建筑、污水处理工程等。

⑪第十一册　机务车辆机械工程。各种国际标准和铁路专用的机械设备安装及基础工

程,各种自动化装置及仪表安装,各种金属制品制作安装、工业炉窑砌筑与安装、工艺管道及附件安装、各种除锈、防腐、刷油漆、保温等工程。

⑫第十二册　站场工程。各种铁路站场附属工程,站区建筑工程,以及站场标志等。

⑬第十三册　信息工程。包括传输网中SDH、PDH传输设备和接入网设备的安装和调测,通信网中的网管设备、同步网设备、地球卫星、微波、集群移动通信设备的安装和调测,数据通信网设备、会议电视系统设备、无绳长途人工台设备、计费设备、信令设备的安装和调测等工程。

2)多专业使用的定额跨册使用简介

为了避免多专业使用的工程定额在各专册重复出现,这类工程集中放在某册内,使用的专业只能跨册使用。如:

①各专业工程使用的除锈、刷漆、保温定额均在机械设备安装工程定额内。

②站后各专业工程的通用机械设备安装定额均使用机械设备安装工程的定额。

③路基工程的挡墙基础开挖和基础定额部分使用桥涵工程的定额。

④电气照明和电气设备安装调试定额全部集中在电力工程定额中。

⑤电力牵引供电工程使用了部分电力工程和机械设备安装工程的定额。

⑥车站地道的顶进工程,除出入口在站场建筑设备工程外,其余部分的定额使用桥涵工程定额。

⑦机械设备安装中有电梯和各种起重机轨道安装,可供房建、站场等专业使用。

3)预算定额的组成

预算定额是在施工定额的基础上,综合施工定额工作细目为预算定额的工作细目,并且纳入已经应用的新技术、新工艺,按照合理的施工组织和正常的施工条件编制的。预算定额主要由如下内容组成:

①法定批文:铁路工程预算定额是一项技术标准,它必须经过有权审批机关的确认。在定额的扉页上,刊印有关批文,宣布定额的作用,开始执行时间,以及发现问题之后,归口上报的一些规定。

②总说明:主要说明编制预算定额的目的、指导思想、编制原则、依据、大致内容、适用范围、工资标准、基价根据,以及编制定额时有关共同性问题的处理意见和预算定额的使用方法。

③各工程项目说明(分册说明):铁路建设项目按工程专业特点划分为路基工程、桥涵工程、隧道工程、轨道工程、给排水电工程、站场工程、通信工程、信号工程、电力工程、电力牵引供电工程、机务车辆机械工程、房屋工程、信息工程等13项工程项目。现行预算定额手册分别编为13册。

各工程项目说明,主要说明预算定额适用范围、工程量计算规定、预算定额使用方法和其他说明。

④定额项目表:各项目以分部工程为章,以分项工程为节,以项目排序为号。表中内容除

表头外,由四部分组成,如表 2-4 所示。

涵洞基础浆砌片石(预算定额)　　　　　　　　　　　　　　表 2-4

工作内容:搭拆脚手板、选、修、洗石、砂浆制作、安砌及养护。

单位:$10m^3$

电算编号	项目	定额编号	QY-810	QY-811
		单位	涵洞基础浆砌片石	
			M5	M10
3	人工	工日	12.47	12.47
	水泥砂浆	m^3	(3.30)	(3.30)
52	普通水泥32.5级	kg	821.70	996.60
353	中(粗)砂	m^3	4.32	4.19
297	片石	m^3	11.70	11.70
18951	其他材料费	元	3.63	3.63
18992	水	m^3	4.33	4.33
19531	灰浆搅拌机≤400L	台班	0.130	0.130
	基价	元	694.24	737.58
其中	人工费	元	222.09	222.09
	材料费	元	466.09	509.43
	机械使用费	元	6.06	6.06
	质量	t	28.060	28.049

a. 工作内容与计量单位:对定额表中数据所包含的内容进行描述,查定额时须认真阅读与理解。

b. 工料机消耗标准:一定计量单位的分部分项工程或结构构件的人工、材料和机械台班数量标准。

c. 基价:一定计量单位的分部分项工程或结构构件的人工费、材料费和机械使用费合计价格。

"基价"即基期合计价格,是指在定额编制时,以某一年为基期年,以该年某一地区(如北京)工、料、机单价为基础计算的完成定额计量单位的合格产品所需要的人工费、材料费、机械使用费的合计价值。

分部分项工程定额基价 = 分部分项工程人工费 + 材料费 + 施工机械使用费 = 人工工日数 × 人工基价 + ∑(材料消耗量 × 材料预算基价) + ∑(机械台班用量 × 机械台班基价)

定额使用一定时期后,由定额编制单位发行更新的基价表配合原定额使用,以确保定额的相对稳定性。如铁路工程定额(2003~2005),基期计费依据和标准如下:

人工费:铁建设〔2006〕113 号《铁路基本建设工程设计概(预)算编制办法》。综合工费新建铁路三区 22.26 元/工日,新建隧道 24.26 元/工日,改建隧道 22.46 元/工日。

材料费:铁建设〔2010〕223 号文《关于铁路工程定额和费用进行调整的通知》。

机械使用费:铁建设〔2010〕223 号文《关于铁路工程定额和费用进行调整的通知》。

水、电单价:执行115号文,水:0.38元/m³,电:0.55元/(kW·h)。

d. 质量:一定计量单位的分部分项工程或结构构件所消耗的主要材料的质量。

2.5.2 公路工程定额的组成

现行的公路工程全国性通用定额有《公路工程基本建设项目概算预算编制办法》(JTG B06—2007)、《公路工程概算定额》(JTG/T B06-01—2007)、《公路工程预算定额》(JTG/T B06-02—2007)和《公路工程机械台班费用定额》(JTG/T B06-03—2007)。除此之外,各省、市、自治区交通运输厅(局)还编有一些地区性补充定额。

1) 预算定额

采用的产品单位比施工定额大,通常按分项工程和结构的要求来规定工、料、机定额标准,包括路基工程、路面工程、隧道工程、桥涵工程、防护工程、交通工程及沿线设施、临时工程、材料采集及加工、材料运输共九章,另外还包括四个附录,即路面材料基础数据、基本定额、材料周转及摊销以及定额基价人工、材料单位质量、单价表。

2) 概算定额

采用的产品单位比预算定额更大更综合,包括路基工程、路面工程、隧道工程、涵洞工程、桥梁工程等共七章。

预算或概算定额的组成结构基本相似,主要包括如下方面:

①法定批文:刊印在定额的扉页,说明定额的性质、开始执行时间、适用范围、归口单位等。

②总说明:综合阐述定额的编制原则、指导思想、编制依据和适用范围,以及定额使用方面的全面性的规定和解释,是各章说明的总纲,具有统管全局的作用。

③目录:简明扼要地反映定额的全部内容及相应页码。

④章(节)说明:主要讲述本章(节)的工作内容、工程量的计算方法和规定,计算单位及尺寸的起讫范围,以及计算的附表等。它是正确引用定额的基础。

⑤定额表:参见表2-5。其中表上方"1-1-3"为表号,意即第一章第一节第三表,其余与铁路定额相同。

公路工程定额组成结构示例 表2-5
(1-1-3 人工挖及开炸多年冻土)

工程内容:人工挖:(1)挖、撬、打碎;(2)装土;(3)运送;(4)卸除;(5)空回。
　　　　　人工开炸:(1)打眼爆破;(2)撬落打碎;(3)装土;(4)运送;(5)卸除;(6)空回。

单位:1000m²

顺序号	项目	单位	代号	第一个20m		每增运10m	
				人工挖运	人工开炸运	人力挑抬	手推车
				1	2	3	4
1	人工	工日	1	973.4	534.0	28.6	11.4
2	钢钎	kg	211		18.0		
3	硝铵炸药	kg	841		180.0		

续上表

顺序号	项目	单位	代号	第一个20m		每增运10m	
				人工挖运	人工开炸运	人力挑抬	手推车
				1	2	3	4
4	导火线		842	503			
5	普通雷管	个	845	385			
6	煤	t	864	0.171			
7	其他材料费	元	996	16.6			
8	基价	元	1999	47891	28188	1407	561

注：本表摘自《公路工程预算定额》(B06-02—2007)。

2.5.3 定额的应用

1）定额应用技巧

要使定额在基本建设中发挥作用，除定额本身要先进合理外，还必须正确应用定额，防止错套、重套和漏套定额。在应用定额时，应注意以下几种情况：

①首先要学习和理解定额的总说明和分部工程说明及附注、附录、附表的规定。这是定额的核心部分。因为它指出了定额编制的指导思想、原则、依据、适用范围、使用方法、调整换算、已考虑和未考虑的因素，以及其他有关问题，对因客观条件需据实调整换算的情况也做了规定。

例如，在铁路桥涵工程预算定额说明中，指出钢筋混凝土圆形管节安装定额是按单孔编制的，如为双孔或三孔，可乘以2或3。

②掌握分部分项工程定额所包括的工作内容和计量单位。在使用定额前，必须弄清一个工程由哪些工作项目组成，每个项目的工作内容是否与定额的工作内容一致，定额的计量单位是否采用扩大计量单位，如$10m^3$、$100m^2$等。当每个项目的工作内容与定额包含的工作内容一致时，才能直接使用相应定额。

③弄清定额项目表中各子目录工作条目的名称、内容和步距划分。然后以定额的计量单位为标准，将该工程各个项目按定额子目栏的工作条目逐项列出，做到完整齐全，不重不漏。

例如，在铁路路基工程预算定额中，推土机推运土是按≤60kW、≤75kW、≤90kW、≤105kW、≤135kW、≤165kW推土机推运松土、普通土、硬土，运距≤20m，增运10m划分的。施工土方工程应按使用推土机功率、土质、运距列项。

④了解定额项目表中人工、材料、机械台班名称、耗用量、单价和计量单位。

⑤熟悉工程量计算规定及适用范围。按规定和适用范围计算工程数量，有利于统一口径。

⑥对于分项工程的内容，应通过深入施工现场和工作实践，理解其实际含义，只有对定额内容了解透彻了，在确定工作条目，套用、换算定额或编制补充定额时，才会更快更准确。

⑦关于引用定额的编号。在编制公路工程概(预)算时，在计算表格中均要列出所用的定

额表号。一般采用"页号-表号-栏号"的编号方法。例如,《公路工程预算定额》(B06-02—2007)中(222-3-1-13-2)就是指:用第222页的表3-1-13(即第三章第一节的13表)中的第2栏,即预制混凝土沟槽盖板预算定额。这种编号的方法容易查找,检查方便,不易出错。但书写字码较多,在概(预)算表中占格较宽。

另一种编号方法是省去页号,按(章-节-表-栏)四符号法。例如《公路工程预算定额》中,15t以内振动压路机碾压二级公路路基的定额号为(1-1-18-9)。

定额编号在公路工程概(预)算文件中十分重要。一方面是保证复核、审查人员利用编号快速查找,核对所用定额的准确性。另一方面,对如此繁多的工程细目的工作内容以编号形式建立一一对应的模式,便于计算机处理及修编定额人员的统计工作。第三,在概(预)算文件的08表中,"定额代号"一栏必须填上对应的定额细目代号,不论手工计算,还是计算机处理,都必须保证该栏目的准确性。

⑧定额运用要点:

a. 正确选择子目,不多不漏。

b. 子目名称简练直观。

c. 核对工作内容,防止漏列、重列。

d. 看清计量单位。

e. 详细阅读说明和小注。

f. 图纸要求与定额子目或序号项目要一致,否则依据定额进行调换。

g. 工程量与定额单位不相同,但存在一定的换算关系,如路基土石方体积单位的天然密实方与压实方之间的换算。

h. 施工方法要依据施工组织设计而定。

i 与施工组织有关的工程量:一个工程项目所牵涉的定额不一定都能在设计图纸上反映出来,即一个完整项目的该预算造价除包括施工图纸上的工程量外,还应考虑与施工方案及施工组织措施相关的其他工程内容涉及的定额。

j. 多实践、多练习,熟能生巧。

⑨定额的查用步骤是:确定定额种类 → 确定定额编号 → 阅读说明 → 定额调换。

2)定额的套用

当设计要求与定额条件相符时,可直接套用定额(即直接查找定额)。套用时应注意以下几点。

①正确选用定额条目。根据设计图纸要求及说明,选择与工作项目内容相符的定额条目,并对其工程内容、技术特点和施工方法仔细核对,做到内容不漏、不重、不错。

②核对计量单位。条目选择好后,核对并调整所列工作项目的计量单位,使之与定额条目的计量单位相一致。

③明确定额中的用语、符号及定额表中括号内数据的意义,区分"以内"、"以外"和"以

上"、"以下"的含义。

④注意定额的换算。当工程设计与定额内容部分不相符,而定额允许换算时,要先对套用的定额进行必要的换算后才能使用。

3)定额的换算(或称定额抽换)

当工作项目与定额内容部分不相符时,则不能直接套用定额,应在定额规定的范围内,根据不同情况加以换算。

(1)设计的规格、品种与定额不符时的换算

当设计要求的规格、品种与定额规定不同时,需先换算使用量,再按其单价换算价值。由此看来,预、概算定额的换算实际上是预、概算价格的换算。

①砂浆或混凝土强度等级,设计与定额规定不符时,应根据砂浆或混凝土设计标号在铁建设〔2010〕223 号文"铁路工程混凝土、水泥砂浆配合比用料表"中,查出应换入的用料数,并考虑工地搬运、操作损耗量及混凝土凝固后体积收缩等,或在《铁路工程预算定额》中,查与设计强度等级相同项目的混凝土、钢筋混凝土、水泥砂浆的用料数(已考虑了损耗量等)。应换出的用料数为定额表中的数量,然后进行换算。

换算后砂浆或混凝土预、概算定额单价 = 原预、概算定额基价 − {∑(应换出的用料数 × 相对应的材料单价)] + [∑(应换入用料数 × 相对应的材料价格)]

§例 2-1§ 《铁路工程预算定额》(第二册 桥涵工程)(2011 年度)QY−279 中,重力式钢筋混凝土沉井井身 C25 混凝土($10m^3$),所用普通水泥 32.5 级水泥 3937.2kg,中粗砂 $5.20m^3$,碎石粒径 40 以内 $8.67m^3$,预算定额基价 2246.24 元。设计要求沉井井身混凝土强度等级为 C30,并换用普通水泥 42.5 级,计算此预算定额基价。

解 在《铁路工程预算定额》(第二册 桥涵工程)(2011 年度)中查得 $10m^3$ C30 混凝土所用普通水泥 42.5 级水泥 3451.2kg、中粗砂 $5.35m^3$、碎石粒径 40 以内的 $8.69m^3$。查材料预算价格知,普通水泥 32.5 级为 0.31 元/kg,普通水泥 42.5 级为 0.34 元/kg,中粗砂 16.5 元/m^3,碎石粒径 40 以内 26.8 元/m^3。

换算后沉井井身 C30 混凝土($10m^3$)预算定额基价为

2246.24 − (0.31 × 3937.2 + 16.51 × 5.20 + 26.8 × 8.67) + (0.34 × 3451.2 + 16.51 × 5.35 + 26.8 × 8.69) = 2246.24 − 1538.74 + 1495.65 = 2203.15 元

②砂浆或混凝土的骨料粒径,设计与定额规定不符时,需按砂浆或混凝土强度等级调整水泥用量。例如,铁路工程预、概算定额中,混凝土、钢筋混凝土、浆砌石及砂浆的水泥用量,系按中粗砂编制的,如实际使用细砂时,应按铁路工程混凝土、水泥砂浆配合比用料表调整水泥用量。

§例 2-2§ 陆上桥墩(墩高≤30m)C30 混凝土顶帽施工,使用细砂,调整此工作项目定额水泥用量。

解 此工作项目预算定额(QY-461),$10m^3$ 圬工消耗普通水泥 42.5 级 4233kg。使用细砂

时,可查铁路工程混凝土、水泥砂浆配合比用料表,C30 混凝土 $1m^3$(碎石粒径 25 以内)配合比中水泥用量,用中粗砂时为 490kg,用细砂时为 5141kg。

则用细砂时,QY-461 定额水泥用量应调整为 $423.3 \times \dfrac{514}{490} = 444.03 \text{kg/m}^3$。

③钢筋混凝土定额中的钢筋数量、规格,当设计与定额规定不符,使实际钢筋含量与定额中钢筋含量相差超过 ±5%,应先按设计要求调整定额钢筋数量,再用钢筋制作及绑扎定额调整定额工日、有关材料数量、机械台班数量,并用定额单价计算其价值。不是因设计原因造成不符,如钢筋由粗代细,螺纹钢筋代替圆钢筋或型号改变,因此而增加的钢筋费用,不能编入定额价值内。

(2)运距换算

①运距超过定额项目表中子项目基本运距。

§例 2-3§ 计算铲斗 $\leqslant 8m^3$ 拖式铲运机铲运普通土,运距 500m 的定额基价。

解 《铁路工程预算定额》(第一册 路基工程)(2011 年度)LY-130,铲运普通土,运距 $\leqslant$200m(基本运距),基价 258.29 元/$100m^3$;LY-131,增运 100m,基价 69.02 元/$100m^3$。

则此定额基价为 $258.29 + 69.02 \times \dfrac{500-200}{100} = 465.35$ 元/$100m^3$

②运距超过定额项目表中工作内容规定的运距。

§例 2-4§ 《铁路工程预算定额》(第二册 桥涵工程)(2011 年度)QY-27,机械钻眼开挖石方卷扬机提升,工作内容中规定,双轮车运至坑口外 20m。因实际施工需用架子车运往离基坑 250m 处堆弃,基坑土壤为软石,基坑深 3m 以内无水,试确定此工作项目的定额基价。

解 本例增加运距的定额为 LY-191 和 LY-192,即:

$$328.42 + 91.9 \times [(250-50-20)/50] = 659.26 \text{ 元}/100m^3 = 65.926 \text{ 元}/10m^3$$

则本例定额基价为 QY-27、LY-191 和 LY-192 组合:

$$229.71 + 65.926 = 295.64 \text{ 元}/10m^3$$

(3)断面换算

定额中取定的构件断面,是根据选择有代表性的不同设计标准,经过分析、研究、综合、加权计算确定的,称为定额断面。实际设计断面与定额断面不符时,应按定额规定进行换算。例如,劳部发〔1993〕284 号文《铁路隧道工程劳动定额标准》规定,当实际开挖断面与定额开挖断面不一致,且相差 ±5% 以上时,各工序的时间定额标准应乘以 $\dfrac{实际断面}{标准断面}$ 的系数。

(4)厚度或宽度换算

如防护层的厚度(沥青混凝土、沥青砂浆的厚度),抹灰层厚度,道砟桥面人行道宽等,有的定额表中划分为基本厚度或宽度和增减厚度或宽度定额,当设计厚度或宽度与定额不符时,可按设计要求和增减定额对基本厚度或宽度的定额基价进行调整换算。

(5) 系数换算

当实际施工条件与定额规定不符时,应按定额规定的系数进行调整。

例如,路基土石方工程中,汽车增运定额仅适用于10km以内运输,超过10km部分应乘以0.85的系数。又如编制铁路隧道工程预算,如采用路基、桥涵及其他洞外工程定额用于洞内时,人工定额应乘1.257系数,施工机械台班乘1.10系数。铁路隧道工程预算定额,洞内涌水量是按10m³/h制订的,超过时,台班量按表2-6系数调整。

调整系数   表2-6

涌水量(m³/h)	≤10	≤15	≤20	>20
调整系数	1.00	1.20	1.35	另行分析计算

(6) 周转次数换算

当材料的实际周转次数达不到规定的周转次数时,定额表中周转材料的定额用量应予以抽换,按照实际的周转次数重新计算其实际定额用量,即:

$$实际定额用量 = \frac{规定的周转次数}{实际的周转次数} \times 规定的定额用量$$

(7) 体积换算

例如,在"铁路工程预算定额"中明确了开挖与运输数量以天然密实体积计算,填筑数量以压实体积计算,因此,在土石方调配与套用定额时要进行天然密实体积与压实体积的换算,换算系数如表2-7所示。

路基土石方以填方压实体积为工程量、采用天然密实方为计量单位定额时的换算系数   表2-7

铁路等级	岩土类别	土 方			石 方
		松 土	普 通 土	硬 土	
设计速度200km/h及以上铁路	区间	1.258	1.156	1.115	0.941
	站场	1.230	1.13	1.090	0.920
设计速度160km/h及以下I级铁路	区间	1.225	1.133	1.092	0.921
	站场	1.198	1.108	1.068	0.900
II级及以下铁路	区间	1.125	1.064	1.023	0.859
	站场	1.100	1.040	1.000	0.840

该系数已经包含了因机械施工需要两侧超填的土石方数量。计算工程数量一律以净设计断面为准。特别应注意除填石路基采用石方系数外,以石代土的填方工程也应采用石方系数,因而使用定额时需进行详细的土石方调配并区分填料的性质。

§例2-5§ 某段设计速度160km/h的I级铁路区间路基工程,挖方(天然密实断面方)5000m³,全部利用。填方(压实后断面方)10000m³,假设路基挖方和填方均为普通土,则路基挖方作为填料压实后的数量为5000/1.133 = 4413m³,需外借土方10000 − 4413 = 5587m³(压实后断面方),即可理解为挖土5000m³,压实土方4431m³,尚需借土填方5587m³,而这5587m³计算挖方工程量时又需乘以1.133的系数。

计量单位换算和工程量内容调整

设计图纸上提供的工程量或工程量清单上的工程量,其计量单位、包含内容与定额的计量单位、包含内容有时不完全一致,所以,必须根据定额需要对工程量进行计量单位换算和工程量内容调整。

①体积与面积单位调整。如人工挖土质台阶,定额计量单位为 $100m^2$,而设计图纸或施工图工程量可能以 m^3 为单位列出。

②个数与其他单位的调整。如桥梁支座,设计者一般提供各种型号及对应的个数,而定额单位却是依据不同支座的类型(如金属支座、板式橡胶支座:孔;盆式橡胶支座:个;钢桁梁支座:10t)而有所区别。

③与施工组织有关的工程量。一个工程项目所牵涉的定额不一定都能在设计图纸上反映出来,即一个完整项目的该预算造价除包括施工图纸上的工程量外,还应考虑与施工方案及施工组织措施相关的其他工程内容涉及的定额。

总之,定额换算,必须在定额规定的条件下进行。如果定额规定不允许换算时,不得强调本部门的特点,任意进行换算。例如,在定额总说明中规定,周转性的材料、模板、支撑、脚手杆、脚手板和挡板等的数量,按其正常周转次数,已摊入定额内,不得因实际周转次数不同调整定额消耗量。又如,定额中各项目的施工机械种类、规格型号系按一般情况综合选定,如施工中实际采用的种类、规格与定额不一致时,除定额另有说明者外,均不得换算。

4) 补充定额

随着基本建设事业的不断发展,新结构、新技术、新工艺、新材料、新设备不断出现,设计不断更新,因此会出现设计要求与定额条件不一致或完全不符或缺项的情况,这就需要制定补充定额,即补充单价分析,并随同设计文件一并送审。

制订补充定额的方法有两种,一种是按前面讲的定额制订原则,用测定或综合分析等方法制订。通常材料用量是按设计图纸的构造、做法及相应的计算公式进行计算,并加入规定的材料损耗;人工工日是按劳动定额或类似定额计算,并合理考虑劳动定额中未包括而在一般正常施工情况下又不可避免的影响因素和零星用工等;机械台班数量是按机械台班使用定额或类似定额计算,并考虑定额中未包括而在合理的施工组织条件下,尚存在的机械停歇因素所造成的机械台班损失。经有关技术、定额人员和工人分析讨论,确定其工作项目的工、料、机耗用量,然后分别乘以人工工资标准、材料预算价格及机械台班单价,即得到补充定额基价。另一种方法是套用或换算相近的定额项目。一般人工和机械台班数量及费用和其他材料费可套相近的项目,而材料消耗量可按设计图纸进行计算,再加入规定的材料损耗,或通过测定确定。

5) 预算定额的应用示例

钢筋混凝土盖板箱涵工程,从基坑开挖开始,逐项列示如下:

①开挖基坑。明确施工方法、基坑土质、坑深、地下水、支护情况。

②基础砌筑。明确圬工类别(浆砌片石、混凝土、钢筋混凝土等)及其强度等级。

③涵身及出入口。明确圬工类别及其强度等级。

④钢筋混凝土盖板制作与安砌。确定是人工还是机械施工。

⑤沉降缝。是沥青麻筋、沥青油毡、沥青木板或其他类型。

⑥防护层。是黏土、沥青砂浆、沥青混凝土或其他类型。

⑦防水层。确定涂沥青和浸制麻布的层数。

⑧基坑回填。有无远距离取土,用何方法运输。

⑨锥体护坡铺砌及垫层。铺砌是干砌或浆砌,垫层是碎石或卵石等。

⑩河床铺砌。是干砌或浆砌、砂浆强度等级。

列出分项工程后,填列与定额条目一致的计量单位和设计数量,再按各分项工程的类型、性质和施工方法,在《铁路工程预算定额》(第二册 桥涵工程)(2011年度)中查出与设计相同的节次(项目)和目次(子项目)定额,即各项目计量单位的人工、材料和机械台班消耗指标,然后编制该工程主要工、料、机数量计算表。再根据相应的预算定额基价,计算盖板箱涵工料机预算基价费用。

§例2-6§ 某盖板箱涵设计采用M10砂浆砌片石涵身200m³,计算砌筑该涵身所需人工、材料、机械台班需要量及其工料机预算基价费用和材料质量。

解 查QY-818,计量单位10m³,涵身的定额工作量为200m³/10m³=20(10m³)。计算过程见表2-8。

M10砂浆砌片石涵身计算表　　　　　　　　　　　表2-8

人工、材料、机械、费用名称		单位	定　额	计　算　式	定额数量
人工		工日	17.17	20×17.17	343.4
普通水泥32.5级		kg	996.60	20×996.60	19932
中粗砂		m³	4.19	20×4.19	83.8
片石		m³	11.70	20×11.70	234
原木		m³	0.011	20×0.011	0.22
块石		m³			
锯材		m³	0.008	20×0.008	0.16
镀锌低碳钢丝 φ2.8~5.0		kg	1.58	20×1.58	31.6
其他材料费		元	5.48	20×5.48	109.6
水		t	4.85	20×4.85	97
灰浆搅拌机≤400L		台班	0.132	20×0.132	2.64
预算基价		元	848.01	20×848.01	16960.2
其中	人工费	元	305.8	20×305.8	6116
	材料费	元	536.06	20×536.06	10721.2
	机械使用费	元	6.15	20×6.15	123
材料质量		t	28.063	20×28.063	561.26

单元小结

本章重点讲述了定额、制订定额的基本方法、定额的分类;读者应掌握施工定额、预算定额、概算定额与概算指标、投资估算指标的概念及它们之间的联系和区别,重点掌握定额的应用及其构成。

工程造价计价依据是据以计算造价的各类基础资料的总称。由于影响工程造价的因素很多,每一项工程的造价都要根据工程的用途、类别、规模尺寸、结构特征、建设标准、所在地区、市场价格信息和涨浮趋势,以及政府的产业政策、税收政策和金融政策等做具体计算。因此就需要以确定上述各项因素相关的各种量化的定额等作为计价的基础。这是理解定额及定额在工程造价计价中重要作用的关键。

【拓展阅读】

我国工程造价管理体系是随着新中国的成立而建立的。在20世纪50年代,我国引进国外的概预算定额管理制度,设立了概预算管理部门,并通过颁布一系列文件,建立了概预算工作制度,同时对概预算的编制原则、内容、方法和审批、修正方法、程序等做出了明确的规定。

从20世纪50年代后期至70年代中期,概预算定额管理工作遭到严重的破坏,概预算和定额管理机构被撤销,大量基础资料被销毁。

从1977年起,国家恢复建设工程造价管理机构。经过20多年的不断深化改革,国务院建设行政主管部门及其他各有关部门和各地区对建立健全建设工程造价管理制度,改进建设工程造价计价依据做了大量的工作。

随着社会主义市场经济的逐步确立,我国工程建设中传统的概预算定额管理模式已无法适应优化资源配置的需求,将传统的概预算定额管理模式转变为工程造价管理模式已成为必然趋势。这种改革主要表现在以下几个方面。

①重视和加强项目决策阶段的投资估算工作,努力提高可行性研究报告投资估算的准确度,切实发挥其控制建设项目总造价的作用。

②明确概预算工作不仅要反映设计、计算工程造价,更要能动地影响设计、优化设计,并发挥控制工程造价、促进合理使用建设资金的作用。工程设计人员要进行多方案的技术经济比较,通过优化设计来保证设计的技术经济合理性。

③从建筑产品也是商品的认识出发,以价值为基础,确定建设工程的造价和建筑安装工程的造价,使工程造价的构成合理化,逐渐与国际惯例接轨。

④引入竞争机制,通过招投标方式择优选择工程承包公司和设备材料供应单位,以使这些单位改善经营管理,提高应变能力和竞争能力,降低工程造价。

⑤提出用"动态"方法研究和管理工程造价。研究如何体现项目投资额的时间价值,要求各地区、各部门工程管理机构定期公布各种设备、材料、工资、机械台班的价格指数及各类工程造价指数,要求尽快建立地区、部门乃至全国的工程造价管理信息系统。

⑥提出要对工程造价的估算、概算、预算、承包合同价、结算价、竣工决算实行"一体化"管理,并研究如何建立一体化的管理制度,改变过去分段管理的状况。

⑦发展壮大工程造价咨询机构,建立健全造价工程师执业资格制度。我国工程造价管理体制改革的最终目标是:建立市场形成价格的机制,实现工程造价管理市场化,形成社会化的工程造价管理咨询服务业,与国际惯例接轨。

练 习 题

2-1　简述工程造价计价依据的分类。

2-2　什么是定额？定额的特点及作用是什么？

2-3　什么是预算定额？它由哪几部分组成？

2-4　正确使用定额应注意哪些事项？

2-5　查《铁路工程预算定额》，写明下列工作项目定额编号、工日、材料、机械台班及工费、料费、机械使用费、预算基价、材料质量。

(1)人力挖松土，架子车运100m，道路泥泞。

(2)人力挖松土，土质湿度大，极易黏附工具，架子车运100m。

(3)人力挖桥基普通土，机械吊土，用1t自卸车运至离弃土点800m处，坑深8m，有水，需加挡板。

(4)某桥预应力混凝土梁道砟桥面，双侧钢栏杆，钢筋混凝土步行板，人行道宽1.3m。

单元3 铁路工程概(预)算编制

引子

建筑工程概、预算制度产生于早期的资本主义国家,其历史可以追溯到16世纪。概预算的发展过程大致可分为三个阶段如图3-1所示。16世纪到18世纪末,是第一阶段,由"测量员"对已完工程的工程量进行测量并估价。19世纪初期,是预算工作发展的第二阶段,由"预算师"在开工之前,按照施工图纸进行工程量计算,以计算结果作为承包人投标的基础,中标后的预算书就成为合同文件的重要组成部分。20世纪40年代发展到第三阶段,建立了"投资计划和控制的制度",他们的投资计划相当于我国的初步设计概算和投资估算,作为投资者预测其投资效果,进行投资决策和控制的依据。

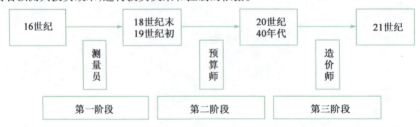

图3-1 概(预)算的发展过程

工程概算反映基本建设项目在可行性研究报告批复以后从筹建到竣工交付使用阶段预期发生的全部投资建设费用。是编制建设项目投资计划、确定和控制建设项目投资的依据。是衡量设计方案经济合理性和选择最佳设计方案的依据,是考核建设项目投资效果的依据。

概(预)算根据不同的阶段、不同的工程性质有着不同的编制办法。如图3-2所示工程建设各阶段与概(预)算关系图。

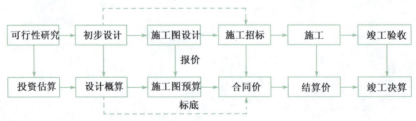

图3-2 工程建设各阶段与概(预)算关系

3.1 铁路工程概(预)算费用组成

3.1.1 铁路工程概(预)算章节划分

铁路工程的概(预)算费用,按不同工程和费用类别分为四个部分,共十六章34节。具体内容见表3-1。

铁路工程概(预)算章节划分　　　　　　　　　　　　表 3-1

第一部分	静态投资		
第一章	拆迁及征地费用	第一节	拆迁及征地费用
第二章	路基	第二节	区间路基土石方
		第三节	站场土石方
		第四节	路基附属工程
第三章	桥涵	第五节	特大桥
		第六节	大桥
		第七节	中桥
		第八节	小桥
		第九节	涵洞
第四章	隧道及明洞	第十节	隧道
		第十一节	明洞
第五章	轨道	第十二节	正线
		第十三节	站线
		第十四节	线路有关工程
第六章	通信及信号	第十五节	通信
		第十六节	信号
		第十七节	信息
第七章	电力及电力索引供电	第十八节	电力
		第十九节	电力索引供电
第八章	房屋	第二十节	房屋
第九章	其他运营生产设备及建筑物	第二十一节	给排水
		第二十二节	机务
		第二十三节	车辆
		第二十四节	动车
		第二十五节	站场
		第二十六节	工务
		第二十七节	其他建筑设备
第十章	大型临时设施和过渡工程	第二十八节	大型临时设施和过渡工程
第十一章	其他费用	第二十九节	其他费用
第十二章	基本预备费	第三十节	基本预备费
第二部分	动态投资		
第十三章	工程造价增长预留费	第三十一节	工程造价增长预留费
第十四章	建设期投资贷款利息	第三十二节	建设期投资贷款利息
第三部分	机车车辆购置费		
第十五章	机车车辆购置费	第三十三节	机车车辆购置费
第四部分	铺底流动资金		
第十六章	铺底流动资金	第三十四节	铺底流动资金

3.1.2 铁路工程概(预)算费用组成

铁路建设项目从可研报告批复后到竣工验收预期发生的全部建设费用为铁路工程概(预)算费用,在总概算表中表现为四个部分,即编制期的静态投资、编制期至竣工验收时的动态投资、初期投产运营所需要的机车车辆购置费和铺底流动资金,如图3-3所示。

其中静态投资费用种类:

1)建筑工程费(费用代号 I)

建筑工程费指路基、桥涵、隧道及明洞、轨道、通信、信号、电力、电力牵引供电、房屋、给排水、机务、车辆、站场建筑、工务、其他建筑工程以及属于建筑工程范围内的管线敷设、设备基础、工作台等,以及拆迁工程和应属于建筑工程费内容的费用。

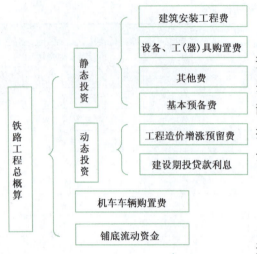

图3-3 铁路工程概(预)算费用的组成

2)安装工程费(费用代号 II)

安装工程费指各种需要安装的机电设备的装配、装置工程,与设备相连的工作台、梯子等的装设工程,附属于被安装设备的管线敷设,以及被安装设备的绝缘、刷油、保温和调整、试验所需的费用。

3)设备购置费(费用代号 III)

设备购置费指一切需要安装与不需要安装的生产、动力、弱电、起重、运输等设备(包括备品备件)的购置费。

4)其他费(费用代号 IV)

其他费指土地征用及拆迁补偿费、建设项目管理费、建设项目前期工作费、研究试验费、计算机软件开发与购置费、配合辅助工程费、联合试运转及工程动态检测费、生产准备费、其他费。

5)基本预备费

基本预备费指设计总概(预)算中难以预料的费用。

铁路工程概(预)算费用项目组成如图3-4所示。

3.1.3 概(预)算的编制深度及要求

设计概(预)算的编制深度应与设计阶段及设计文件组成内容的深度细度相适应。

1)单项概(预)算

应结合建设项目的具体情况、编制阶段、工程难易程度及所占投资比重的大小,视各阶段采用定额的要求,确定其编制深度。

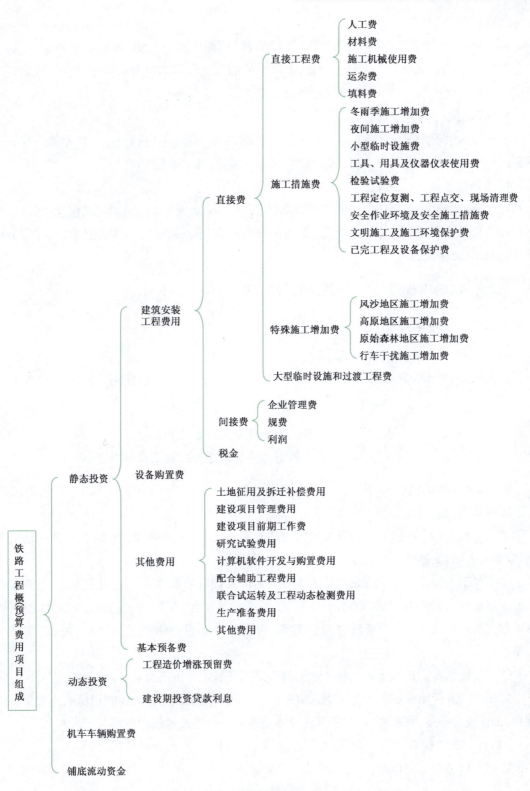

图 3-4 铁路工程概(预)算费用项目的组成

2) 综合概(预)算

根据单项概(预)算,按"综合概(预)算章节表"的顺序进行汇编,没有费用的章,在输出综合概(预)算表时其章号及名称应保留,各节中的细目结合具体情况可以增减。一个建设项目有几个综合概(预)算时,应汇编综合概(预)算汇总表。

3) 总概(预)算

根据综合概(预)算,分章汇编。没有费用章,在输出总概(预)算表时,其章号及名称一律保留。一个建设项目有几个总概(预)算时,应汇编总概(预)算汇总表。

4) 施工图预算

设计单位根据施工图编制的施工图预算,所采用的编制依据、原则、编制范围及单元等,应与批准的总概(预)算相一致,以便于施工图预算与总概(预)算在同一基础上进行对照,分析原因,优化施工图设计。

3.2 铁路工程概(预)算费用计算方法

3.2.1 直接工程费

1) 人工费

人工费指用于从事建筑安装工程施工的生产工人开支的各项费用。具体计算公式如下:

$$人工费 = \sum 定额人工消耗量 \times 综合工费标准$$
$$= \sum 工程数量 \times 工日定额 \times 综合工费标准$$

(1) 综合工费的组成内容

①基本工资。

②津贴和补贴。指按规定标准发放的流动施工津贴、施工津贴、隧道津贴、副食品价格补贴,煤燃气补贴,交通费补贴,住房补贴及特殊地区津贴、补贴。

③生产工人辅助工资。指生产工人年有效施工天数以外非作业天数的工资,包括开会和执行必要的社会义务时间的工资,职工学习、培训,调动工作、探亲、休假期间的工资,因气候影响停工期间的工资,女工哺乳时间的工资,病假在6个月以内的工资及产、婚、丧假期的工资。

④职工福利费。按国家规定标准计提的职工福利基金和医药费基金。

⑤生产工人劳动保护费。指按国家有关部门规定标准发放的劳动保护用品的购置费及修理费,工作服装补贴,防暑降温费,在有碍身体健康环境中施工的保健费用。

(2) 综合工费标准

铁路工程综合工费标准(工日单价)参见表3-2。

单元3 铁路工程概(预)算编制

铁路工程综合工费标准　　　　　　　表 3-2

综合工费类别	工程类别	综合工费标准（元/工日）
Ⅰ类工	路基,小桥涵,房屋,给排水,站场(不包括旅客地道、天桥)等的建筑工程,取弃土(石)场处理,临时工程	20.35
Ⅱ类工	特大桥,大桥,中桥(包括旅客地道、天桥),轨道,机务,车辆,动车等的建筑工程	24.00
Ⅲ类工	隧道,通信,信号,信息,电力,电力牵引供电工程,设备安装工程	25.82
Ⅳ类工	计算机设备安装调试	43.08

注：1. 本表中的综合工费标准为基期综合工费标准,不包含特殊地区津贴、补贴。特殊地区津贴、补贴按国务院及有关部门和省(自治区、直辖市)的规定计算,按人工费价差处理。
　　2. 独立建设项目的大型旅客站房及地方铁路中的房屋工程,采用工程所在地区统一定额的,应采用工程所在地区房屋工程综合工费标准。
　　3. 隧道外一般工程短途接运运输工程的综合工费标准采用Ⅰ类工标准。
　　4. 综合工费标准仅作为编制概(预)算的依据,不作为施工企业实发工资的依据。

§**例 3-1**§　某单位在某地新建铁路特大桥工程,按国家规定,该地有特殊地区津贴和补贴,合计为每月 65 元,试分析该大桥工程基期与编制期的综合工费单价。

解　基期的综合工费单价,由表 3-2 可知,特大桥基期综合工费标准为 24 元/工日。

编制期的综合工费单价,计算综合工费的年工作日为 $365 - 52 \times 2 - 11 = 250$ 天,平均月工作日为 $250/12 = 20.83$ 天。该地区的特殊地区津贴和补贴应为 $65/20.83 = 3.12$ 元/工日,则编制期的综合工费单价为 $24 + 3.12 = 27.12$ 元/工日。

(3) 工程数量

工程数量指编制的对象按工程量计算规则计算的单项、单位工程或分部分项工程的工程数量。

(4) 工日定额

工日定额是指完成相应工程在相关定额中规定的所需人工工日。

2) 材料费

材料费是指施工过程中耗用的构成工程实体的原材料、辅助材料、构配件、零件和半成品的用量以及周转材料的摊销量和相应预算价格等计算的费用。

$$材料费 = \sum 定额材料消耗量 \times 材料预算价格$$

(1) 材料预算价格的组成

铁路工程材料预算价格由材料原价、运杂费、采购及保管费组成。

$$材料预算价格 = (材料原价 + 运杂费) \times (1 + 采购及保管费率)$$

①材料原价。指材料的出厂价或指定交货地点的价格,对同一种材料,因产地、供应渠道不同而出现几种原价时,其综合原价可按其供应量的比例加权平均确定。

②运杂费。是指材料自料源地(生产厂或指定交货地点)运至工地所发生的有关费用,包括运输费、装卸费及其他有关运输的费用等。

③采购及保管费。指在采购、供应和保管材料过程中所需要的各种费用,包括采购费、仓储费、工地保管费、运输损耗费、仓储损耗费,以及办理托运所发生的费用(如按规定由托运单位负担的包装、捆扎、支垫等的料具损耗费,转向架租用费和托运签条费)等。

(2)材料预算价格的确定

①水泥、木材、钢材、砖、瓦、砂、石、石灰、黏土、花草苗木、土工材料、钢轨、道岔、轨枕、钢梁、钢管拱、斜拉索、钢筋混凝土梁、铁路桥梁支座、钢筋混凝土预制桩、电杆、铁塔、机柱、接触网支柱、接触网及电力线材、光电缆线、给水排水管材等材料的基期价格采用现行的《铁路工程建设材料基期价格》,编制期价格根据设计单位实地调查分析采用,以上价格均不含来源地至工地的运杂费,来源地至工地的运杂费应单独计列。若调查价格中未含采购及保管费,要计算其按材料原价计取的采购及保管费。编制期价格与基期价格的差额按价差计列。以上材料的编制期价格应随设计文件一并送审。

②施工机械用汽油、柴油,基期价格采用现行的《铁路工程建设材料基期价格》,编制期价格根据设计单位实地调查分析采用,以上均为含运杂费和采购及保管费的价格。编制期价格与基期价格的差额按价差计列(计入施工机械使用费价差中)。施工机械用汽油、柴油的编制期价格应随设计文件一并送审。

③除上述材料以外的其他材料,基期价格采用现行的《铁路工程建设材料基期价格》,其编制期与基期的价差按部颁材料价差系数调整。此类材料的基期价格已包含运杂费和采购及保管费,部颁材料价差系数也已考虑运杂费和采购及保管费因素,编制概(预)算时不应另计运杂费和采购及保管费。

(3)再用轨料价格的计算规定

修建正式工程使用的旧轨料(不包括定额规定使用废、旧轨,桥梁和平交道的护轮轨,车挡弯轨等),其价格按设计调查的价格分析确定;本工程范围内拆除后利用的,一般只计运杂费;需整修的,按相同规格型号新料价格的10%计算整修管理费。

3)施工机械使用费

施工机械使用费是指直接用于建筑安装工程施工中,列入概(预)算定额的施工机械台班数量,按相应机械台班费用定额计算的建筑安装工程施工机械台班费和定额所列其他机械使用费,简称机使费。

根据有关规定,每台班工作时间按8h计,不足8h亦按一个台班计算,但每天最多为3个台班。因施工机械使用费是以台班为单位计算的,亦称为施工机械台班费。

$$施工机械使用费 = \sum 定额施工机械台班消耗量 \times 施工机械台班单价$$

(1)施工机械台班费用的组成

施工机械台班费用是由不变费用和可变费用两部分组成的。

①不变费用,又称第一类费用或固定费用,是指不因施工机械的归属单位、施工地点和条件不同而变的费用。包括四项费用:

a. 折旧费:指机械在规定的使用期限(耐用总台班)内陆续收回其原值(不含贷款利息)的费用。

b. 大修理费:指机械按规定的大修间隔台班进行必要的大修理,以恢复其正常功能所需费用。

c. 经常修理费:指机械除大修理以外的各级技术保养、修理及临时故障排除所需的费用;为保障机械正常运行所需的替换设备、随机配备的工具与附具的摊销和维护费用;机械运转与日常保养所需的润滑、擦拭材料费用;机械停置期间的维护保养费。

d. 安装拆卸费:指机械在施工现场进行安装、拆卸与搬运所需的人工费、材料费、机具费和试运转费用;辅助设施(基础、底座、固定锚桩、走行轨道,枕木等)的搭拆与折旧费用等。

② 可变费用,又称二类费用,是指机械工作过程中直接发生的费用,随工作地区的不同和物价的浮动而变化。它包括以下三项内容:

a. 人工费:指机上司机和相关操作人员的人工费,以及上述人员在机械规定的年工作台班以外的人工费。

b. 燃料动力费:指机械在运转施工作业中所耗用的液体燃料(汽油、柴油)、固体燃料(煤)、电和水的费用。

c. 养路费及车、船使用税:指机械按国家和有关部门规定应交纳的养路费、车船使用税、保险费及年检费用等。

(2)施工机械台班单价的取定

铁建设〔2006〕113号文规定:编制设计概(预)算以现行的《铁路工程施工机械台班费用定额》作为计算施工机械台班单价的依据。

以现行《铁路工程建设材料基期价格》中的油燃料价格及本办法规定的基期综合工费标准计算出的台班单价作为基期施工机械台班单价;以编制期的综合工费标准、油燃料价格、水电单价及养路费标准计算出的台班单价作为编制期施工机械台班单价。编制期与基期的施工机械台班单价的差额按价差计列。

§例3-2§ 试分析某新建铁路大桥工程中履带式推土机不大于60kW基期与编制期的机械台班单价。

解 查铁建设〔2006〕129号文《铁路工程施工机械台班费用定额》第6页,得出履带式推土机不大于60kW的台班费用组成:

折旧费:37.38元/台班;大修理费:13.69元/台班;经常修理费:35.59元/台班;人工消耗:2.4工日/台班;柴油消耗:41.00公斤/台班。

由表3-2可知,基期综合工费标准为24元/工日,设编制期的综合工费标准为27.12元/工日。

查铁建设〔2006〕129号文《铁路工程建设材料基期价格》得柴油基期价格为3.67元/kg,设柴油编制期价格为5.10元/kg,则履带式推土机不大于60kW基期机械台班单价为:

$$37.38 + 13.69 + 35.59 + 2.4 \times 24 + 41 \times 3.67 = 294.73 \text{ 元/台班}$$

编制期机械台班单价为:

$$37.38 + 13.69 + 35.59 + 2.4 \times 27.12 + 41 \times 5.10 = 360.85 \text{ 元/台班}$$

机械台班单价分析见表3-3、表3-4。

基期机械台班单价分析表　　　　　　　　　　　表3-3

机械规格名称	电算代号	台班单价	第一类费用	第二类费用										合计(元)
				人工(24元/工日)		柴油(5.10元/kg)		电[0.55元/(kW·h)]		水(0.38元/t)		其他		
				定额	费用	定额	费用	定额	费用	定额	费用	定额	费用	
履带式推土机不大于60kW		294.73	86.66	2.4	57.6	41	150.47							208.07

编制期机械台班单价分析表　　　　　　　　　　　表3-4

机械规格名称	电算代号	台班单价	第一类费用	第二类费用										合计(元)
				人工(27.12元/工日)		柴油(5.10元/kg)		电[0.55元/(kW·h)]		水(0.38元/t)		其他		
				定额	费用	定额	费用	定额	费用	定额	费用	定额	费用	
履带式推土机不大于60kW		360.85	86.66	2.4	65.08	41	209.1							274.19

4) 工程用水、电综合单价

①工程用水基期单价为0.38元/t。特殊缺水地区或取水困难的工程,可按施工组织设计确定的供水方案,另行分析工程用水单价,分析水价与基期水价的差额,按差价计列。在大中城市施工时,必须采用城市自来水的,可按当地规定的自来水价格为工程用水单价,与基期水价的差额按价差计列。

②工程用电基期单价为0.55元/(kW·h)。编制概(预)算时,可根据施工组织设计所确定的供电方案,按下述工程用电单价分析办法,计算出各种供电方式的单价。

a. 采用地方电源的电价算式:

$$Y_{\text{地}} = Y_{\text{基}}(1 + C) + f_1 \tag{3-1}$$

式中: $Y_{\text{地}}$——采用地方电源的电价[元/(kW·h)];

$Y_{\text{基}}$——地方供电部门基本电价[元/(kW·h)];

C——变配电设备和线路损耗率7%;

f_1——变配电设备的修理、安装、拆除、设备和线路运行维修的摊销费等,一般取 0.03 元/(kW·h)。

b. 采用内燃发电机临时集中发电的电价算式:

$$Y_集 = \frac{Y_1 + Y_2 + Y_3 + \cdots + Y_n}{W(1-R-C)} + S + f_1 \tag{3-2}$$

式中: $Y_集$——临时内燃集中发电站的电价[元/(kW·h)];

$Y_1, Y_2, Y_3, \cdots, Y_n$——各型发电机的台班费(元);

W——各型发电机的总发电量(kW·h),$W = (N_1 + N_2 + N_3 + \cdots + N_n) \times 8 \times B \times M$,其中 $N_1, N_2, N_3, \cdots, N_n$ 为各型发电机的额定能力(kW);

B——台班小时的利用系数,取 0.8;

M——发电机的出力系数,取 0.8;

R——发电机的用电率,取 5%;

S——发电机的冷却水费,取 0.02 元/(kW·h);

C, f_1 意义同前。

c. 采用分散发电的电价算式:

$$Y_分 = Y_1 + Y_2 + Y_3 + \cdots + Y_n / (W_1 + W_2 + W_3 + \cdots + W_n)(1-C) + S + f_1 \tag{3-3}$$

式中: $Y_分$——分散发电的电价(元/kW·h);

$Y_1, Y_2, Y_3, \cdots, Y_n$——各型发电机的台班费(元);

$W_1, W_2, W_3, \cdots, W_n$——各型发电机的台班产量(kW·h),其值为 $W_i = 8 \times B_i \times M$,其中,$B_i$ 为某种型号发电机台班小时的利用系数,由设计确定;

M, C, S, f_1 意义同前。

分析电价与基期电价的差额按价差计列。

5) 运杂费

运杂费指水泥、钢材、木材、砖、瓦、石灰、砂、石、石灰、黏土、花草苗木、土工材料、钢轨、道岔、轨枕、钢梁、钢管拱、斜拉索、钢筋混凝土梁、铁路桥梁支座、钢筋混凝土预制桩、电杆、铁塔、机柱、支柱、接触网及电力线材,光电缆线、给水排水管材等材料,自来源地运至工地所发生的有关费用,包括运输费、装卸费、其他有关运输的费用(如火车运输的取送车费用等)以及应按运输费、装卸费、其他有关运输的费用之和计取的采购及保管费用。

运输费,是指用各种运输工具运送各种材料物品所发生的运费。

装卸费,是运输过程中的装车和卸车的费用。材料运到工地料库或堆料地点,可能不止一次发生装卸,应有一次计算一次。如有的运输工具的装卸费已包括在运输费中,就不能另计装卸费了,避免重复。

采购及保管费,指由施工单位负责采购、运输、保管和供应的材料、成品、半成品、构配件和机电设备等,在采购、运输、保管和供应过程中所发生的一切有关费用(不包括材料供应部门所发生的费用）。包括采买、办理托运所发生的费用（如按规定由托运单位负担的包装、捆扎、支垫等的料具耗损费，转向架租用费和托运签条费），押运、运输途中的损耗，料库盘存，天然毁损和材料的验收、检查、保管等有关各项管理费以及看料工的工资。

其他有关运输的费用，如火车运输的取送车费、过轨费，汽车运输的渡船费等。

运输损耗费，指砂、碎石（包括道砟及中、小卵石）、黏土砖、黏土瓦、石灰等5种材料，由于运输过程中损耗较大，需增加的运输损耗费。

运杂费的计算规定如下：

(1) 各种运输单价

①火车运价。火车运量大，速度快，运费低，因此，施工中是否采用火车运输，要根据工程的具体情况，进行施工组织方案比选，充分论证。

火车运输分为营业线火车、临管线火车、工程列车、其他铁路四种。

火车起码运程：

营业线和临管线为100km，不足100km，按100km计算，超过100km部分，按10km进级计算。工程列车起码运程为50km，不足50km，按50km计算，超过50km部分，按10km进级计算。

a. 营业线火车运价。按编制期《铁路货物运价规则》的有关规定进行，计算公式如下：

$$营业线火车运价(元/t) = K_1 \times (基价_1 + 基价_2 \times 运价里程) + 附加费运价 \quad (3-4)$$

其中，

$$附加费运价 = K_2 \times (电气化附加费费率 \times 电气化里程 + 新路新价均摊运价率 \times 运价里程 + 铁路建设基金费率 \times 运价里程)$$

计算公式中的有关因素说明如下：

各种材料计算货物运价所采用的运价号，综合系数 K_1、K_2 见表3-5。

各种材料运价号、综合系数　　　　　　　　　　表3-5

序号	项目 分类名称	运价号（整车）	综合系数 K_1	综合系数 K_2
1	砖、瓦、石灰、砂石料	2	1.00	1.00
2	道砟	2	1.20	1.20
3	钢轨（≤25m）、道岔、轨枕、钢梁、电杆、机柱、钢筋混凝土管桩、接触网圆形支柱	5	1.08	1.08
4	100m长定尺钢轨	5	1.80	1.80
5	钢筋混凝土梁	5	3.48	1.64
6	接触网方形支柱、铁塔、硬横梁	5	2.35	2.35
7	接触网及电力线材、光电缆线	5	2.00	2.00
8	其他材料	5	1.05	1.05

注：1. K_1 包含了游车、超限、限速和不满载等因素，K_2 只包含了不满载及游车因素。
2. 火车运土的运价号和综合系数 K_1、K_2，比照"砖、瓦、石灰、砂石料"确定。
3. 爆炸品、一级易燃液体除 K_1、K_2 外的其他加成，按编制期《铁路货物运价规则》的有关规定计算。

电气化附加费按该批货物经由国家铁路正式营业性和实行统一运价的运营临管线电气化区段的运价里程合并计算。

货物运价、电气化附加费费率、新路新价均摊运价率、铁路建设基金费率等按编制期《铁路货物运价规则》及铁道部的有关规定执行。

计算货物运输费用的运价里程,由发料地点起算,至卸料地点止,按编制期《铁路货物运价规则》有关规定计算。其中,区间(包括区间岔线)装卸材料的运价里程,应由发料地点的后方站算起,至卸料地点的前方站(均系指办理货运业务的营业站)止。

b. 临管线火车运价。临管线火车运价应执行铁道部批准的运价。运价中包括了路基、轨道及有关建筑物和设备(包括临管用的临时工程)等的养护、维修、折旧费。运价里程应按发料地点起算,至卸料地点止,区间卸车算至区间工地。

c. 工程列车运价。工程列车运价包括机车、车辆的使用费,乘务员及有关行车管理人员的工资、津贴和差旅费,线路及有关建筑物和设备的养护维修费、折旧费以及有关运输的管理费用。运价里程应按发料地点起算,至卸料地点止。区间卸车算至区间工地。

工程列车运价按营业线火车运价(不含铁路建设资金、电气化附加费和超限、限速加成等)的1.4倍计算。计算公式为:

$$工程列车运价(元/t) = 1.4 \times K_2 \times (基价_1 + 基价_2 \times 运价里程) \quad (3-5)$$

d. 其他铁路运价。其他铁路运价按有关主管部门的规定办理。

② 汽车运价。原则上参照现行的《汽车运价规则》确定。为简化概(预)算编制工作,按下列计算公式分析汽车运价:

$$汽车运价(元/t) = 吨次费 + 公路综合运价率 \times 公路运距 + 汽车运输便道综合运价率 \times 汽车运输便道运距 \quad (3-6)$$

计算公式中有关因素说明如下:

吨次费:按工程项目所在地的调查价格计列。

公路综合运价率:材料运输道路为公路时,考虑过路过桥费等因素,以建设项目所在地的汽车运输单价乘以1.05计算。

汽车运输便道综合运价率:材料运输道路为汽车运输便道时,结合地形、道路状况等因素,按当地汽车运输单价乘以1.2计算。

公路运距:应按发料地点起算,至卸料地点止所途经的公路长度计算。

汽车运输便道运距:应按发料地点起算,至卸料地点止所途经的汽车运输便道长度计算。

§例 3-3§ 某线工程所在地汽车运输单价为0.8元/t,每吨货物每运一次按1.3元计列,求每吨货物运输150.3km(其中便道25km)的运价。

解 每吨货物运输150.3km的运价 = 吨次费 + 公路综合运价率 × 公路运距 + 汽车运输便道综合运价率 × 汽车运输便道运距

$$= 1.3 + 0.8 \times 1.05 \times (150.3 - 25) + 0.8 \times 1.2 \times 25$$

$$= 130.55 \ 元/t$$

③船舶运价及渡口等收费标准按建设项目所在地的标准计列。

④材料运输过程中,因确需短途接运而采用双(单)轮车、单轨车、大平车、轻轨斗车、轨道平车、机动翻斗车等运输方法的运价,应按有关定额资料分析确定。

(2)各种装卸费单价

①火车、汽车的装卸单价,按表3-6所列综合单价计算。

火车、汽车装卸费单价(单位:元/t)　　　　表3-6

钢轨、道岔、接触网支柱	一 般 材 料	其他1t以上的构件
12.5	3.4	8.4

注:其中装占60%,卸占40%。

②水运等的装卸费单价,按建设项目所在地的标准计列。

③双(单)轮车、单轨车、大平车、轻轨斗车、轨道平车、机动翻斗车等的装卸费单价,按有关定额资料分析确定。

(3)其他有关运输费用

①取送车费(调车费)。用铁路机车往专用线、货物支线(包括站外出岔)或专用铁路的站外交接地点调送车辆时,核收取送车费。计算取送车费的里程,应自车站中心线起算,到交接地点或专用线最长线路终端止,进程往返合计(以公里计)。取送车费的计费标准原则上按铁道部运输主管部门的规定办理。取送车费按0.10元/(t·km)计列。

②汽车运输的渡船费。应按建设项目所在地的标准计列。

(4)采购及保管费

采购及保管费指按运输费、装卸费及其他有关运输的费用之和为基数计取的,应列入运杂费中的采购及保管费。采购及保管费费率如表3-7所示。

采购及保管费率　　　　表3-7

序号	材 料 名 称	费率(%)	其中运输损耗费率(%)
1	水泥	3.53	1.00
2	碎石(包括道砟及中、小卵石)	3.53	1.00
3	砂	4.55	2.00
4	砖、瓦、石灰	5.06	2.50
5	钢轨、道岔、轨枕、钢梁、钢管拱、斜拉索、钢筋混凝土梁、铁路桥梁支座、电杆、铁塔、钢筋混凝土预制桩、接触网支柱、机柱	1.00	—
6	其他材料	2.50	—

(5)运杂费计算的其他规定

①单项材料运杂费单价的编制范围,原则上应与单项概(预)算的编制单元相对应。

②运输方式和运输距离要经过调查、比选,综合分析确定。以最经济合理的,并且符合工程要求的材料来源地作为计算运杂费的起运点。

③分析各单项材料运杂费单价,应按施工组织设计所拟定的材料供应计划,对不同的材料

种类及不同的运输方法分别计算平均运距。

④各种运输方法的比例,按施工组织设计确定。

⑤旧轨件的运杂费,其重量应按设计轨型计算。如设计轨型未确定,可按代表性轨型的重量,其运距由调拨地点的车站起算。如未明确调拨地点者,可按以下原则编列:已明确调拨的铁路局,但未明确调拨地点者,则由该铁路局所在地的车站起算;未明确调拨的铁路局者,则按工程所在地区的铁路局所在地的车站起算。

(6)平均运杂费单价的计算。

①平均运距。材料运距是指从材料的供应地点到工地料库或堆料场地的实际距离,应考虑起码运距和进级运距规定。

平均运距是指一个施工单位在一段线路上施工,该施工区段内工点多,且又分散,各工地用料多少也不一样,所用的材料来源地也不同。为了计算简便,对多工点用料,应综合求算出各类材料的运输重心的运距即平均运距。那么,计算多工点范围内材料运输费中的运距都采用平均运距,也就是用平均运距来分析平均运杂费单价。

平均运距的计算方法:

加权平均法:

$$\text{平均运距} = \frac{\sum[\text{各种所运材料的质量}(t) \times \text{该种材料的运距}(km)]}{\sum \text{各种所运材料的质量}(t)} \tag{3-7}$$

作为一个编制单元的施工段若干工点,由一个料源供料,或特大桥、长隧道的两端进料,均可用加权平均法计算平均运距。

算术平均法:

$$\text{平均运距} = \sum L_i / n \tag{3-8}$$

式中:n——卸料点个数;

L_i——i 个供料点至卸料点间运距(km)。

在工程用料量分布不是特别不均匀的情况下,采用算术平均法较为简单。

§例3-4§ 某单项概(预)算工程包括甲、乙、丙、丁四个工地,各工点距 A 片石产地的距离及各工点需要片石数量如表3-8所示,汽车运输,求加权平均运距、算术平均运距。

解 片石单位质量为 $1.8t/m^3$,汽车运输起码1km,并按1km进级。平均运距计算过程见表3-8。

即片石从 A 产地运至甲、乙、丙、丁四个工地的距离均按 18.6km 加权平均运距计算运费用。

②平均运杂费单价分析表。平均运杂费单价分析的编制范围,原则上应与单项概(预)算的编制单元相适应。各种运输方法的比重,以施工组织设计确定的运输方案为依据。如有条件,可根据积累的资料,经分析归纳制订综合运杂费指标,据此编制概(预)算。

全程平均运杂费单价分析是根据施工组织设计确定的"材料供应计划"的材料来源、运输方法,在统一表格"主要材料(设备)平均运杂费单价分析表"上逐项分析计算,其内容包括运费、装卸费、材料管理费等,一般有两种形式。

片石产地的距离及各工点需要片石数量　　　　　　　　　表3-8

工地	各工点至A片石产地的实际距离(km)	片石数量(m³)	货运量(t)	周转量(t·km)	运距(km)
甲	9.3	200	200×1.8=360	360×10=3600	10
乙	14.6	150	270	270×15=4050	15
丙	27.8	100	180	180×28=5040	28
丁	34.8	80	144	144×35=5040	35
合计			954	17730	88
加权平均运距=17730/954=18.6km					
算术平均运距=88/4=22km					

a. 分析出每种单项材料的全程平均运杂费单价后,直接用于运杂费的计算。

b. 在第一种形式的基础上(即先分析出各类材料每吨全程综合运价),再按各类材料的比重或各类材料的重量加权计算该工程所运材料全程平均运杂费单价。一般常用第二种形式进行分析。

§例3-5§　已知某标段线路涵洞工程(16座240m)使用材料如下:材料总质量13422t,其中砂1437m³,碎石404m³,片石5437m³,黏土67m³,其余为水泥,求平均运杂费单价。

运输有关资料:

①水泥:由料源地至项目经理部料库工程列车运输203km,再由项目经理部料库至工地用汽车运输80km(公路)。

②砂由两个砂场供应,甲砂场供应60%,汽车运输12km;乙砂场供应40%,汽车运输15km(便道)。

③碎石由多个石场供应,汽车运输平均运距12km(便道)。

④片石由多个石场供应,汽车运输平均运距10km(便道)。

⑤黏土就地取土,不计运费。

⑥当地汽车运输单价为0.85元/t。

⑦其他按定额及编制办法规定计算。

解　①根据砂、碎石、片石、黏土的单位质量(可查铁建设〔2006〕129号文《铁路工程建设材料基期价格》费用定额)。将上述材料体积分别换算成质量,并求出水泥质量,同时计算各类材料所占比例。

砂质量=1437×1.6=2299t,占17.13%,其中甲砂场供应10.28%

碎石质量=404×1.5=606t,占4.51%

片石质量=5437×1.8=9787t,占72.92%

黏土质量=67×1.8=121t,占0.9%

水泥质量=13422-12813=609t,占4.54%

②根据材料供应计划及有关规定费率填写(计算)主要材料平均运杂费单价分析表。

a. 工程列车:因为工程列车运价(元/t) = $1.4 \times K_2 \times$ (基价1 + 基价2 × 运价里程)

查有关资料得基价1为10.20,基价2为0.0491,$K_1 = K_2 = 1.05$(其他材料),因而上述公式可表述为:

$$工程列车运价 = 1.4 \times 1.05 \times (10.20 + 0.0491 \times 运价里程)$$
$$= 14.994 + 0.0722 \times 运价里程$$

b. 汽车公路综合运价率经计算为 $1.05 \times 0.85 = 0.8925$ 元/(t·km);

汽车便道综合运价率经计算为 $1.2 \times 0.85 = 1.02$ 元/(t·km)。

c. 汽车基本运价为1.3元/t。

d. 火车、汽车装卸费单价3.4元/t。

e. 材料采购及保管费率:水泥3.53%,碎石3.53%,砂4.53%,片石2.5%。基数为运输费、装卸费及其他有关运输费之和。

f. 填表计算如表3-9所示。

主要材料平均运杂费单价分析表　　　　表3-9

建设名称:××线××标段

材料名称	适用范围			涵洞工程							编号			
	各种运输方法的全程运价(t)										全程综合运价(t)			
	运输方法	运费			杂费									
		起讫点		运距(km)	单价(元)	小计(元)	装卸次数	装卸费(元)	其他有关运输费(元)	小计(元)	采购及保管费率(%)	采购及保管费(元)	共计(元)	运输方法比例(%)	运杂费(元)	合计(元)
		起点	终点													
水泥	工程列车	总库	分库	210	0.0722	15.16	1	3.4	14.944	18.39	3.53	1.18	34.73	4.54	1.577	1.577
	汽车	分库	工地	80	0.8925	71.40	1	3.4	1.3	4.70	3.53	2.69	78.79	95.46	3.577	3.577
砂	汽车	砂场	工地	12	1.02	12.24	1	3.4	1.3	4.70	4.53	0.77	17.71	10.28	1.821	1.821
	汽车	砂场	工地	15	1.02	15.30	1	3.4	1.3	4.70	4.53	0.91	20.91	6.85	1.432	1.432
碎石	汽车	石场	工地	12	1.02	12.24	1	3.4	1.3	4.70	3.53	0.60	17.54	4.51	0.791	0.791
片石	汽车	石场	工地	10	1.02	10.20	1	3.4	1.3	4.70	2.50	0.37	15.27	72.92	11.14	11.14
黏土			就地取土不计运费												0	
													小计	100	20.34	20.34

编制　　　　　年　月　日　　　　复核　　　　　年　月　日

(7) 运输质量的确定及运杂费的计算

在实际运输中,整车货物运输,除《铁路货物运价规则》第33条的情况外,一律按照货车标记载重量计算运费。而编制概(预)算运杂费,一律按工程材料(设备)实际质量计算确定。

运输重量和运杂费计算分两种形式：

a. 按单项材料的平均运杂费单价计算运杂费时，该项材料运输质量按《铁路工程施工机械台班费用定额》中的单项材料的单位质量（如片石单位质量 $1.8t/m^3$）乘以该项材料的数量计算，则：

该工程运杂费 = $\sum$（各类材料各自的全程平均运杂费单价 × 各类材料运输质量）

b. 按工程全部材料的综合平均运杂费单价计算运杂费时，该工程材料量按工程项目的概（预）算定额质量乘以该工作项目的工程数量计算，求其和即为该工程材料总质量，则：

该工程运杂费 = 该工程全部材料综合平均运杂费单价 × 该工程材料总质量

6) 填料费

填料费指购买不作为材料对待的土方、石方、渗水料、矿物料等填筑用料所支出的费用。

以上人工费、材料费、施工机械使用费、运杂费、填料费五种费用组成直接工程费。直接工程费是指施工过程中耗费的构成工程实体的有助于工程形成的各项费用，其中的运杂费包括列入材料成本的运杂费和部分单列的运杂费。直接工程费是计算工程概（预）算一切费用的基础，必须确保其准确。

3.2.2 施工措施费

1) 施工措施费内容

(1) 冬、雨季施工增加费

该费用指建设项目的某些工程需在冬季、雨季施工，以致需采取防寒、保温、防雨、防潮和防护措施，人工与机械的功效降低以及技术作业过程的改变等，所需增加的有关费用。

(2) 夜间施工增加费

该费用指必须在夜间连续施工或在隧道内铺砟、铺轨，敷设电线、电缆，架设接触网等工程，所发生的工作效率降低的补偿费用、夜班津贴，以及有关照明设施（包括所需照明设施的装拆、摊销、维修及油燃料、电）等增加的有关费用。

(3) 小型临时设施费

该费用指施工企业为进行建筑安装工程施工，所必须修建的生产和生活用的一般临时建筑物、构筑物和其他小型临时设施所发生的费用。

小型临时设施包括：

①为施工及施工运输（包括临管）所需修建的临时生活及居住房屋，文化教育及公共房屋（如三用堂、广播室等）和生产、办公房屋（如发电站、变电站，空压机站，成品厂，材料厂、库，堆料棚，停机棚，临时站房，货运室等）。

②为施工或施工运输而修建的小型临时设施，如通往中小桥、涵洞、牵引变电所等工程和施工队伍驻地以及料库、车库的运输便道引入线（包括汽车、马车、双轮车道），工地内运输便道、轻便轨道、龙门吊走行轨，由干线到工地或施工队伍驻地的地区通信引入线、电力线和达不到给水干管路标准的给水管路等。

③为施工或维持施工运输(包括临管)而修建的临时建筑物、构筑物。如临时给水(水井、水塔、水池等)设施,临时排水沉淀池,钻孔用泥浆池、沉淀池,临时整备设备(给煤、砂、油,清灰等设备),临时信号,临时通信(指地区线路及引入部分),临时供电,临时站场建筑设备。

④其他。大型临时设施和过渡工程项目内容以外的临时设施。

小型临时设施费用包括小型临时设施的搭设、移拆、维修、摊销及拆除恢复等费用,因修建小型临时设施,而发生的租用土地、青苗补偿、拆迁补偿、复垦及其他所有与土地有关的费用等。

(4) 工具、用具及仪器、仪表使用费

该费用指施工生产所需不属于固定资产的生产工具、检验用具及仪器、仪表等的购置、摊销和维修费,以及支付给生产工人自备工具的补贴费。

(5) 检验试验费

该费用指施工企业按照规范和施工质量验收标准的要求,对建筑安装的设备、材料、构件和建筑物进行一般鉴定、检查所发生的费用,包括自设试验室进行试验所耗用的材料和化学药品费用等,以及技术革新的研究试验费。不包括应由研究试验费和科技三项费用支出的新结构、新材料的试验费;不包括应由建设单位管理费支出的建设单位要求对具有出厂合格证明的材料进行试验,对构件破坏性试验及其他特殊要求检验试验的费用;不包括设计要求的和需委托其他有资质的单位对构筑物进行检验试验的费用。

(6) 工程定位复测、工程点交、场地清理费

(7) 安全作业环境及安全施工措施费

该费用指用于购置施工安全防护用具及设施、宣传落实安全施工措施、改善安全生产环境及条件、确保施工安全等所需的费用。

(8) 文明施工及施工环境保护费

该费用指现场文明施工费用及防噪声、防粉尘、防振动干扰、生活垃圾清运排放等费用。

(9) 已完工程及设备保护费

该费用指竣工验收前,对已完工程及设备进行保护所需的费用。

2) 施工措施费的计算

$$施工措施费 = \sum(基期人工费 + 基期施工机械使用费) \times 施工措施费费率 \quad (3\text{-}9)$$

施工措施费费率是根据施工措施费地区划分表(见表3-10),按表3-11所列费率计列。

施工措施费地区划分表 表3-10

地区编号	地 域 名 称
1	上海,江苏,河南,山东,陕西(不含榆林地区),浙江,安徽,湖北,重庆,云南,贵州(不含毕节地区),四川(不含凉山彝族自治州西昌市以西地区、甘孜藏族自治州)
2	广东,广西,海南,福建,江西,湖南
3	北京,大泽,河北(不含张家口市、承德市),山西(不含大同市、朔州市、忻州地区原平以西各县),甘肃,宁夏,贵州毕节地区,四川凉山彝族自治州西昌市以西地区、甘孜藏族自治州(不含石渠县)

续上表

地区编号	地域名称
4	河北张家口市、承德市，山西大同市、朔州市、忻州地区原平以西各县，陕西榆林地区，辽宁
5	新疆(不含阿勒泰地区)
6	内蒙古(不含呼伦贝尔盟—图里河及以西各旗)，吉林，青海(不含玉树藏族自治州曲麻莱县以西地区、海北藏族自治州祁连县、果洛藏族自治州玛多县、海西蒙古族藏族自治州格尔木市辖的唐古拉山区)，西藏(不含阿里地区和那曲地区的尼玛、班戈、安多、聂荣县)，四川甘孜藏族自治州百渠县
7	黑龙江(不含大兴安岭地区)，新疆阿勒泰地区
8	内蒙古呼伦贝尔盟—图里河及以西各旗，黑龙江大兴安岭地区，青海玉树藏族自治州曲麻莱县以西地区、海北藏族自治州祁连县、果洛藏族自治州玛多县、海西蒙古族藏族自治州格尔木市辖的唐古拉山区，西藏阿里地区和那曲地区的尼玛、班戈、安多、聂荣县

施工措施费率 表3-11

类别代号	工程类别	1	2	3	4	5	6	7	8	附注
	地区编号 费率(%)									
1	人力施工土石方	20.55	21.09	24.70	27.10	27.37	29.90	30.51	31.57	包括人力拆除工程，绿色防护、绿化，各类工程中单独挖填的土石方，爆破工程
2	机械施工土石方	9.42	9.98	13.83	15.22	15.51	18.21	18.86	19.98	包括机械拆除工程，填级配碎石、砂砾石、渗水土，公路路面各类工程中单独挖填的土石方
3	汽车运输土石方采用定额"增运"部分	5.09	4.99	5.40	6.12	6.29	6.63	6.79	7.35	包括隧道出渣洞外运输
4	特大桥、大桥	10.28	9.19	12.30	13.53	14.19	14.24	14.34	14.52	不包括梁部及桥面系
5	预制混凝土梁	27.56	22.14	37.67	41.38	44.65	44.92	45.42	46.31	包括桥面系
6	现浇混凝土梁	17.24	13.89	23.50	25.97	27.09	28.16	28.46	29.02	包括梁的横向联结和湿接缝，包括分段预制后拼接的混凝土梁
7	运架混凝土简支箱梁	4.68	4.68	4.81	5.16	5.25	5.40	5.49	5.73	
8	隧道、明洞、棚洞,自采砂石	13.08	12.74	13.61	14.75	14.90	14.96	15.04	15.09	
9	路基加固防护工程	16.94	16.25	18.89	20.19	20.35	20.59	20.80	20.94	包括各类挡土墙及抗滑桩
10	框架桥、中桥、小桥、涵洞，轮渡、码头、房屋、给排水、工务、站场、其他建筑物等建筑工程	21.25	20.22	23.50	25.53	26.04	26.27	26.47	26.65	不包括梁式中、小桥梁部及桥面系
11	铺轨、铺岔，架设混凝土梁(简支箱梁除外)、钢梁、钢管拱	27.08	26.96	27.83	29.50	30.17	32.46	34.12	40.96	包括支座安装，轨道附属工程，线路备料
12	铺砟	10.33	9.07	12.38	13.71	13.94	14.52	14.86	15.99	包括线路沉落整修、道床清筛

续上表

类别代号	工程类别＼地区编号	1	2	3	4	5	6	7	8	附注
		\multicolumn{8}{c}{费率(%)}	
13	无砟道床	27.66	23.60	5.25	38.90	41.35	41.55	41.93	42.60	包括道床过渡段
14	通信、信号、信息、电力、牵引变电、供电段、机务、车辆动车所有安装工程	25.30	25.40	25.80	27.75	28.03	28.30	28.70	29.55	
15	接触网建筑工程	25.12	23.89	27.33	29.26	29.42	29.74	30.20	30.46	

注：1. 对于设计速度不大于120km/h的工程，其机械施工土石方工程、铺架工程的施工措施费应按表3-12规定的费率计算，其余工程类别的费率采用表8-10中的规定。

2. 大型临时设施和过渡工程按表列同类正式工程的费率乘以0.45的系数计列。

设计速度不大于120km/h的工程施工措施费率表　　　　表3-12

工程类别＼地区类别	1	2	3	4	5	6	7	8
机械施工土石方	9.03	9.59	13.44	14.83	15.12	17.82	18.47	19.59
铺轨、铺岔，架设混凝土梁	25.33	25.21	26.08	27.75	28.42	30.71	32.38	39.21

3.2.3　特殊施工增加费

1) 风沙地区施工增加费

风沙地区施工增加费指在内蒙古及西北地区的非固定沙漠地区施工时，月平均风力在四级以上的风沙季节，进行室外建筑安装工程时，由于受风沙影响应增加的费用。

风沙地区施工增加费按下列计算法计算：

风沙地区施工增加费 = 室外建筑安装工程的定额工天 × 编制期综合工费单价 × 3%

(3-10)

2) 高原地区施工增加费

高原地区施工增加费指在海拔2000m以上的高原地区施工时，由于人工和机械受气候、气压的影响而降低工作效率，所应增加的费用。

高原地区施工增加费根据工程所在地的不同海拔高度，不分工程类别，按下列算法计列：

高原地区施工增加费 = 定额工天 × 编制期综合工费单价 ×

高原地区工天定额增加幅度 + 定额机械台班量 ×

编制期机械台班单价 × 高原地区机械台班定额增加幅度　　(3-11)

高原地区施工定额增加幅度如表3-13所示。

3) 原始森林地区施工增加费

原始森林地区施工增加费指在原始森林地区进行新建或增建二线铁路施工，由于受气候影响，其路基土方工程应增加的费用。本项费用按下列算法计算：

原始森林地区施工增加费 = (路基土方工程的定额工天 × 编制期综合工费单价 +

路基土方工程的定额机械台班量×编制期机械台班单价)×30%　　　　　　　　　　　　　　　　(3-12)

铁路工程高原地区施工定额增加幅度　　　　表3-13

海拔高度(m)	定额增加幅度(%)	
	工天定额	机械台班定额
2000~3000	12	20
3001~4000	22	34
4001~4500	33	54
4501~5000	40	60
5000以上	60	90

4)行车干扰施工增加费

铁路工程行车干扰施工增加费指在不封锁的营业线上,在维持正常通车的情况下,进行建筑安装工程施工时,由于受行车影响造成局部停工或妨碍施工而降低工作效率等所需增加的费用。

(1)计费范围

计费范围详见表3-14。

行车干扰施工增加费计费范围　　　　表3-14

工程名称	受行车干扰		附注	
	范围	项目	包括	不包括
路基	在行车线上或在行车中心平距5m以内	填挖土方,填石方	路基抬高落坡全部工程	路基加固防护及附属土石方工程
	在行车线的路堑内	开挖土石方的全部数量以及路堑内的挡土墙、护墙、护坡、边沟、吊沟的全部砌筑工程数量	以邻近行车线的一股道为限	路堤挡土墙、护坡
	平面跨越行车线运土石方	跨越运输的全部数量	隧道弃渣	
桥涵	在行车线上或在行车线中心平距5m及以内	涵洞的主体圬工,桥梁工程的下部建筑主体圬工	桥梁的锥体护坡和桥头填土	桥涵其他附属工程及桥梁架立和桥面系等,框架桥、涵管的挖土、顶进,框架桥内、涵洞内的路面、排水等工程
隧道及明洞	在行车线的隧道内施工	改扩建隧道或增设通风、照明设备的全部工程数量	明洞、棚洞的挖基及砌筑工程	明洞、棚洞拱上的回填及防水层、排水沟等
轨道	在行车线上或在行车线中心平距5m以内或在行车线的线间距不大于5m的邻线上施工	全部数量	包括拆铺、改拨线路,更换钢轨、轨枕及线路整修作业	线路备料

续上表

工程名称	受行车干扰		附 注	
	范 围	项 目	包 括	不 包 括
电力牵引供电工程	在行车线上或在行车线两侧中心平距5m及以内或在行车线的线间距不大于5m的邻线上施工	在既有线上非封闭线路作业的全部数量和邻线上未封闭线路作业的全部数量		封闭线路作业的项目（邻线未封闭的除外），牵引变电及供电段的全部工程
其他室外建筑安装及拆除工程	在站内行车线两侧中心平距5m及以内	全部数量	靠行车线较近的基本站台、货物站台、天桥、灯桥，地道的上下楼梯，信号工程的室内安装	站台土方不跨线取土者

在封锁的营业线上施工（包括要点施工在内，封锁期间邻线行车的除外），在未移交正式运营的线路上施工和在避难线、安全线、存车线及其他段管线上施工均不计列行车干扰施工增加费。

(2) 行车干扰施工增加费的计算

每次行车的行车干扰施工定额人工和机械台班增加幅度按 0.31% 计（接触网工程按 0.40% 计）。行车干扰施工定额增加幅度包含施工期间因行车而应做的整理和养护工作，以及在施工时为防护所需的信号工、电话工、看守工等的人工费用及防护用品的维修、摊销费用。

行车干扰施工增加费用，根据每昼夜的行车次数（以现行铁路局运输部门的计划运行图为准，所有计划外的小运转、轨道车、补机、加点车的运行等均不计算），按受行车干扰范围内的工程项目的工程数量，以其定额工天和机械台班量乘以行车干扰施工定额增加幅度计算。

① 土石方施工及跨股道运输的行车干扰施工增加费，不论施工方法如何，均按下列算法计列：

行车干扰施工增加费 = 行车干扰工天（表3-15）× 编制期综合工费单价 ×

受干扰土石方数量 × 每昼夜行车次数 × 0.31%　　　(3-13)

土石方施工及跨股道运输计行车干扰的工天（单位：工日/100m³ 天然密实体积）　表3-15

序号	工作内容	土方	石方
1	仅挖、装（爆破石方仅为装）在行车干扰范围内	20.4	8.0
2	仅卸在行车干扰范围内	4.0	5.4
3	挖、装、卸（爆破石方为装、卸）均在行车干扰范围内	24.4	13.4
4	平面跨越行车线运输土石方，仅跨越一股道或跨越双线、多线股道的第一股道	15.7	23.0
5	平面跨越行车线运输土石方，每增跨一股道	3.1	4.6

② 接触网工程的行车干扰施工增加费按下列算法计列：

行车干扰施工增加费 = 受行车干扰范围内的工程数量 ×（所对应定额的应计行车干扰的工天 ×

编制期综合工费单价 + 所对应定额的应计行车干扰的机械台班量 ×

编制期机械台班单价）× 每昼夜行车次数 × 0.40%　　　(3-14)

③其他工程的行车干扰施工增加费按下列算法计列：

行车干扰施工增加费 = 受行车干扰范围内的工程数量 ×

（所对应定额的应计行车干扰的工天 × 编制期综合工费单价 +

所对应定额的应计行车干扰的机械台班量 × 编制期机械台班单价）×

每昼夜行车次数 ×0.31%　　　　　　　　　　　　　　　　(3-15)

3.2.4　大型临时设施和过渡工程费

大型临时设施和过渡工程费指施工企业为进行建筑安装工程费及维持既有线正常运营，根据施工组织设计确定所需修建的大型临时建筑和过渡工程所发生的费用。

1）大型临时设施（简称大临）

①铁路岔线、便桥：指通往混凝土成品预制厂、材料厂、道砟场（包括砂、石场）、轨节拼装场、长钢轨焊接基地、钢梁拼装场、制（存）梁场的岔线，机车转向用的三角线和架梁岔线，独立特大桥的吊机走行线，以及重点桥隧等工程专设的运料岔线等。

②铁路便线、便桥：指混凝土成品预制厂、材料厂、道砟场（包括砂、石场）、轨节拼装场、长钢轨焊接基地、钢梁拼装场、制（存）梁场等场（厂）内为施工运料所修建的便线、便桥。

③汽车运输便道：指通行汽车的运输干线及其通往隧道、特大桥、大桥和轨节拼装场、混凝土成品预制厂、材料厂、砂石场、钢梁拼装场、制（存）梁场、混凝土集中拌和站、填料集中拌和站、大型道砟存储场、长钢轨焊接基地、换装站等的引入线，以及机械化施工的重点土石方工点的运输便道。

④运梁便道：指专为运架大型混凝土成品梁而修建的运输便道。

⑤轨节拼装场、混凝土成品预制厂、材料厂、制（存）梁场、钢梁拼装场、混凝土集中拌和站、填料集中拌和站、大型道砟存储场、长钢轨焊接基地、换装站等的场地土石方、圬工及地基处理。

⑥通信工程：指困难山区（起伏变化很大或比高大于 80m 的山地）铁路施工所需的临时通信干线（包括以接轨点最近的交接所为起点所修建的通信干线），不包括由干线到工地或施工地段沿线各施工队伍所在地的引入线、场内配线和地区通信线路。当采用无线通信时，其费用应控制在有线通信临时工程费用水平内。

⑦集中发电站、集中变电站（包括升压站和降压站）。

⑧临时电力线（供电电压在 6kV 及以上）：包括临时电力干线及通往隧道、特大桥、大桥和混凝土成品预制厂、材料厂、砂石场、钢梁拼装场、制（存）梁场等的引入线。

⑨给水干管路：指为解决工程用水而铺设的给水干管路（管径 100mm 及以上或长度 2km 及以上）。

⑩为施工运输服务的栈桥、缆索吊。

⑪渡口、码头、浮桥、吊桥、天桥、地道。

⑫铁路便线、岔线、便桥和汽车运输便道的养护费。

⑬修建"大临"而发生的租用土地、青苗补偿、拆迁补偿、复垦及其他所有与土地有关的费

用等。

2）过渡工程

过渡工程指由于改建既有线、增建第二线等工程施工，需要确保既有线（或车站）运营工作的安全和不间断地运行，同时为了加快建设进度，尽可能地减少运输与施工之间的相互干扰和影响，从而对部分既有工程设施必须采取的施工过渡措施。

内容包括临时性便线、便桥和其他建筑物及设备，以及由此引起的租用土地、青苗补偿、拆迁补偿、复垦及其他所有与土地有关的费用等。

3）费用计算规定

①大型临时设施和过渡工程，应根据施工组织设计确定的项目、规模及工程量，按113号文规定的各项费用标准，采用定额或分析指标，按单项概（预）算计算程序计算。

②大型临时设施和过渡工程，均应结合具体情况，充分考虑借用本建设项目正式工程的材料，以尽可能节约投资，其有关费用的计算规定如下。

a. 借用正式工程的材料：

钢轨、道岔计列一次铺设的施工损耗，钢轨配件、轨枕、电杆计列铺设和拆除各一次的施工损耗（拆除损耗与铺设同），便桥枕木垛所用的枕木，计列一次搭设的施工损耗。

借用水泥、木材、钢材、给水排水管材、砂、石、石灰、黏土、土工材料、花草苗木、钢轨、道岔、轨枕、钢梁、钢管拱、斜拉索、钢筋混凝土梁、铁路桥梁支座、钢筋混凝土预制桩、电杆、铁塔、机柱、接触网支柱、接触网及电力线材、光电缆线等材料，计列由材料堆存地点至使用地点和使用完毕由材料使用地点运至指定归还地点的运杂费，其余材料不另计运杂费。

借用正式工程的材料，在概（预）算中一律不计折旧费，损耗率均按《铁路工程基本定额》执行。

b. 使用施工企业的工程器材，按表3-16所列的施工器材年使用率计算使用费。

临时工程施工器材年使用费率　　　　　　　　　　　表3-16

序　号	材　料　名　称	年使用费率(%)
1	钢轨、道岔	5
2	钢筋混凝土枕、钢筋混凝土电杆	8
3	钢铁构件、钢轨配件、铁横担、钢管	10
4	油枕、油浸电杆、铸铁管	12.5
5	木制构件	15
6	素枕、素材电杆、木横担	20
7	通信、信号及电力线材（不包括电杆及横担）	30

注：1. 不论按摊销还是按折旧计算，均按表列费率作为编制概（预）算的依据。其中通信、信号及电力器材的使用年限超过3年时，超过部分的年使用费率按10%计。困难山区使用的钢筋混凝土电杆，不论其使用年限多少，均按100%摊销。

2. 计算单位为季度，不足一季度，按一季度计。

表3-16中材料、构件的运杂费,属水泥、木材、钢材、给水排水管材、砂、石、石灰、黏土、土工材料、花草苗木、钢轨、道岔、轨枕、钢梁、钢管拱、斜拉索、钢筋混凝土梁、铁路桥梁支座、钢筋混凝土预制桩、电杆、铁塔、机柱、接触网支柱、接触网及电力线材、光电缆线等材料计算由始发地点至工地的往返运杂费,其余不再另计运杂费。

c. 利用旧道砟,除计运杂费外,还应计列必要的清筛费用。

d. 不能倒用的材料,如圬工用料,道砟(不能倒用时),计列全部价值。

e. 铁路便线、便桥的养护费计费标准。为使铁路便线、岔线、便桥经常保持完好状态,其养护费按表3-17规定的标准计列。

铁路便线、岔线、便桥养护费   表3-17

项目	人 工	零星材料费	道砟[m³/(月·km)]		
			3个月以内	3~6个月	6个月以上
便线岔线	32[工日/(月·km)]		20	10	5
便桥	11[工日/(月·百换算米)]	1.25元/(月·延长米)			

注:1. 人工费按编制期概算综合工费标准计算。
2. 便桥换算长度的计算:钢梁桥,1m=1换算米;木便桥,1m=1.5换算米;圬工及钢筋混凝土梁桥,1m=0.3换算米。
3. 便线长度不满100m者,按100m计;便桥长度不满1m者,按1m计;计算便线长度,不扣除道岔及便桥长度。
4. 养护的期限,根据施工组织设计确定,按月计算,不足一个月者,按一个月计算。
5. 道砟数量采用累计法计算(例:1km便道当其使用期为一年时,所需道砟数量=3×20+3×10+6×5=120m³)。
6. 费用内包括冬季积雪清除和雨季养护等一切有关养护费用。
7. 架梁及架梁岔线等,均不计列养护费。
8. 便线、便桥、岔线,如通行工程列车或临时列车,并按有关规定计列运费者,因运费已包括了养护费用,不应另列养护费;如修建的临时岔线(如运土、运料岔线等),只计取送车费或机车、车辆租用费者,可计列养护费。
9. 营业线上施工,为保证不间断行车而修建通行正式列车的便线、便桥,在未办理交接前,其养护费按照表列规定加倍计算。

f. 汽车便道养护费计费标准。为使通行汽车的运输便道经常保持完好的状态,其养护费按表3-18规定的标准计算。

汽车便道养护费计费标准   表3-18

项 目		人 工	碎石或粒料
		工日/(月·km)	m³/(月·km)
土路		15	—
粒料路(包括泥结碎石路面)	干线	25	2.5
	引入线	15	1.5

注:1. 人工费按编制期概算综合工费标准计算。
2. 计算便道长度,不扣除便桥长度。不足1km者,按1km计。
3. 养护的期限,根据施工组织设计确定,按月计算,不足一个月者,按一个月计算。
4. 费用内包括冬季清除积雪和雨季养护等一切有关养护费用。
5. 便道中的便桥不另计养护费。

3.2.5 间接费

间接费包括企业管理费、规费和利润。

1) 间接费用内容

（1）企业管理费

企业管理费是指建筑安装企业为组织施工生产和经营管理所需的费用，其内容包括：

①企业管理人员工资：是指管理人员的基本工资、津贴和补贴、辅助工资、职工福利费、劳动保护费等。

②办公费：指管理办公用的文具、纸张、账表、印刷、邮电、书报、宣传、会议、水、电、烧水和集体取暖用煤等费用。

③差旅交通费：指企业职工因公出差、调动工作的差旅费，助勤补助费，市内交通费和误餐补助费，职工探亲路费，劳动力招募费，职工离退休、退职一次性路费，以及企业管理部门使用的交通工具的燃料费、养路费、牌照费等。

④固定资产使用费：是指管理和试验部门及附属生产单位使用的属于固定资产的房屋、车辆、设备仪器等的折旧、大修、维修或租赁费。

⑤工具用具使用费：指企业管理使用的不属于固定资产的工具、用具、家具、交通工具、检验、试验、消防用具等的摊销和维修费用等。

⑥财产保险费：是指施工管理用财产、车辆保险。

⑦税金：是指企业按规定交纳的房产税、车船使用税、土地使用税、印花税等各项税费。

⑧施工单位进退场及工地转移费：指施工单位根据建设任务需要，派遣人员和机具设备从基地迁往工程所在地或从一个项目迁至另一个项目所发生的往返搬迁费用及施工队伍在同一建设项目内，因工程进展需要，在本建设项目内往返转移，以及民工上、下路所发生的费用。包括：承担任务职工的调遣差旅费，调遣期间的工资，施工机械、工具、用具、周转性材料及其他施工装备的搬运费用；施工队伍在转移期间所需支付的职工工资、差旅费、交通费、转移津贴等；民工的上、下路所需车船费、途中食宿补贴及行李运费等。

⑨劳动保险费：指由企业支付离退休职工的易地安家补助费、职工退职金、6个月以上病假人员的工资、职工死亡丧葬补助费、抚恤费以及按规定支付给离休干部的各项经费等。

⑩工会经费：指企业按照职工工资总额计提的工会经费。

⑪职工教育经费：指企业为了能让职工学习先进技术和提高文化水平，按职工工资总额计提的费用。

⑫财务费用：指企业为筹集资金而发生的各种费用，包括企业经营期间发生的短期贷款利息净支出，金融机构手续费，以及其他财务费用。

⑬其他：包括技术转让费、技术开发费、业务招待费、绿化费、广告费、公证费、法律顾问费、审计费、咨询费、无形资产摊销费、投标费、企业定额测定费等。

（2）规费

规费是指政府和有关部门规定必须缴纳的费用（简称规费），其内容包括：

①社会保障费：是指企业按规定缴纳的基本养老保险费、失业保险费、基本医疗保险费、工

伤保险费、生育保险费。

②住房公积金:是指企业按规定缴纳的住房公积金。

③工程排污费:是指施工现场按规定缴纳的工程排污费用。

(3)利润

利润指施工企业完成所承包的工程获得的盈利。

2)间接费用计算

$$间接费 = \sum(基期人工费 + 基期施工机械使用费) \times 间接费率 \quad (3\text{-}16)$$

式中间接费率见表3-19。

间 接 费 率　　　　　　　　　表3-19

类别代号	工程类别	费率(%)	附注
1	人力施工土石方	59.7	包括人力拆除工程,绿色防护、绿化,各类工程中单独挖填的土石方,爆破工程
2	机械施工土石方	19.5	包括机械拆除工程,填级配碎石、砂砾石、渗水土,公路路面,各类工程中单独挖填的土石方
3	汽车运输土石方采用定额"增运"部分	9.8	包括隧道出渣洞外运输
4	特大桥、大桥	23.8	不包括梁部及桥面系
5	预制混凝土梁	67.6	包括桥面系
6	现浇混凝土梁	38.7	包括梁的横向联结和湿接缝,包括分段预制后拼接的混凝土梁
7	运架混凝土简支箱梁	24.5	
8	隧道、明洞、棚洞,自采砂石	29.6	
9	路基加固防护工程	36.5	包括各类挡土墙及抗滑桩
10	框架桥、中桥、小桥,涵洞,轮渡,码头,房屋,给排水、工务、站场、其他建筑物等建筑工程	52.1	不包括梁式中、小桥梁部及桥面系
11	铺轨、铺岔,架设混凝土梁(简支箱梁除外)、钢梁、钢管拱	97.4	包括支座安装,轨道附属工程,线路备料
12	铺砟	32.5	包括线路沉落整修、道床清筛
13	无砟槽床	73.5	包括道床过渡段
14	通信、信号、信息、电力、牵引变电、供电段、机务、车辆、动车,所有安装工程	78.9	
15	接触网建筑工程	69.5	

注:大型临时设施和过渡工程按表列同类正式工程的费率乘以0.8的系数计列。

3.2.6 税金

税金指按国家税法规定应计入建筑安装工程造价内的营业税、城市维护建设税及教育费附加。

计算方法与计列标准:
①营业税按营业额的3%计。
②城市维护建设税以营业税税额作为计税基数,其税率随纳税人所在地区的不同而异,即市区按7%计,县城、镇按5%计,不在市区、县城或镇者按1%计。
③教育费附加按营业税的3%计。

为简化概(预)算编制,铁路工程税金统一按建筑安装工程费(不含税金)的3.35%计列。

$$税金 = (直接费 + 间接费) \times 3.35\% \tag{3-17}$$

3.2.7 价差调整

价差调整是指基期至概预算编制期、概预算编制期至工程结(决)算期对价格所作的合理调整。

1) 价差调整的阶段划分

铁路工程造价价差调整的阶段,分为基期至设计概预算编制期和设计概预算编制期至工程结(决)算期两个阶段。

①基期至设计概预算编制期所发生的各项价差,由设计单位在编制概预算时,按本办法规定的价差调整方法计算,列入单项概预算。

②设计概(预)算编制期至工程结(决)算期所发生的各项价差调整,应符合国家有关政策,充分体现市场价格机制,按合同约定办理。

2) 价差调整的内容

价差调整包括人工费、材料费、施工机械使用费、设备费等主要项目基期至设计概(预)算编制期价差的调整。

3) 价差调整方法

(1) 人工费价差

$$人工费价差 = \sum 定额人工消耗量(不包括施工机械台班中的人工) \times$$
$$(编制期综合工费单价 - 基期综合工费单价) \tag{3-18}$$

(2) 材料费价差

①水泥、木材、钢材、砖、瓦、砂、石、石灰、黏土、土工材料、花草苗木、钢轨、道岔、轨枕、钢梁、钢管拱、斜拉索、钢筋混凝土梁、铁路桥梁支座、钢筋混凝土预制桩、电杆、铁塔、机柱、接触网支柱、接触网及电力线材、光电缆线、给排水管材等材料的价差。

$$材料费价差 = \sum 定额材料消耗量 \times (编制期材料价格 - 基期材料价格) \tag{3-19}$$

②水、电价差(不包括施工机械台班消耗的水、电)。

$$水、电价差 = \sum 定额材料消耗量 \times (编制期水、电的价格 - 基期水、电的价格) \tag{3-20}$$

③其他材料的价差。其他材料的价差以定额消耗材料的基期价格为基数,按部颁材料价差系数调整,系数中不含机械台班中的油燃料价差。

$$其他材料的价差 = \sum 其他材料基期材料价格 \times (价差系数 - 1) \tag{3-21}$$

(3) 施工机械使用费价差

施工机械使用费价差 = ∑定额机械台班消耗量 × (编制期施工机械台班单价 –
基期施工机械台班单价) (3-22)

(4) 设备费的价差

编制设计概预算时,以现行的《铁路工程建设设备预算价格》中的设备原价作为基期设备原价。编制期设备原价由设计单位按照国家或主管部门发布的信息价和生产厂家的现行出厂价分析确定。基期至编制期设备原价的差额,按价差处理,不计取运杂费。

3.2.8 设备购置费

设备购置费指构成固定资产标准的设备和虽低于固定资产标准,但属于设计明确列入设备清单的设备,按设计规定的规格、型号、数量,以设备原价加设备运杂费计算的购置费用。工程竣工验交时,设备(包括备品备件)应移交运营部门。

购买计算机硬件设备时所附带的软件若不单独计价,其费用应随设备硬件一起列入设备购置费中。

$$设备购置费 = 设备原价 \times (1 + 运杂费率) \quad (3-23)$$

1) 设备购置费的内容

(1) 设备原价

指设计单位根据生产厂家的出厂价及国家机电产品市场价格目录和设备信息价格等资料综合确定的设备原价。内容包括按专业标准规定的保证在运输过程中不受损失的一般包装费,及按产品设计规定配带的工具、附件和易损件的费用。非标准设备的原价(包括材料费、加工费及加工厂的管理费等),可按厂家加工订货价格资料,并结合设备信息价格,经分析论证后确定。

(2) 设备运杂费

设备自生产厂家(来源地)运至施工工地料库(或安装地点)所发生的运输费、装卸费、供销部门手续费、采购及保管费等统称为设备运杂费。

2) 设备购置费的计算规定

①编制设计概(预)算时,采用现行的《铁路工程建设设备预算价格》中的设备原价,作为基期设备原价。编制期设备原价由设计单位根据调查资料确定。编制期与基期设备原价的差额按价差处理,直接列入设备购置费中。缺项设备由设计单位进行补充。

②设备运杂费。为简化概(预)算编制工作,设备运杂费以基期设备原价为计算基数,乘以运杂费率来计算,运杂费率一般地区按6.1%计列,新疆、西藏按7.8%计列,即:

$$设备运杂费 = 设备原价 \times 运杂费率(\%)$$

3.2.9 其他费

指根据有关规定,应由基本建设投资支付并列入建设项目总概算内,除建筑安装工程费、设备及工器具购置费以外的有关费用。

1) 土地征用及拆迁补偿费

指按照《中华人民共和国土地管理法》规定,为进行铁路建设所支付的土地征用及拆迁补偿费用。内容包括:

①土地征用补偿费:土地补偿费,安置补助费,被征用土地地上、地下附着物及青苗补偿费,征用城市郊区菜地缴纳的菜地开发建设基金,征用耕地缴纳的耕地开垦费,耕地占用税等。

②拆迁补偿费:被征用土地上的房屋及附属构筑物、城市公共设施等迁建补偿费等。

③土地征用、拆迁建筑物手续费:在办理征地拆迁过程中,所发生的相关人员的工作经费及土地登记管理费等。

④用地勘界费:委托有资质的土地勘界机构对铁路建设用地界进行勘定所发生的费用。

计算:

①土地征用补偿费、拆迁补偿费应根据设计提出的建设用地面积和补偿动迁工程数量,按工程所在地区的省(自治区、直辖市)人民政府颁发的各项规定和标准计列。

②土地征用、拆迁建筑物手续费按土地补偿费与征用土地安置补助费的0.4%计列。

③用地勘界费按国家和工程所在地区的省(自治区、直辖市)人民政府的有关规定计列。

2) 建设项目管理费

(1)建设单位管理费

建设单位管理费指建设单位从筹建之日起至办理竣工财务决算之日止发生的管理性质开支。内容包括:工作人员工资、基本养老保险费、基本医疗保险费、失业保险费、工伤保险费、生育保险费、住房公积金、办公费、差旅交通费、劳动保护费、工具用具使用费、固定资产使用费、零星购置费、招募生产工人费、技术图书资料费、印花税、业务招待费、施工现场津贴、竣工验收费和其他管理性质开支。

计算:建设单位管理费以第二章至第十章费用总额为计算基数,按表3-20所规定的费率采用累进法计列。

建设单位管理费率　　　　　　　　　　　　　表3-20

第二章至第十章费用总额(万元)	费率(%)	算例(万元)	
		基　数	建设单位管理费
500及以内	1.74	500	500×1.74%=8.7
501~1000	1.64	1000	8.7+500×1.64%=16.9
1001~5000	1.35	5000	16.9+4000×1.35%=70.9
5001~10000	1.10	10000	70.9+5000×1.10%=125.9
10001~50000	0.87	50000	125.9+40000×0.87%=473.9
50001~100000	0.48	100000	473.9+50000×0.48%=713.9
100001~200000	0.20	200000	713.9+100000×0.20%=913.9
200000以上	0.10	300000	913.9+100000×0.10%=1013.9

§ 例3-6 §　某铁路建设项目第二章至第十章费用总和为56000万元,试计算该项目的建设单位管理费。

解　根据表3-20提供的建设单位管理费费率,按累进法计算的建设单位管理费为:
$$473.9 + (56000 - 50000) \times 0.48\% = 502.70 \text{ 万元}$$

(2)建设管理其他费

内容包括:建设期交通工具购置费,建设单位前期工作费,建设单位招标工作费,审计(查)费,合同公证费,经济合同仲裁费,法律顾问费,工程总结费,宣传费,按规定应缴纳的税费,以及要求施工单位对具有出厂合格证明的材料进行试验、对构件进行破坏性试验及其他特殊要求检验试验的费用等。

计算:建设期交通工具购置费按表3-21所列的标准计列,其他费用按第二章至第十章费用总额的0.05%计列。

建设期交通工具购置标准　　　　　　　　　　　　　表3-21

线路长度(正线公里)	交通工具配置情况		价格(万元/台)
	数量(台)		
	平原丘陵区	山区	
100及以内	3	4	20～40
101～300	4	5	
301～700	6	7	
700以上	8	9	

注:1. 平原丘陵区指起伏小或比高不大于80m的地区;山区指起伏大或比高大于80m的山地。
　　2. 工期4年及以上的工程,在计算建设期交通工具购置费时,均按100%摊销;工期小于4年的工程,在计算建设期交通工具购置费时,按每年25%计算。
　　3. 海拔4000m以上的工程,交通工具价格另行分析确定。

(3)建设项目管理信息系统购建费

建设项目管理信息系统购建费指为利用现代信息技术,实现建设项目管理信息化、构建项目管理信息系统所发生的费用,包括有关设备购置与安装、软件购置与开发等。

计算:本项费用按铁道部有关规定计列。

(4)工程监理与咨询服务费

工程监理与咨询服务费指由建设单位委托具有相应资质的单位,在铁路建设项目的招投标、勘察、设计、施工、设备采购监造(包括设备联合调试)等阶段实施监理与咨询的费用[设计概(预)算中每项监理与咨询服务费应列出详细条目]。

①招投标咨询服务费:本项费用按铁道部有关规定计列。

②勘察监理与咨询费:本项费用按铁道部有关规定计列。

③设计监理与咨询服务费:本项费用按铁道部有关规定计列。

④施工监理与咨询服务费:其中施工监理费以第二至第九章建筑安装工程费用总额为基数,按表3-22费率采用内插法计列。施工咨询费按国家和铁道部有关规定计列。

单元3 铁路工程概(预)算编制

施工监理费率   表3-22

第二章至第九章建筑安装工程费用总额 M(万元)	费率 b(%)	
	新建单线、独立工程、增建一线电气化改造工程	新建双线
M≤500	b=2.5	0.7
500<M≤1000	2.5>b≥2.0	0.7
1000<M≤5000	2.0>b≥1.7	0.7
5000<M≤10000	1.7>b≥1.4	0.7
10000<M≤50000	1.4>b≥1.1	0.7
50000<M≤100000	1.1>b≥0.8	0.7
M>100000	b=0.8	0.7

⑤设备采购监造监理与咨询服务费:本项费用按铁道部有关规定计列。

(5)工程质量检测费

工程质量检测费指为保证工程质量,根据铁道部规定由建设单位委托具有相应资质的单位对工程进行检测所需的费用。本项费用按铁道部有关规定计列。

(6)工程质量安全监督费

工程质量安全监督费指按国家有关规定实行工程质量安全监督所发生的费用。本项费用按第二章至第十章费用总额的0.02%~0.07%计列。

(7)工程定额测定费

工程定额测定费指为制订铁路工程定额和计价标准,实现对铁路工程造价的动态管理而发生的费用。

本项费用按第二章至第九章建筑安装工程费用总额的0.01%~0.05%计列。

(8)施工图审查费

施工图审查费指建设主管部门认定的施工图审查机构按照有关法律、法规,对施工图涉及公共利益、公共安全和工程建设强制性标准的内容进行审查所需的费用。本项费用按铁道部有关规定计列。

(9)环境保护专项监理费

环境保护专项监理费指为保证铁路施工对环境及水土保持不造成破坏,而从环保的角度对铁路施工进行专项检测、监督、检查所发生的费用。本项费用按国家有关部委及建设项目所经地区省(自治区、直辖市)环保监理部门的有关规定计列。

(10)营业线施工配合费

营业线施工配合费指施工单位在营业线上进行建筑安装工程施工时,需要运营单位在施工期间参加配合工作所发生的费用(含安全监督检查费用)。本项费用按不同工程类别的计算范围,以编制期人工费与编制期施工机械使用费之和为基数,乘以表3-23所列费率计列。

营业线施工配合费费率表　　　　　　　　　　表 3-23

工程类别	费率(%)	计算范围	说　明
一、路基			
1. 石方爆破开挖	0.5	既有线改建、既有线增建二线需要封锁线路作业的爆破	不含石方装、运、卸及压实、码砌
2. 路基基床加固	0.9	挤密桩等既有基床加固及基床换填	仅限于行车线路基,不含土石方装、运、卸
二、桥涵			
1. 架梁	9.1	既有线改建、增建二线拆除和架设成品梁	增建二线限于线间距 10m 以内
2. 既有桥涵改建	2.7	既有桥梁墩台、基础的改建、加固,既有桥梁梁部加固,既有涵洞接长、加固、改建	
3. 顶进框架桥、顶进涵洞	1.4	行车线加固及防护,行车线范围内主体的开挖及顶进	不包括主体预制、工作坑、引道、土方外运及框架桥、涵洞内的路面、排水等工程
三、隧道及明洞	4.1	需要封锁线路作业的既有隧道及明、棚洞的改建、加固、整修	
四、轨道			
1. 正线铺轨	3.5	既有轨道拆除、起落、重铺及拨移,换铺无缝线路	仅限于行车线
2. 铺岔	5.5	既有道岔拆除、起落、重铺及拨移	仅限于行车线
3. 道床	2.4	既有道床扒除、清筛、回填或换铺、补砟及沉落整修	仅限于行车线
五、通信、信息	2.0	通信、信息改建建安工程	
六、信号	24.4	信号改建建安工程	
七、电力	1.1	电力改建建安工程	
八、接触网	2.0	既有线增建电气化接触网建安工程和既有电气化改造接触网建安工程	已含牵引变电所,供电段等工程的施工配合费
九、给排水	0.5	全部建安工程	

3) 建设项目前期工作费

(1) 项目筹融资费

项目筹融资费指为筹措项目建设资金而支付的各项费用。主要包括向银行借款的手续费以及为发行股票、债券而支付的各项发行费用等。

本项费用根据项目融资情况,按国家和铁道部的有关规定计列。

(2) 可行性研究费

可行性研究费指编制和评估项目建议书(或预可行性研究报告)、可行性研究报告所需的费用。

本项费用按国家和铁道部有关规定计列。

(3) 环境影响报告编制与评估费

环境影响报告编制与评估费指按照有关规定编制与评估建设项目环境影响报告研发生的费用。

本项费用按国家和铁道部有关规定计列。

(4) 水土保持方案报告编制与评估费

水土保持方案报告编制与评估费指按照有关规定编制与评估建设项目水土保持方案报告所发生的费用。

本项费用按国家和铁道部有关规定计列。

(5) 地质灾害危险性评估费

地质灾害危险性评估费指按照有关规定对建设项目所在地区的地质灾害危险性进行评估所需的费用。

本项费用按国家有关规定计列。

(6) 地震安全性评估费

地震安全性评估费指按照有关规定对建设项目进行地震安全性评估所需费用。

本项费用按国家有关规定计列。

(7) 洪水影响评价报告编制费

洪水影响评价报告编制费指按照有关规定就洪水对建设项目可能产生的影响和建设项目对防洪可能产生的影响做出评价,并编制洪水影响评价报告所需的费用。

本项费用按国家有关规定计列。

(8) 压覆矿藏评估费

压覆矿藏评估费指按照有关规定对建设项目压覆矿藏情况进行评估所需的费用。

本项费用按国家有关规定计列。

(9) 文物保护费

文物保护费指按照有关规定对受建设项目影响的文物进行原址保护、迁移、拆除所需的费用。

本项费用按国家有关规定计列。

(10) 森林植被恢复费

森林植被恢复费指按照有关规定缴纳的所征用林地的植被恢复费用。

本项费用按国家有关规定计列。

(11) 勘察设计费

①勘察费:指勘察单位根据国家有关规定,按承担任务的工作量应收取的勘察费用。

本项费用按国家主管部门颁发的工程勘察收费标准和铁道部有关规定计列。

②设计费:指设计单位根据国家有关规定,按承担任务的工作量应收取的设计费用。

本项费用按国家主管部门颁发的工程设计收费标准和铁道部有关规定计列。

③标准设计费:指采用铁路工程建设标准设计图所需支付的费用。

本项费用按国家主管部门颁发的工程设计收费标准和铁道部有关规定计列。

4) 研究试验费

研究试验费指为建设项目提供或验证设计数据、资料等所进行的必要的研究试验,以及按照设计规定在施工中必须进行的试验、验证所需的费用。不包括:

①应由科技三项费用(即新产品试制费、中间试验费和重要科学研究补助费)开支的项目。

②应由检验试验费开支的施工企业对建筑材料、设备、构件和建筑物等进行一般鉴定、检查所发生的费用及技术革新的研究试验费。

③应由勘察设计费开支的项目。

本项费用应根据设计提出的研究试验内容和要求,经建设主管单位批准后按有关规定计列。

5) 计算机软件开发与购置费

计算机软件开发与购置费指购买计算机硬件所附带的单独计价的软件,或需另行开发与购置软件所需的费用。不包括项目建设、设计、施工、监理、咨询工作所需软件。

本项费用应根据设计提出的开发与购置计划,经建设主管单位批准后按有关规定计列。

6) 配合辅助工程费

配合辅助工程费指在该建设项目中,凡全部或部分投资由铁路基本建设投资支付修建的工程,而修建后的产权不属铁路部门所有者,其费用应按协议额或具体设计工程量,按本办法的有关规定计算完整的第一章至第十一章概(预)算费用。

7) 联合试运转及工程动态检测费

联合试运转及工程动态检测费指铁路建设项目在施工全面完成后至运营部门全面接收前,对整个系统进行负荷或无负荷联合试运转及进行工程动态检测所发生的费用。包括所需的人工、原料、燃料、油料和动力的费用,机械及仪器、仪表使用费用,低值易耗品及其他物品的购置费用等。

本项费用的计算方法:

①需要临管运营的,按0.15万元/正线公里计列。

②不需临管运营而直接交付运营部门接收的,按下列指标计列:

新建单线铁路:3.0万元/正线公里;

新建双线铁路:5.0万元/正线公里。

③时速200km及以上客运专线铁路联合试运转费另行分析确定。

8)生产准备费

(1)生产职工培训费

生产职工培训费指新建和改扩建铁路工程,在交验投产以前对运营部门生产职工培训所必需的费用。内容包括:培训人员工资、津贴和补贴、职工福利费、差旅交通费、劳动保护费、培训及教学实习费等。

本项费用按表3-24所规定的标准计列。

生产职工培训费标准(单位:元/正线公里)　　　　　表3-24

线路类别 \ 铁路类别	非电气化铁路	电气化铁路
新建单线	7500	11200
新建双线	11300	16000
增建第二线	5000	6400
既有线增建电气化	—	3200

注:时速200km及以上客运专线铁路的生产职工培训费另行分析确定。

(2)办公和生活家具购置费

办公和生活家具购置费指为保证新建、改扩建项目初期正常生产和管理,所必须购置的办公和生活家具、用具的费用。

范围包括:行政、生产部门的办公室、会议室、资料档案室、文娱室、食堂、浴室、单身宿舍、行车公寓等的家具用具。不包括应由企业管理费、奖励基金或行政开支的改扩建项目所需的办公和生活家具购置费。本项费用按表3-25所规定的标准计列。

办公和生活家具购置费标准(单位:元/正线公里)　　　　　表3-25

线路类别 \ 铁路类别	非电气化铁路	电气化铁路
新建单线	6000	7000
新建双线	9000	10000
增建第二线	3500	4000
既有线增建电气化	—	2000

注:时速200km及以上客运专线铁路的办公和生活家具购置费另行分析确定。

(3)工(器)具及生产家具购置费

工(器)具及生产家具购置费指新建、改建项目和扩建项目的新建车间,验交后为满足初期正常运营必须购置的第一套不构成固定资产的设备、仪器、仪表、工卡模具、器具、工作台(框、架、柜)等的费用。不包括:构成固定资产的设备、工(器)具和备品、备件;已列入设备购置费中的专用工具和备品、备件。本项费用按表3-26所规定的标准计列。

9) 其他

其他指以上费用之外的,经铁道部批准或国家和部委及工程所在省(自治区、直辖市)规定应纳入设计概(预)算的费用。

生产工(器)具购置费标准(单位:元/正线公里)　　　　表 3-26

线路类别 \ 铁路类别	非电气化铁路	电气化铁路
新建单线	12000	14000
新建双线	18000	20000
增建第二线	7000	8000
既有线增建电气化	—	4000

注:时速 200km 及以上客运专线铁路的工(器)具及生产家具购置费另行分析确定。

3.2.10 基本预备费

铁路工程基本预备费属于静态投资部分,是指在初步设计阶段,编制总概(预)算时,由于设计限制而发生的难以预料的工程和费用。本项费用由建设单位统筹管理。其主要用途如下:

①在进行设计和施工过程中,在批准的初步设计范围外,必须增加的工程费用和按规定需要增加的费用。本项费用不含Ⅰ类变更设计增加的费用。

②在建设过程中,未投保工程遭受一般自然灾害所造成的损失和为预防自然灾害所采取的措施费用,及为了规避风险而投保全部或部分工程的建筑、安装工程一切险和第三者责任险的费用。

③验收委员会(或小组)为鉴定工程质量,必须开挖和修复隐蔽工程的费用。

④由于设计变更所引起的废弃工程,但不包括施工质量不符合设计要求而造成的返工费用和废弃工程费用。

⑤征地、拆迁的价差。

基本预备费的计费标准:

基本预备费 = $\sum$(建筑安装工程费$_i$ + 设备购置费$_i$ + 其他费$_i$) × 基本预备费费率　　(3-24)

式中,i 为章号,$i = 1,2,3,\cdots,11$。

基本预备费费率,初步设计概算按 5% 计列,施工图预算、投资检算按 3% 计列。

3.2.11 工程造价增涨预留费

工程造价增涨预留费指为正确反映铁路基本建设工程项目的概(预)算总额,在设计概(预)算编制年度到项目建设竣工的整个期限内,因形成工程造价诸因素的正常变动(如材料、设备价格的上涨,人工费及其他有关费用标准的调整等),导致必须对该建设项目所需的总投资额进行合理的核定和调整,而需预留的费用。此项费用在铁路工程中属于动态投资。

此项费用根据建设项目施工组织设计安排,以其分年度投资额及不同年限,按国家及铁道

部公布的工程造价年上涨指数计算,计算公式:

$$E = \sum_{n=1}^{N} F_n [(1+P)^{c+n} - 1] \tag{3-25}$$

式中:E——工程造价增涨预留费;

N——施工总工期(年);

F_n——施工期第 n 年的分年度投资额;

c——编制年至开工年年限(年);

n——开工年至结(决)算年年限(年);

P——工程造价年增长率。

§例3-7§ 某铁路建设项目,建设期为3年。分年度投资额为第一年30000万元、第二年40000万元、第三年30000万元,编制期至开工期为1年,工程造价年增长率为3%,则该铁路建设项目的工程造价增长预留费为多少?

解 $E = 30000 \times [(1+3\%)^{1+1} - 1] + 40000 \times [(1+3\%)^{1+2} - 1] + 30000 \times [(1+3\%)^{1+3} - 1] = 1827 + 3709.08 + 3765.26 = 9301.34$ 万元

3.2.12 建设期投资贷款利息

建设期投资贷款利息指建设项目中分年度使用国内贷款,在建设期内应归还的贷款利息。计算公式:

建设期投资贷款利息 = ∑(年初付息贷款本金累计 + 本年度付息贷款额 ÷ 2) × 年利率

即

$$S = \sum_{n=1}^{N} (\sum_{m=1}^{m} F_m \times b_m + F_n \times b_n \div 2) \times i \tag{3-26}$$

式中:S——建设期投资贷款利息;

N——建设总工期(年);

n——施工年度;

m——还息年度;

F_n、F_m——在建设的第 n 和第 m 年的分年度资金供应量;

b_n、b_m——在建设的第 n 和第 m 年还息贷款占当年投资比例;

i——建设期贷款年利率。

§例3-8§ 某新建铁路,建设期为3年。在建设期第一年资金供应量为3000万,其中贷款占30%;第二年为6000万,贷款占60%;第三年为4000万,贷款占80%。银行贷款年利率为8%,计算建设期投资贷款利息。

解 第一年利息为:$q_1 = 1/2 \times 3000 \times 30\% \times 8\% = 36$ 万元

第二年利息为:$q_2 = (3000 \times 30\% + 36 + 1/2 \times 6000 \times 60\%) \times 8\% = 218.88$ 万元

第三年利息为:$q_3 = (3000 \times 30\% + 6000 \times 60\% + 36 + 218.88 + 1/2 \times 4000 \times 80\%) \times 8\% = 509.39$ 万元

建设期投资贷款利息总和为:$S = 36 + 218.88 + 509.39 = 763.27$ 万元

3.2.13 机车车辆购置费

机车车辆购置费应根据铁道部《铁路机车、客车投资有偿占用暂行办法》有关规定,在新建铁路、增建二线和电气化技术改造等基建大中型项目总概(预)算中,增列按初期运量所需要的新增机车车辆的购置费。

本项费用按设计确定的初期运量所需要的新增机车车辆的型号、数量及编制期机车车辆购置价格计算。

3.2.14 铺底流动资金

为保证新建铁路项目投产初期正常运营所需流动资金有可靠来源,而计列本项费用。主要用于购买原材料、燃料、动力,支付职工工资和其他有关费用。

本项费用按下列标准计列:

1)地方铁路

①新建Ⅰ级地方铁路:6.0万元/正线公里;

②新建Ⅱ级地方铁路:4.5万元/正线公里;

③既有地方铁路改扩建、增建二线以及电气化改造工程不计列铺底流动资金。

2)其他铁路

①新建单线Ⅰ级铁路:8.0万元/正线公里;

②新建单线Ⅱ级铁路:6.0万元/正线公里;

③新建双线:12.0万元/正线公里。

如初期运量较小,上述指标可酌情核减。既有线改扩建、增建二线以及电气化改造工程不计列铺底流动资金。

3.3 铁路工程概(预)算编制程序及原则

3.3.1 编制程序

铁路工程概算编制程序是招标人编制标底和投标人编制报价及施工中成本控制的理论基础。

铁路概(预)算的编制程序,按单项概算、综合概算、总概算三个层次逐步完成,如图3-5所示。

总概算和综合概算针对的是铁路某单项工程或铁路的一个设计标段。

单项概算(个别概算)反映的是一个单位工程或分部分项工程的建安费内容,是综合概算中的一个细目,综合概算是编制范围内若干单位工程个别概算金额的汇总。

分专业编制单位工程单项概算,永久工程的建筑安装工程费纳入第二章至第九章中。

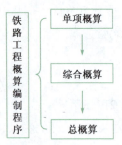

图3-5 铁路工程概算编制程序

铁路工程概算编制流程如图3-6所示。

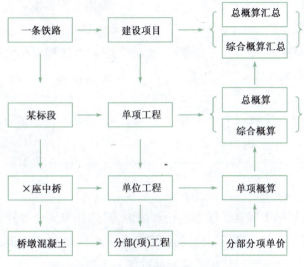

图3-6 铁路工程概算编制流程

3.3.2 编制范围及单元

1)总概预算的编制范围

总概预算是用以反映整个建设项目投资规模和投资构成的文件,一般应按整个建设项目的范围进行编制。但遇有以下情况,应根据要求分别编制总概预算,并汇编该建设项目的总概预算汇总表。

①两端引入工程可根据需要单独编制总概预算。

②编组站、区段站、集装箱中心站应单独编制总概预算。

③跨越省(自治区、直辖市)或铁路局的,除应按各自所辖范围编制总概预算外,尚需以区段站为界,分别编制总概预算。

④分期建设的项目,应按分期建设的工程范围分别编制总概预算。

⑤一个建设项目,如由几个设计单位共同设计,则各设计单位按各自承担的设计范围编制总概预算。总概预算汇总表由建设项目总体设计单位负责汇编。如有其他特殊情况,可按实际需要划分总概预算的编制范围。

2)综合概预算的编制范围

综合概预算是具体反映一个总概预算范围内的工程投资总额及其构成的文件,其编制范围应与相应的总概预算一致。

3)单项概预算的编制内容及单元

单项概预算是编制综合概预算、总概预算的基础,是详细反映各工程类别和重大、特殊工点的主要概预算费用的文件。

编制内容包括人工费、材料费、施工机械使用费、运杂费、价差、施工措施费、特殊施工增加费、间接费和税金。

编制单元应按总概预算的编制范围划分,并按工程类别分别编制。其中技术复杂的特大、大、中桥及高桥(墩高 50m 及以上),4000m 以上的单、双线隧道,多线隧道及地质复杂的隧道,大型房屋(如机车库、3000 人及以上的站房等)以及投资较大、工程复杂的新技术工点等,应按工点分别编制单项概预算。

说明:如单项工程预算突破相应概算时,应分析原因,对施工图中不合理部分进行修改,对其合理部分应在总概算投资范围内调整解决。

3.3.3 编制原则与要求

工程概(预)算,是根据工程各个阶段的设计内容,具体计算其全部建设费用的文件,是国家或业主对基本建设实行科学管理和监督的重要手段。在编制时无论是工程数量的计算,还是基础资料的收集都必须根据编制办法、编制原则等要求进行。

1) 编制办法的运用范围

铁路工程适用于铁路基本建设工程大中型项目;公路工程适用于新建和改建的公路工程基本建设项目,对于公路养护的大、中修工程,可参照使用。

2) 编制概(预)算原则

编制工程概算,施工图预算(投资检算)应遵循以下原则,如图 3-7 和图 3-8 所示。

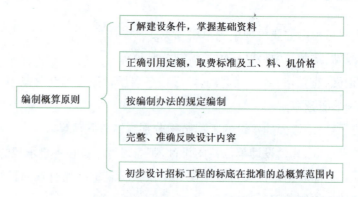

图 3-7 概算编制原则

3) 编制概算与施工图预算的其他原则

编制工程概算与施工图预算还应遵循其他原则,如图 3-9 所示。

4) 编制深度及要求

设计概预算的编制深度应与设计阶段及设计文件组成内容的深细度相一致。

(1) 单项概预算

应结合建设项目的具体情况、编制阶段、工程难易程度,确定其编制深度。

(2) 综合概预算

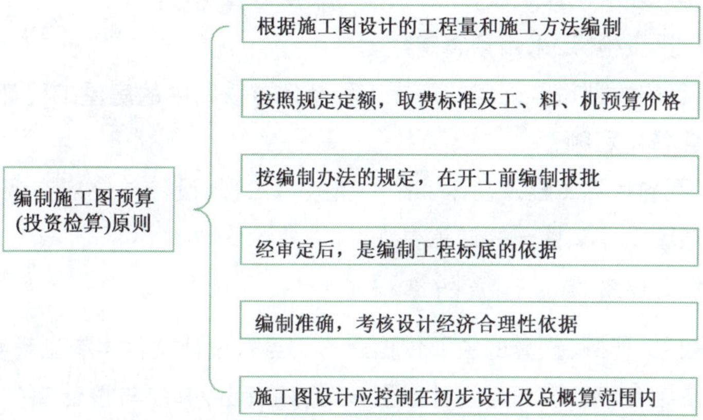

编制施工图预算(投资检算)原则

- 根据施工图设计的工程量和施工方法编制
- 按照规定定额,取费标准及工、料、机预算价格
- 按编制办法的规定,在开工前编制报批
- 经审定后,是编制工程标底的依据
- 编制准确,考核设计经济合理性依据
- 施工图设计应控制在初步设计及总概算范围内

图 3-8　施工图预算(投资检算)编制原则

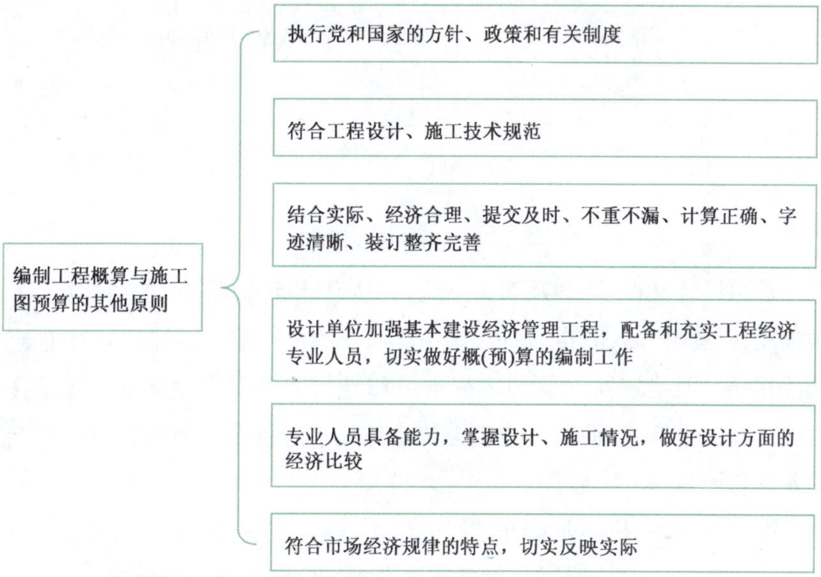

编制工程概算与施工图预算的其他原则

- 执行党和国家的方针、政策和有关制度
- 符合工程设计、施工技术规范
- 结合实际、经济合理、提交及时、不重不漏、计算正确、字迹清晰、装订整齐完善
- 设计单位加强基本建设经济管理工程,配备和充实工程经济专业人员,切实做好概(预)算的编制工作
- 专业人员具备能力,掌握设计、施工情况,做好设计方面的经济比较
- 符合市场经济规律的特点,切实反映实际

图 3-9　编制工程概算与施工图预算的其他原则

根据单项概预算,按"铁路工程综合概预算章节表"的顺序进行汇编,没有费用的章,在输出综合概预算表时其章号及名称应保留,各节中的细目结合具体情况可以增减。一个建设项目有几个综合概预算时,应汇编综合概预算汇总表。

(3)总概预算

根据综合概预算,分章汇编。没有费用的章,在输出总概预算表时其章号及名称一律保留。一个建设项目有几个总概预算时,应汇编总概预算汇总表。

5)定额的采用

①基本规定。根据不同设计阶段、各类工程(其中路基、桥涵、隧道、轨道及站场简称站前工程)的设计深度、铁路工程定额体系的划分,具体定额的采用按以下规定执行。

a. 初步设计概算:采用预算定额,站后工程可采用概算定额。

b. 施工图预算、投资检算:采用预算定额。

②独立建设项目的大型旅客站房的房屋工程及地方铁路中的房屋工程可采用工程所在地的地区统一定额(含费用定额)。

③对于没有定额的特殊工程及尚未实践的新技术工程,设计单位应在调查分析的基础上补充单价分析,并随着设计文件一并送审。

3.3.4 计算工程数量应注意的事项

工程数量是编制工程概、预算的主要依据之一。虽然设计文件中有工程数量,施工企业仍需要重新计算,以便结合施工调查与设计数量核对,如有出入,应与设计部门或建设单位联系商议处理,如图 3-10 所示工程数量的重要性。

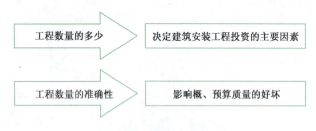

图 3-10 工程数量的重要性

①计算前,熟悉设计文件、资料及有关规范,弄清设计标准、规格,按图计算。

a. 铁路建筑的路基、桥涵、隧道、轨道、站场等工程的设计图上往往只附有主要工程数量表和采用的定型图图号,而建筑物次要的工程数量和结构的细部尺寸要参照定型图另行计算。同时,要注意设计图上没有的,而实际施工方法或在施工过程中会发生的作业项目的数量,应考虑周全,不要遗忘计算、归类、整理。

例如:由于地下水位高,桥涵基坑开挖时的降水、基坑支护;路基土石方较大时,增设的临时存土场;CFG 桩施工,由于地基软弱,设备无法进入场地而进行的换填等。

b. 计算工程数量,还必须按照设计、施工规范及工程数量计算规则进行。

例如:桥上铺护轮轨长度计算,设计规范规定,护轮轨伸出桥台前墙以外的直轨部分的长度不应少于 5m,当直线上桥长超过 50m 以曲线上桥长超过 30m 时,应为 10m,然后弯曲交会于铁路中心,弯轨部分的长度不应小于 5m,轨端超出台尾的长度不应少于 2m。

②熟悉定额的内容及应用方法:注意计量单位、包括的工作内容等。

③了解有关文件、规定及协议。

例如:鉴定文件中对建设项目的修改而增减工作项目和数量,设计文件中附上的同地方政府和其他部门签订的协议以及在施工中签订的合同等文件。

④设计断面以外并为施工规范所允许的工程数量,应计算在内。而往往这部分工程数量在设计数量中未包含。

例如:张拉用的钢绞线,两端的工作长度(一般为0.7m)应计入工程量。

⑤由于地质、地形、地貌以及设计阶段等原因,常出现设计与实际不符情况,计算前核对。

例如:长螺旋泵压混凝土施工CFG桩,常常由于地质软弱原因,混凝土在压力作用下,导致实际桩径大于设计桩径,远远高于定额混凝土消耗量。

⑥由于沉落、涨余、压缩而引起的数量变化,应计列。

例如:原地面夯实,其夯实费用已包括在定额单价内,但因压实引起原地面下沉而需回填。增加的填方数量,应计算列入。

⑦由于施工原因,不可避免而造成数量增加应予考虑,如给排水工程破坏路基、道砟等。

例如:顶进涵施工完成后,需对涵顶线路破坏的路基、道砟等进行修复,增加一些工程量。

⑧由于客观原因造成的特殊情况处理所增数量应计算。

例如:如隧道的塌方、超挖、溶洞等。

⑨有关术语的含义要符合规定。

例如:如桥长、桥梁延长米、桥梁单延米、涵渠横延米、正、站线建筑长度与铺轨长度等。

⑩工程数量计列范围要符合规定。

例如:计算路基土石方时,不包括桥台后缺口土石方及桥头锥体土石方,该项土石方应按施工方法和运距查相应定额计算,编列在桥梁的单节中。

铺轨的工程数量按设计图示每股道的中心线长度(不含道岔)计算。铺道岔的工程量按设计图示数量计算;铺道砟的工程量按设计断面尺寸计算。

3.3.5 编制的依据(表3-11)

3.3.6 基础资料的收集与确定

在编制工程概(预)算前,首先要收集并确定编制概(预)算的基础资料。资料收集的广泛与确定的准确程度,对编制的精度关系甚为密切,必须认真对待。主要收集并确定的基础资料有:

①根据已审核的施工设计图和施工组织设计确定的施工方法、程序、土石方调配方案、临时工程规模等。按照单项(分项)概(预)算编制范围,汇总各类工程的工程数量。

②确定本建设项目所采用的编制方法,预算定额及补充预算定额。

③本建设项目各类工程综合工资等级的工资及津贴的标准。

④本建设项目所采用的各种外来材料的标准料价,当地料的调查价及分析料价。

⑤本建设项目内所使用的各种机械台班单价。

⑥各种运输方法的运距、运价、装卸单价及其材料管理费。

⑦工程用电、用水的综合分析单价。

⑧确定冬、雨季施工的工程项目、期限及其费用,以及影响概(预)算编制的各有关系数。

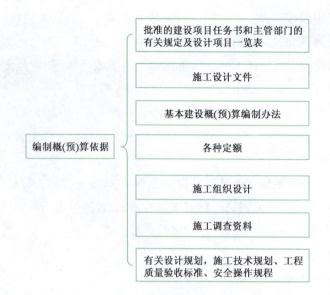

图 3-11　工程概(预)算编制依据

注:1.施工设计文件包括:设计说明书、设计图表、工程数量或审查意见,设计过程中有关各方签订的涉及费用的协议、纪要。
2.基本建设概(预)算编制办法。铁路工程现执行的是铁建设[2006]113号文。公路工程现执行的是 JTG B06—2007。
3.各种定额,包括消耗定额和费用定额。
4.施工调查资料包括:地质、水文、气象、资源、津贴标准、政策性取费标准、土地征、租用及道路改移、设置交通道路的各种协议、既有线运行情况等。

3.3.7　编制计算精度

1)人工、材料、机械台班单价

单价的单位为"元",取两位小数,第三位四舍五入。

2)定额(补充)单价分析

单价和合价的单位为"元",取两位小数,第三位四舍五入。单重和合重的单位为"t",单重取六位小数,第七位四舍五入。合重取三位小数,第四位四舍五入。

3)运杂费单价分析

汽车运价率单位为"元/t·km",取三位小数,第四位四舍五入。火车运价率单位及运价率按现行的《铁路货物运价规则》执行;装卸费单价为"元",取两位小数,第三位四舍五入。综合运价单位为"元/t",取两位小数,第三位四舍五入。

4)单项概(预)算

单价和合价的单位为"元",单价取两位小数,第三位四舍五入;合价取整数。

5)材料质量

材料单重和合重的单位为"t",均取三位小数,第四位四舍五入。

6)人工、材料、施工机械台班数量统计

按定额的单位,均取两位小数,第三位四舍五入。

7) 综合概(预)算

概(预)算价值和指标的单位为"元",概(预)算价值取整数,指标取两位小数,第三位四舍五入。

8) 总概(预)算

概(预)算价值和指标的单位为"万元",均取两位小数,第三位四舍五入。费用比例单位为"%",取两位小数,应检验是否闭合。

9) 工程数量

①计量单位为"m^3"、"m^2"、"m"的取两位小数,第三位四舍五入。

②计量单位为"km"的,轨道工程取五位小数,第六位四舍五入。其他工程取三位小数,第四位四舍五入。

③计量单位为"t"的取三位小数,第四位四舍五入。

④计量单位为"个、处、座、组或其他可以明示的自然计量单位"的取整。

3.4 铁路工程概(预)算编制内容要求

3.4.1 拆迁工程

拆迁工作又称动迁工作,通常属于工程前期工作,由业主负责完成。但它是整个建设项目概(预)算的重要组成部分,其编制方法一般是根据国家或当地行政主管部门补偿标准及现场测量确定的"量"进行计算。一般以总承包单位或独立工程段(标段)担负的施工范围进行编制。

①拆迁建筑物:因施工必须拆除或迁移的房屋、附属建筑物(如围墙、水井)、坟墓、瓦窑、灰窑、水利设施(如水闸),无论属于公产、私产、路产或集体所有,均列本项;其费用,房屋按拆迁数量、种类,根据当地政府有关规定协议及单价编列,其他拆迁可按调查资料编列。

②改移道路:原有道路因修建铁路,必须另外修建新路以代替时,所发生的工程均列本项。其费用根据设计的工程数量(包括土石方、路面、桥梁、挡墙以及其他有关工程和费用)进行定额单价分析编列。

③迁移通信、电力线路:由于修建铁路往往与路内外电线路发生干扰,因而需进行迁移。其费用按设计数量和分析单价或有关单位提出的预算资料进行编列。

④砍树及挖除树根一般地区不计列,当线路通过森林地区或遇有树林、丛林需要砍树、除根,遇有草原,需铲除草皮等,可按调查数量,分析单价计列。如无调查资料可按类似线路综合指标计列。

⑤补偿原则:

a. 依据政策、合理补偿,充分保护群众利益,既要防止漫天要价,又要防止不合理压价;

b. 涉及国有或集体所有制厂矿企事业单位的拆迁,给予适当补偿;

c. 涉及国有资产的电力、电信、铁路、水利及管道、军用设施等构造物拆迁,按成本价计算补偿；

  d. 补偿标准通常据目前社会物价指数测算,并适当考虑市场物价变化因素确定。

3.4.2 路基

  路基工程一般以总承包单位或独立工程段(标段)担负的施工范围并根据基层核算要求,分别编列各段的区间路基土石方、站场土石方、路基附属工程(附属工程、加固及防护)、挡土墙等项目,要分别编制单项概(预)算。

  1)区间路基土石方、站场土石方的编制内容及要求

  ①土石方工程数量,必须根据土壤的成分按Ⅰ～Ⅵ类划分,遇有填渗水土壤及永久冻土、可增列项目,按土石方调配所确定的施工方法、运输距离等条件进行编制。因土方与石方、机械与人工的各种管理费率不同,所以这几项必须分别编列。

  ②特大桥和大、中桥的桥头锥体土石方桥台,台后缺口土石方不包括在本项目内,应列入第三章的桥涵项目中。

  ③填土压实数量为路堤填方数量减去设计中规定的石质路堤数量。无论采用人力或机械施工,均计列填土压实费。利用石方填筑的路堤(非设计的填石路堤),均计列填土打夯费。

  ④码坡填心路基,按设计要求分别计列码砌边坡和填心费。

  2)路基附属工程编制内容及要求

  ①路基附属工程,包括区间、站场的天沟、吊钩、排水沟、缓流井、防水堰等的土石方和浆(干)砌片石工程,以及平交道土石方(含路面、涵管)等数量。其费用根据设计数量,定额单价分析计列。附属土石方无资料时,可按正、站线路基土石方费用的5%估列。

  ②路基的加固及防护:包括区间、站场因加固路基而设计的锚固桩、盲沟、片石垛、反压护道;因修筑路堤引起的改河、河床加固,因防护边坡采取的铺草皮、种草、护坡、护堵,为防雪、防沙、防风而设置的设备和防护林带、植树等。其费用按设计工程数量,进行定额单价分析编制。

  3)挡土墙

  挡土墙分浆砌片石挡土墙及混凝土挡土墙,其费用按设计圬工类型,分别计算工程数量,然后进行定额单价分析编列。大型挡土墙以座编列。一般情况按施工管段范围编列。

3.4.3 桥涵

  ①特大桥、大桥、复杂中桥及50m以上的高桥,按座编列。

  ②一般小桥、中桥按标段或总承包单位施工范围,汇总工程数量(包括预制成品梁数量),分析定额单价编列单项概(预)算。如基层核算需要,也可按座编列。

  ③明渠、圆管涵、盖板箱涵、拱涵、倒虹吸管、渡槽等,按标段或总承包单位施工范围编列,或根据基层核算需要,分类编列。要根据设计工程数量,进行计算汇总(包括各类预制成品的数量)与分析定额单价编列单项概(预)算。

  ④有挖基应增列基坑抽水费。

⑤要考虑计列围堰筑岛的数量。

⑥上部建筑因桥跨种类和架梁方法繁多,费用标准各不相同,应按下列分类编制。

a. 拱桥(分石砌、混凝土两种):上部建筑工程数量由拱脚起算。因系现场浇砌,故相关管理费应与下部建筑相同。

b. 钢梁(架设钢梁):是指钢梁结构及其架设费用。钢梁按出厂价格计算;钢梁的栏杆、支座以及检查设备的钢构件,如已包括在钢梁价格中则不宜重复计列。未包括者单独计列。

c. 钢筋混凝土梁:就地浇筑钢筋混凝土梁,指在桥位上直接浇筑或在桥边、桥头预先浇筑成梁并架设者,包括制作与架设全部费用。

成品钢筋混凝土梁:在工厂预先制成的成品梁运至工点用架桥机或其他机具架设者,购架钢筋混凝土梁,按国家规定价格或调查价计列。施工单位预制钢筋混凝土梁,按预算定额分析单价计列。

d. 架设钢筋混凝土梁:应包括由存梁场或预制成品运至桥梁工点的运杂费,以及架设钢筋混凝土梁的费用,但不包括梁本身的费用。

e. 桥面:指桥面上的栏杆、人行道、避车台、护轮轨及配件、钢梁上的桥枕、压梁木、步行板等。

f. 桥长在 500m 以上的特大桥,应编制单独概(预)算。工程项目和数量的确定,除设计图纸及施工组织设计所列的特大桥本身主体建安工程外,还应包括试验墩、试验梁、试验桩、桥梁基础承载试验、钢沉井、钢浮筒的水密试验等费用;在基础施工中的吸泥、抽水、水中封底混凝土凿除浮浆层、清理基坑等工作项目及数量;包括洪水期间进行施工的防洪措施费用等。由于特大桥工程复杂,工程细目较多,要注意不要重列或漏列。

3.4.4 隧道及明洞

①隧道及明洞均以座编列。

②隧道单项概(预)算分别按正洞、压浆、明洞、辅助坑道、洞门附属工程、整体道床、设备器具购置工程项目分别编制,然后再汇总成一个隧道单项概(项)算。

③隧道内整体道床的工程量列入隧道(包括短枕),但不包括钢轨与扣件以及过渡段的道砟道床。

④隧道正洞开挖数量应按现行《铁路工程技术规范》计算允许超挖部分和施工误差的范围与设计部门协商确定。

⑤利用隧道弃渣填筑路堤的运输费用列入隧道内。

⑥隧道内使用的施工机械(如发电机、通风机、抽水机及斜井、竖井的卷扬机)要考虑备用机械台班。

⑦设备工器具购置费:是指隧道永久通风及照明设备,按设计数量、单价计算编列的费用。永久设备安装费用列入隧道安装工程项目内。

3.4.5 轨道

①正、站线铺轨长度按设计标准进行计算;正、站线铺砟数量按道床设计断面计算;新铺钢筋混凝土轨枕地段,要考虑预铺道砟数量,一般每公里预铺 400~500m。道砟单价按道砟来源、运输方法,按定额进行分析。

②永久石砟线,应连同永久砟厂一起编制单项概(预)算。

③道口、线路标志及正、站线沉落整修等其他有关线路工程,原则上按设计工程数量分析单价编列。资料不全时,可按正线铺轨总值(不含铺砟)的 2% 估列,枢纽按站线铺轨总值(不含铺渣)的 1% 估列。

④线路备料应根据《铁路工务规则》标准计列。正线按每公里 25m 钢轨 2 根,轨枕 2 根,站线按每公里 25m 钢轨 1 根,轨枕 1 根,每 100 组道岔,配备道岔 1 组。

⑤利用旧轨料时,按编制办法中规定计算。

3.4.6 站后工程

站后工程包括通信、信号、电力、电气化、房屋、其他运营生产设备及建筑物的建筑安装工程及设备,是形成运输力的配套工程,其内容已详列在概(预)算章节表内。

①站后工程,其特点是面广、琐碎、复杂、专业性强、设备安装工程量大。应组织各有关业务部门,计算工程数量,编制单项概(预)算,然后进行汇总;编制时要认真查阅核对设计文件,将需要安装和不需要安装的设备、机具、材料汇编成册,以便查阅和结算。

②房屋工程,包括室内上水、下水、暖气、通风、照明及卫生技术设备。室外上、下水道属于给水工程。变压器以外的电线路属于电力工程。

③车站地区建筑物,章节表内容说明的地区照明,包括投光灯塔、灯柱、灯具及配线等地区通路包括通站公路、站内道路(含路面、桥、涵等),地区暖气设备、室外暖气管道,单独修建的暖气锅炉等设备。

3.4.7 价差调整选定

1) 价差调整

价差调整是指基期至概(预)算编制期、概(预)算编制期至工程结(决)算期,对基期价格所做的合理调整。

2) 价差调整的阶段划分

铁路工程造价价差调整的阶段,分为基期至设计概(预)算编制期和设计概(预)算编制期至工程结(决)算期两个阶段。

①基期至设计概(预)算编制期所发生的各项价差,由设计单位在编制概(预)算时,按本办法规定的价差调整方法计算,列入单项概(预)算。

②设计概(预)算编制期至工程结(决)算期所发生各项价差,应符合国家有关政策,充分体现市场价格机制,按合同约定办理。

3）人工费、材料费、施工机械使用费、设备费等主要项目基期至设计概（预）算编制期价差调整方法

（1）人工费价差的调整方法

按定额统计的人工消耗量（不包括施工机械台班中的人工）乘以编制期综合工费单价与基期综合工费单价的差额计算。

（2）材料费价差调整方法

①水泥、钢材、木材、砖、瓦、石灰、砂、石、黏土、花草苗木、土工材料、钢轨、道岔、轨枕、钢梁、钢管拱、斜拉索、钢筋混凝土梁、铁路桥梁支座、钢筋混凝土预制桩、电杆、铁塔、机柱、支柱、接触网及电力线材、光电缆线、给水排水管材等材料的价差，按定额统计的消耗量乘以编制期价格与基期价格之间的差额计算。

②水、电价差（不包括施工机械台班消耗的水、电），按定额统计的消耗量乘以编制期价格与基期价格之间的差额计算。

③其他材料的价差以定额消耗材料的基期价格为基数，按部颁材料价差系数调整，系数中不含施工机械台班中的油燃料价差。

（3）施工机械使用费价差调整方法

按定额统计的机械台班消耗量，乘以编制期施工机械台班单价（按编制期综合工费标准、油燃料单价、水、电单价及养路费标准计算）与基期施工机械台班单价的差额计算。

（4）设备费的价差调整方法

编制设计概（预）算时，以现行的《铁路工程建设设备预算价格》中设备原价作为基期设备原价。编制期设备原价由设计单位按照国家或主管部门发布的信息价和生产厂家规定的现行出厂价分析确定。基期至编制期设备原价的差额，按价差处理，不计取运杂费。

3.5 铁路工程概（预）算编制方法

编制单项概（预）算的方法有两种：地区单价分析法、调整系数法。

3.5.1 地区单价分析法

此方法是采用设计单价进行单价分析或用地区单价（是按工程所在地区的现行工资标准、现行材料价格、现行机械台班费用定额及有关规定进行分析的单价，亦称地区水平）去替换编制工程预算所选用定额的工、料、机价格（称预算定额单价），分析出一系列工程需要的工作项目的设计定额单价或地区定额单价，直接在预算编制中使用。如图3-12所示地区单价分析法。

1）计算人工、材料、机械台班数量

①根据汇总工程量中的工作项目，查单项定额得出工、料、机的定额数量。

②用工作项目工程量分别乘以相应的工、料、机的定额数量，即得出该工作项目所需的人工工天、消耗材料数量及使用机械台班数量。

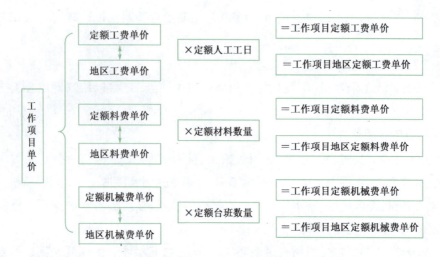

图 3-12　地区单价分析法示意框图

③将各工作项目的人工工天、材料数量及使用机械台班数量分别相加就可求出该单项工程所需的总劳力,各种材料消耗数量及各种机械使用的台班数量(利用工、料、机数量表计算)。

计算工、料、机数量,其作用就是为分析平均运杂费,提供各种材料所占运量的比重;为计算各种设备用机械台班,提供台班数量,为编制施工计划,进行基层核算提供可靠依据。

2) 运杂费单价分析

①根据材料供应计划和运输线路,确定外来料和各种当地材料的运输方法、运距以及各种运输方法的联运关系。并在此基础上计算全运输过程每吨材料的运杂费单价。

②根据工、料、机数量计算表中材料质量,分析各类材料运输质量比例。

③将各类材料的每吨全程运杂费单价分别乘以相对应的材料质量比例,然后汇总其价值,再加上工程材料管理费及碎石、砂、黏土砖、黏土瓦、石灰五种材料运杂费(不合材料管理费)的2.5%运输损耗费,即为每吨材料的平均运杂费单价。

平均运杂费单价的计算方法和步骤如下(利用平均运杂费单价分析表分析):

第一步,取出"主要材料(设备)平均运杂费单价分析表",填写表头。

第二步,根据各种材料运输方法、运价、装卸次数及装卸单价计算出各种材料每吨的全程运价。

第三步,根据各种材料运输方法所占的比例计算出每吨材料的综合运价。

第四步,计算出各种材料在总运量中所占比例。

第五步,各种材料运杂费等于总运量比例乘以综合运杂费。

第六步,将运杂费加总之后,加上其材料保管费,即得出主要材料平均运杂费单价。

3.5.2　调整系数法

用调整系数法编制单项(分项)概(预)算,其方法和地区单价分析方法基本相同,所不同之处是调整系数法不进行单价分析,而直接采用定额基价编制单项(分项)概(预)算,算出工、料、机费用结果后用一个系数进行调整,此系数即为调整系数。

求算调整系数主要有两种方法。

1)用工、料、机费用分析法计算调整系数

用"地区单价分析法",分析计算出人工、消耗材料及使用机械台班的总数量。分别乘以地区价中的人工单价、各种材料单价及各种使用机械台班单价,加总后求出地区总价值;分别乘以基价中的人工单价、各种材料单价及各种使用机械台班单价,加总后求出基价总价值,地区总价值(设计价)与基价总价值之比即为调整系数,即

$$调整系数 = \frac{地区总价值}{基价总价值}$$

①核算工程数量:核算方法同单价分析法。

②按定额基价及工程数量计算各工程项目的合价,加总求出单项(分项)工程的工、料、机总费用。

③计算工、料、机数量:统计出该单项(分项)工程的人工、各种材料、各种机械台班的总数量。

④用对比法求调整系数:即用工、料、机数量表中统计的各级人工、各种材料、各种机械台班,分别乘以定额基价及工程所在地的单价,计算出合价,各自加总,求出按定额基价及工程所在地单价(地区价、设计价计算)的工、料、机总费用,后者与前者之比即为调整系数。

⑤用调整系数乘以按定额基价计算的工料机总费用,即为工程所在地该单项(分项)工程工、料、机总费用。

⑥以下按单价分析法的步骤继续完成平均运杂费单价的分析、计算、其他直接费等单项(分项)工程应计算的费用。

2)价差系数调整方法

价差系数调整法是编制综合概(预)算的另一种方法。其单项(分项)概(预)算的编制,是利用定额基价(如2005年基期年价格水平)乘以工程数量,得出整个单项工程的工料机总费用,然后计算运杂费,其他直接费,现场经费,间接费,计划利润,税金等,列入各章。由基期年度至概(预)算编制年度所发生的价差(尤其是材料价差),则根据铁道部每年制订、发布的不同地区、不同工程类别的价差系数,在各章、各工程类别工料机费用的基础上计算,这种方法是铁路工程概(预)算最普遍采用的方法。

3.6 铁路工程概(预)算编制步骤与方法

3.6.1 概(预)算基础数据表组成

1)预算基础数据表

(1)单价分析表

单价分析表主要用来分析机械台班单价,自行开采砂、石或自制成品、半成品单价,工作项目或补充定额单价,主要材料设备平均运杂费单价。详见第三章相关内容。

如采用地区单价分析法编制单项概(预)算,应先利用单价分析表逐个分析各个工作项目的地区定额单价。定额缺项时,还需核准定额单价编制工作项目或补充定额单价分析表。

(2)工程数量表或工程数量汇总表

(3)主要工料机数量计算表

(4)主要工料机数量汇总表

(5)调整系数计算表

2)建筑工程单项概(预)算表

3)设备及安装工程单项概(预)算表

3.6.2 编制程序

(1)制订编制原则,确定基础资料

①确定工料机及运杂费单价;

②确定各类费用计算费率和标准;

③补充分析定额单价;

④计算地区基价表;

⑤编写编制说明与要求。

(2)编制单项概(预)算

(3)编制综合概(预)算

填写综合概(预)算表,计算第十章大临及过渡工程费,第十一章其他费用,汇总静态投资;计算第十二章基本预备费,第十三章工程造价增长预留费;第十四章建设期投资贷款利息;第十五章机车车辆购置费;第十六章铺底流动资金,汇总全部工料机数量。填写工料机汇总表。

(4)编制总概(预)算表,编写说明书

3.6.3 单项(分项)概(预)算编制

1)编制单元

大单元:单独的工程类别如区间路基土石方、大桥、中桥等,或规定要单独编制单项概(预)算的独立工点。

小单元:"章节表"上最小的工程子项。如路基土石方中的人力施工、机械施工等。

2)基期工料机费(定额基价)的计算方法

可采用地区单价编制法,也可采用调整系数法。

3)工程数量的整理与归纳

统一计量单位,划分工作细目,补充应计费项目。

4)补充定额,做单价分析表

指定额不配套或缺项时的补充,需随概(预)算一并送审。

5)编制单项概(预)算表

①取出"建筑工程单项概(预)算表",按规定填好表头。

②根据工程项目,划分工作项目,选取定额编号、名称、单位、单价、单位质量。把"工、料、机数量计算表"中的定额编号、工程项目、单位工程数量分别填入"建筑工程单项概(预)算表"相应项目内。

③把各工程项目的"定额分析"单价、重量分别填入"单项概(预)算表"中单价和单位重栏内。

④用工程数量乘以工、料、机单价(基价)及单位重量即可求出工、料、机合价及合重;如采用调整系数法,则填写"调整系数计算表"求算调整系数、调整工料机费用小计。

⑤把单项概(预)算表中各工程项目的合价及合重累加,即可得出定额直接费用及材料总重。

⑥计算运杂费。

a. 综合平均运杂费单价计算法:

运杂费 = 工程材料总质量(t) × 综合平均运杂费单价(元/t)

b. 单项平均运杂费单价计算法:

运杂费 = 某种(或类)材料总质量(t) × 该种(或类)材料平均运杂费单价(元/t)

c. 综合费率计算法:遇到一些难以估算重量的材料和设备时采用。

⑦计算人工费、材料费及施工机械使用费价差。

⑧汇总价差费用。

⑨计算填料费。

⑩汇总直接工程费。

⑪计算施工措施费。

⑫计算特殊施工增加费。

⑬汇总本单元单项概(预)算价值,求算综合指标。

⑭把若干小单元的单项概(预)算总价汇总为大单元单项概(预)算总价。

6)单项概(预)算计算程序

单项概(预)算计算程序如表3-27所示。

3.6.4 单项概(预)算编制

现有甘肃省白银地区新建铁路××线,线路全长44.179km,其中有盖板箱涵5座,全长62.20横延米,编制其单项概算。

基期的综合工费单价为20.35元/工日,编制期的综合工费单价为23.47元/工日。

基期材料价格采用铁建设〔2006〕129号文《铁路工程建设材料基期价格(2005年度)》,编制期主要材料价格执行市场价格。价差系数执行铁路工程建设上一年度辅助材料价差系数,涵洞工程为 1.193。该盖板箱涵工程的单项概算编制方法如表 3-28 所示。

单项概(预)算计算程序　　　　　　　　　　　　　　　表 3-27

代　号	项　目			说明及计算式
1	基期人工费			按设计工程量和基期价格水平计列
2	基期材料费			
3	基期施工机械使用费			
4	定额直接工程费			1 + 2 + 3
5	运杂费			指需单独计列的运杂费
6	价差	人工费价差		基期和编制期价差按有关规定计列
7		材料费价差		
8		施工机械使用费价差		
9	价差合计			6 + 7 + 8
10	填料费			按设计数量和购买价计算
11	直接工程费			4 + 5 + 9 + 10
12	施工措施费			(1 + 3) × 费率
13	特殊施工增加费			(编制期人工费 + 编制期施工机械费) × 费率或编制期人工费 × 费率
14	直接费			11 + 12 + 13
15	间接费			(1 + 3) × 费率
16	税金			(14 + 15) × 费率
17	单项概(预)算价值			14 + 15 + 16

注：表中直接费未含大型临时设施和过渡工程，大型临时设施和过渡工程需单独编制单项概(预)算，其计算程序见相关规定。

单　项　概　算　表　　　　　　　　　　　　　　　　表 3-28

建设名称	××新建铁路	预算编号	(××)单-06
工程名称	盖板箱涵工程	工程总量	62.2 横延米
工程地点	DK29 + 418 ~ DK73 + 597	预算价值	814232 元
所属章节	第三章第九节	预算指标	13090.55 元/横延米

单价编号	工作项目或费用名称	单位	数量	费用(元)	
				单价	合价
QY-1	人力挖土方人力提升　基坑深不大于 1.5m 无水	10m³	60	53.01	3180
QY-3	人力挖土方人力提升　基坑深不大于 3m 无水	10m³	26	67.34	1751
QY-815	涵洞基础混凝土 C20	10m³	24.75	1490.68	36894
QY-816	涵洞基础　钢筋	t	26.192	3573.28	93591
QY-823	中边墙　混凝土 C20	10m³	46.04	1864	85819
QY-833	盖板箱涵　预制箱涵盖板　混凝土 C20	10m³	15.01	2527.96	37945
QY-834	盖板箱涵　预制箱涵盖板　钢筋	t	19.115	3757.17	71818

续上表

单价编号	工作项目或费用名称	单位	数量	费用(元) 单价	费用(元) 合价
QY-835	盖板箱涵 盖板安砌 M10 钢筋混凝土盖板	10m³	15.01	300.45	4510
QY-1028	冷作式防水层 THF-I(甲)	10m²	42.09	505.42	21273
QY-1049	伸缩缝、沉降缝 黏土	10m²	30.2	29.17	881
QY-45	基坑回填 原土	10m³	26	57.17	1486
QY-1080	桥头检查台阶 浆砌片石 M10	10m³	2.47	835.65	2067
QY-1059	浆砌片石 锥体护坡 M10	10m³	42.07	864.14	36355
QY-1063	浆砌片石 河床护坡及导流堤 M10	10m³	52.8	770.13	40663
一	定额直接工程费	元			438233
	基期人工费	元			85034
	基期材料费	元			342283.4
	主要材料费	元			314669.06
	水电、燃油料费,非机械台班用	元			391.43
	其他材料费	元			27222.88
	基期机械使用费	元			10915.5
二	运杂费	元	4902.209	15.89	77891
	价差	元			199177
	人工费价差	元	4178.57	3.12	13037
三	主要材料价差	元			177768
	其他材料价差	元	27222.88	0.193	5254
	机械使用费价差	元			3117
五	直接工程费	元			715301
六	施工措施费	%	95950	23.5	22548
七	特殊施工增加费	元			
八	直接费	元			737849
九	间接费	%	95950	52.1	49990
十	税金	%	787839	3.35	26393
	以上合计				814232
	单项概(预)算总额	元		814232	

编制:　　　　　　　　　复核:　　　　　　　　　负责人:

3.6.5 综合概(预)算编制

综合概(预)算是概预算文件的基本文件,所有的工程项目、数量、概算费用都要在综合概预算表中反映出来,如表 3-29 所示。

综合概(预)算是在单项概(预)算的基础上编制的,它依据《铁路基本建设工程设计概(预)算编制办法》规定的"综合概(预)算章节表"的顺序和章节汇编,是编制总概(预)算表的基础。"综合概(预)算章节表"中的章节顺序及工程名称不应改动，没有费用的章节其章别、节号应保留，作为空项处理。工程细目可根据实际情况增减，其序号按增减后的序号连号填写。

××建设项目综合概算表

表3-29

第 页共 页

工程名称	新建铁路××线	编制范围	DK29+418～DK73+597	编号	(××)综-01
工程总量	44.179 正线公里	概算总额	103921.7万元	技术经济指标	2352.29万元/正线公里

章别	节号	概算编号	工程及费用名称	单位	数量	概算价值(万元)				指标(元)
						I 建筑工程	II 安装工程	III 设备工器具	IV 其他费	合计	
			第一部分:静态投资	元						839007369	
一	1		拆迁及征地费用	元	44.179	22505893			13668120	36174013	818805.6
			一、拆迁工程	元		22505893				22505893	
			I 建筑工程	元		22505893				22505893	
			(一)拆迁建筑物	元		11738273				11738273	
			(二)改移道路	元		3948518				3948518	
			(三)迁移通信线路	元		660000				660000	
		……				…	…	…	…	…	
		……				…	…	…	…	…	
十五	33		机车车辆购置费	元				70000000			
			第四部分:铺底流动资金	元						2650735	
十六	34		铺底流动资金	元						2650735	
			概算总额	正线公里						1039217177	23522876.9

编制：　　　　　　　　　　年　月　日　　　　复核：　　　　　　　　　年　月　日
项目总工程师：　　　　　　年　月　日

3.6.6 总概(预)算编制

总概(预)算具有归类汇总性质,如表 3-30 所示。它必须在综合概(预)算完成后才能编制。当综合概(预)算完成后,按照前述四部分十六章的费用规划方法,填在"总概算表"中。沿表的横向根据综合概(预)算不同费用性质分别填建筑工程、安装工程、设备工器具、其他费 4 项费用,然后计算"合计"、"技术经济指标"和"费用比重"。"技术经济指标"指单位工程量(正线公里)所含某章的费用值,即等于各对应"合计"值与工程总量的比值;"费用比重"指各章费用占概算总额的百分比,即等于各对应"合计"值与概算总额之比。沿表纵向计算"四部分合计",并填入对应概算总额栏中。

最后,填写总概(预)算表的表头,并请相关责任人在表尾签字,总概算表编制即告结束。

××建设项目总概算表　　　　　　　　表 3-30

第　页共　页

工程名称	新建铁路××线	编制范围	DK29+418～DK73+597			编　号		(××)综-01	
工程总量	44.179 正线公里	概算总额	103921.7 万元			技术经济指标		2352.29 万元/正线公里	

章别	工程及费用名称	概算价值(万元)					技术经济指标(万元)	费用比例(%)
		I 建筑工程	II 安装工程	III 设备工器具	IV 其他费	合计		
	第一部分:静态投资					83900.7	1899.11	80.73
一	拆迁及征地费用	2250.6			1366.8	3617.4	81.88	3.48
二	路基	1264.6				1264.6	28.62	1.22
三	桥涵	21916.1				21916.1	496.08	21.09
四	隧道及明洞	35763.5				35763.5	809.51	34.41
五	轨道	5502.6				5502.6	124.55	5.29
六	通信及信号	451.1	34.4	66.2		551.8	12.49	0.53
七	电力及电力牵引供电	162.1	23.1	19.5		204.7	4.63	0.20
八	房屋	259.1	0.2	1.2		260.5	5.90	0.25
九	其他运营生产设备及建筑物	269.2	3.8	311.6		584.6	13.23	0.56
十	大临和过渡工程	3509.0				3509.0	79.43	3.38
十一	其他费用			6.7	6724.0	6730.7	152.35	6.48
	以上各章合计	71348.4	61.5	404.7	8090.7	79905.5	1808.68	76.89
十二	基本预备费					3995.3	90.43	3.84

续上表

章别	工程及费用名称	概算价值(万元)				技术经济指标（万元）	费用比例（%）
		I 建筑工程	II 安装工程	III 设备工器具	IV 其他费	合计	
	第二部分:动态投资					12755.9	288.73	12.27
十三	工程造价增涨预留费					7803.9	176.64	7.51
十四	建设期投资贷款利息					4952.0	112.09	4.77
	第三部分:机车车辆购置费					7000.0	158.45	6.74
十五	机车车辆购置费					7000.0	158.45	6.74
	第四部分:铺底流动资金					265.1	6.00	0.26
十六	铺底流动资金					265.1	6.00	0.26
	概算总额					103921.7	2352.29	100.00

编制：　　　　　　　　　　年　月　日　　　　复核：　　　　　　　　　　年　月　日
项目总工程师：　　　　　　年　月　日

铁路工程概预算编制案例详见附录3。

单元小结

本章着重讲述了铁路工程概(预)算费用的组成及其计算的方法。特别在概预算费用组成及其计算方法上采用图表、公式、实例等手段，使复杂难懂的知识点，简单化、明朗化，为学生适应社会的需要，从事"造价员、施工员、监理员"工作打下一个良好的知识基础。

【拓展阅读】

建筑安装工程费用的组成

建设部[1]财政部关于印发《建筑安装工程费用项目组成》的通知

建标〔2003〕206号

各省、自治区建设厅、财政厅，直辖市建委、财政局，国务院有关部门：

　　为了适应工程计价改革工作的需要，按照国家有关法律、法规，并参照国际惯例，在总结建设部、中国人民建设银行《关于调整建筑安装工程费用项目组成的若干规定》(建标〔1993〕894号)执行情况的基础上，我们制订了《建筑安装工程费用项目组成》(以下简称《费用项目组成》)，现印发给你们。为了便于各地区、各部门做好《费用项目组成》发布后的贯彻实施工作，现将新的建筑安装工程费用的组成通知如下，如图3-13所示。

---

[1] 现住房和城乡建设部。

单元3 铁路工程概(预)算编制

图3-13 建筑安装工程费用的组成

练 习 题

3-1 为什么铁路运杂费需要单独计算？如何进行计算？

3-2 铁路建筑安装工程相关费用的计算公式是什么？

3-3 如何计算设备及工(器)具购置费用？

3-4 铁路工程建设其他费用包括哪些内容？

3-5 什么是大型临时设施和过渡工程？如何计算该项费用？

单元 4　公路工程概(预)算编制方法

引子

公路工程概(预)算是反映建设项目设计内容全部费用的经济文件,它不仅为控制工程造价、办理工程价款的拨付和结算提供依据,而且更重要的是可以促进设计部门提高设计水平,改进设计方案,促进施工企业搞好经济核算和企业管理。因此,概(预)算的编制是工程造价管理工作的重要环节。不断提高概(预)算的编制质量,对加强公路基本建设管理、核算和监督都具有十分重要的意义。

4.1　公路工程概(预)算费用组成

4.1.1　公路工程概算项目组成

公路建设工程从筹建至竣工、验收、交付使用的全过程需要的建设费用是由建筑安装工程、设备及工具、器具购置费和工程建设其他费用三部分组成。其中设备及工具、器具购置费是一般工业部门生产的产品,购置活动属于价值转移性质;而工程建设其他费用多为费用性质的支付。这两部分费用可分别按国家规定的有关费用标准和相应的产品价格直接计算,较易确定。但是,建筑安装工程则不同,要从基本的分项工程的各项消耗开始逐步扩大计算,其中包括直接、间接的消耗和建安工人为社会所创造的价值,公路工程概(预)算价值的主要组成部分是建筑安装工程的概(预)算价值。在一定意义上讲,编制公路工程概(预)算,主要是编制建筑安装工程概(预)算,它是编制公路工程概(预)算的关键。

建筑安装工程是由相当数量的分项工程组成的庞大复杂的综合体,直接计算出它的全部人工、材料和机械台班的消耗量及价值,是一项极为困难的工作。为了准确无误地计算和确定建筑安装工程的造价,必须对公路基本建设工程项目进行科学的分析与分解,使之有利于公路工程概(预)算的编审,以及公路基本建设的计划、统计、会计和基建拨款贷款等各方面的工作,同时,也是为了便于同类工程之间进行比较和对不同分项工程进行技术经济分析,使编制概(预)算项目时不重不漏,保证质量,必须对概(预)算项目的划分、排列顺序及内容做出统一规定,这就形成了公路工程概(预)算项目表。

公路工程概(预)算项目主要包括以下内容:

第一部分　建筑安装工程

第一项　临时工程;

第二项　路基工程;

第三项　路面工程;

第四项　桥梁涵洞工程;

第五项　交叉工程;

第六项　隧道工程;

第七项　公路设施及预埋管线工程;

第八项　绿化及环境保护工程;

第九项　管理、养护及服务房屋。

第二部分　设备及工具、器具购置费

第三部分　工程建设其他费用

第四部分　预备费

项目表的详细内容见《公路工程基本建设项目概算预算编制办法》(JTG B06—2007)。

4.1.2　编制项目注意事项

①概(预)算项目应按项目表的序列及内容编制,如实际出现的工程和费用项目与项目表的内容不完全相符,一、二、三部分和"项"的序号应保留不变,"目"、"节"、"细目"可随需要增减,并按项目表的顺序以实际出现的"目"、"节""细目"依次排列,不保留缺少的"目"、"节"、"细目"序号。如第二部分,设备、工具、器具购置费在该项工程中不发生时,第三部分工程建设其他费用仍为第三部分。同样,路线工程第一部分第六项为隧道工程,第七项为公路设施及预埋管线工程,若路线中无隧道工程项目,但其序号仍保留,公路设施及预埋管线工程仍为第七项。但如"目"、"节"或"细目"发生该种情况时,可依次递补改变序号。

②路线建设项目中的互通式立体交叉、辅道、支线,如工程规模较大时,也可按概(预)算项目表单独编制建筑安装工程,然后将其概(预)算建安工程总金额列入路线的总概(预)算表中相应的项目内。

4.1.3　公路工程概(预)算费用组成

根据《公路工程基本建设项目概算预算编制办法》(JTG B06—2007)的规定,公路工程概(预)算费用由建筑安装工程费,设备、工具、器具及家具购置费,工程建设其他费用,预留费用共四大部分费用组成,如图4-1所示。

4.2　公路工程概算费用计算方法

4.2.1　建筑安装工程费

建筑安装工程费是指概(预)算中直接用于构成工程实体的费用。该项费用包括直接费、间接费、利润及税金四部分组成。其中直接费计算是关键和核心,其他三部分费用则分别以规定的基数按各自的百分率计算取费。

1)直接费

直接费由直接工程费和其他工程费组成。

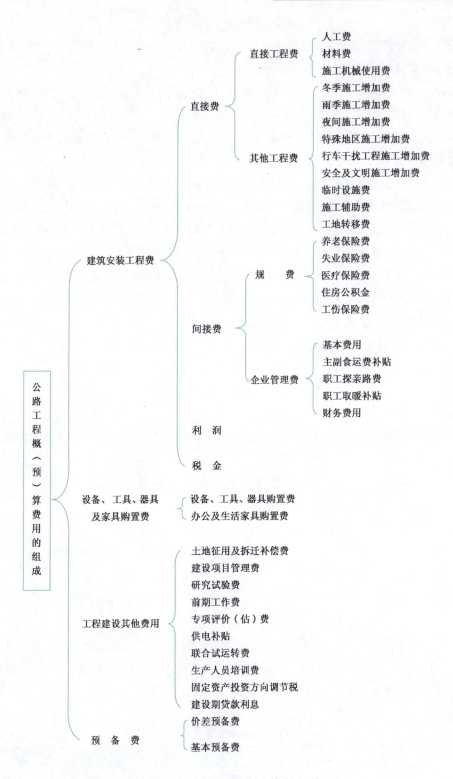

图 4-1 公路工程概(预)算费用组成

（1）直接工程费

直接工程费是指施工过程中耗费的构成工程实体和有助于工程形成的各项费用，包括人工费、材料费、施工机械使用费。

①人工费。人工费系指列入概（预）算定额的直接从事建筑安装工程施工的生产工人开支的各项费用，内容包括：

a. 基本工资：系指发放给生产工人的基本工资，流动施工津贴和生产工人劳动保护费。以及为职工缴纳的养老、失业、医疗保险费和住房公积金等。

生产工人劳动保护费系指按国家有关部门规定标准发放的劳动保护用品的购置费及修理费、徒工服装补贴、防暑降温费、在有碍身体健康环境中施工的保健费用等。

b. 工资性补贴：系指按规定标准发放的物价补贴，煤、燃气补贴，交通费补贴，地区津贴等。

c. 生产工人辅助工资：系指生产工人年有效施工天数以外非作业天数的工资，包括开会和执行必要的社会义务时间的工资，职工学习、培训期间的工资，调动工作、探亲、休假期间的工资，因气候影响停工期间的工资，女工哺乳期间的工资，病假在6个月以内的工资及产、婚、丧假期的工资。

d. 职工福利费：系指按国家规定标准计提的职工福利费。

人工费以概（预）算定额人工工日数乘以每工日人工费计算，其计算公式如下：

$$人工费 = \sum 定额人工工日数 \times 工程数量 \times 工资单价$$
$$= \sum 定额人工消耗量 \times 工资单价 \qquad (4\text{-}1)$$

式中：定额人工工日数——概算或预算定额人工工日数；

        工程数量——定额单位的倍数，根据设计图纸按工程量计算规则计算的定额单位工程数量；

        工资单价——工资单价仅作为编制概（预）算的依据，不作为施工企业实发工资的依据。

按下式计算：

$$工资单价(元/工日) = (生产工人基本工资 + 地区生活补贴 + 工资性津贴) \times (1 + 14\%) \times 12/240 \qquad (4\text{-}2)$$

式中：生产工人基本工资——按不低于工程所在地政府主管部门发布的最低工资标准的1.2倍计算，见表4-1；

        地区生活补贴——按国家规定的边远地区生活补贴、特区补贴计算；

        工资性津贴——物价补贴、煤、燃气补贴、交通补贴、住房补贴等；

        14%——国家规定的职工福利费；

        12——每年12个月。

生产工人基本工资表   表4-1

工资类别	六	七	八	九	十	十一
基本工资	230	235	246	251	262	268

以上各项标准由各省、自治区、直辖市公路(交通)工程造价(定额)管理站根据当地人民政府的有关规定核定后公布执行,并抄送交通运输部公路司备案。并应根据最低工资标准的变化情况及时调整公路工程生产工人工资标准。

②材料费。材料费系指施工过程中耗用的构成工程实体的原材料、辅助材料、构(配)件、零件、半成品、成品的用量和周转材料的摊销量,按工程所在地的材料预算价格计算的费用。

材料预算价格由材料原价、运杂费、场外运输损耗、采购及仓库保管费组成。

$$材料预算价格 = (材料原价 + 运杂费) \times (1 + 场外运输损耗率) \times (1 + 采购及保管费率) - 包装品回收价值 \quad (4-3)$$

a. 材料原价:各种材料原价按以下规定计算。

外购材料:国家或地方的工业产品,按工业产品出厂价格或供销部门的供应价格计算,并根据情况加计供销部门手续费和包装费。如供应情况、交货条件不明确时,可采用当地规定的价格计算。

$$外购材料原价 = 出厂价 + 供销手续费 + 包装费 \quad (4-4)$$

其中, $供销手续费 = 原价 \times 供销部门手续费率$ 或供销部门手续费

$$= 材料净重 \times 供销部门手续费(元/t)$$

供销部门手续费可参考表4-2取值。

供销部门手续费费率取值表 表4-2

序 号	材料名称	费 率(%)	备 注
1	金属材料	2.5	包括有色金属、黑色金属、生铁
2	木材	3.0	包括竹、胶合板
3	电器材料	1.8	—
4	化工材料	2.0	包括液体橡胶及制品
5	轻工产品	3.0	—
6	建筑材料	3.0	包括一、二、三类物质

包装费是指为便于材料的运输或保护材料不受损坏而进行包装所需要的费用,包括包装材料的折旧、摊销及水运、陆运中的支撑、篷布摊销等费用。凡由生产厂负责包装的,其包装费已计入材料原价内的,不另行计算包装材料费,并应扣回包装器材的回收价值。如用户自备周转使用包装容器的,按下列公式计算包装费:

$$包装费 = \frac{包装材料原价 \times (1 - 回收率 \times 回收残值率) + 使用期维修费}{周转使用次数 \times 包装器材标准容量} \quad (4-5)$$

地方性材料:包括外购的砂、石材料等,按实际调查价格或当地主管部门规定的预算价格计算。若品种规格与设计要求不符,需要加工改制时,可参考预算定额中"材料采集及加工"的规定,增加其改制加工的费用,作为供应价格。

自采材料:自采的砂、石、黏土等材料,按定额中开采单价加辅助生产间接费和矿产资源税

(如有)计算。若开采的料场需要开挖盖山土石方时,可将其综合分摊在料场价格内。发生的料场征地赔偿费和复耕费应计入征地补偿中。

材料原价应按实计取。各省、自治区、直辖市公路(交通)工程造价(定额)管理站应通过调查,编制本地区的材料价格信息,供编制概(预)算使用。

b. 运杂费:系指材料自供应地点至工地仓库(施工地点存放材料的地方)的运杂费用,包括装卸费、运费,如果发生,还应计囤存费及其他杂费(如过磅、标签、支撑加固、路桥通行等费用)。

材料的运输流程如图4-2所示。

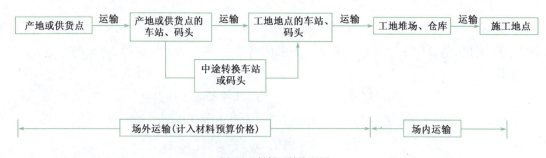

图4-2 材料运输流程图

材料运杂费在材料预算价格中占有很大的比例,其运输费用高与低,与材料供应地及运输方式的选择有密切关系。材料供应地一经确定,运输方式、运距也就随之确定了。材料供应地的选择要综合考虑可供量、供应价格、运输条件及运距长短等因素,进行经济比较后确定,以达到降低材料预算价格和工程造价的目的。

公路工程运杂费全部列入材料成本。通过铁路、水路和公路运输部门运输的材料,按铁路、航运和当地交通运输部门规定的运价计算运费。

施工单位自办的运输,单程运距15km以上的长途汽车运输按当地交通运输部门规定的统一运价计算运费;单程运距5~15km的汽车运输按当地交通运输部门规定的统一运价计算运费,当工程所在地交通不便、社会运输力量缺乏时,如边远地区和某些山区,允许按当地交通运输部门规定的统一运价加50%计算运费;单程运距5km及以内的汽车运输以及人力场外运输,按预算定额计算运费,其中人力装卸和运输另按人工费加计辅助生产间接费。

一种材料如有两个以上的供应点时,都应根据不同的运距、运量、运价采用加权平均的方法计算运费。

由于预算定额中汽车运输台班已考虑工地便道特点,以及定额中已计入了"工地小搬运"项目,因此平均运距中汽车运输便道里程不得乘调整系数,也不得在工地仓库或堆料场之外再加场内运距或二次倒运的运距。

有容器或包装的材料及长大轻浮材料,应按表4-3规定的毛重计算。桶装沥青、汽油、柴油按每t摊销一个旧汽油桶计算包装费(不计回收)。

单元4 公路工程概(预)算编制方法

材料毛重系数及单位毛重表 表4-3

材料名称	单位	毛重系数	单位毛重
爆破材料	t	1.35	—
水泥、块状沥青	t	1.01	—
铁钉、铁件、焊条	t	1.10	—
液体沥青、液体燃料、水	t	桶装1.17,油罐车装1.00	—
木料	m³	—	1.000t
草袋	个	—	0.004t

c. 场外运输损耗:系指有些材料在正常运输过程中发生的损耗,这部分损耗应摊入材料单价内。

$$场外运输损耗 = (材料的供应价格 + 运杂费) \times 场外运输损耗率 \quad (4-6)$$

材料场外运输操作损耗率见表4-4。

材料场外运输操作损耗率表(%) 表4-4

材料名称		场外运输(包括一次装卸)	每增加一次装卸
块装沥青		0.5	0.2
石屑、碎砾石、砂砾、煤渣、工业废渣、煤		1.0	0.4
砖、瓦、桶装沥青、石灰、黏土		3.0	1.0
草皮		7.0	3.0
水泥	袋装	1.0	0.4
	散装	1.0	0.4
砂	一般地区	2.5	1.0
	多风地区	5.0	2.0

注:汽车运水泥如运距超过500km时,增加损耗率,袋装为0.5%。

d. 材料采购及保管费:系指材料供应部门(包括工地仓库以及各级材料管理部门)在组织采购、供应和保管材料过中,所需的各项费用及工地仓库的材料储存损耗。

材料采购及保管费,以材料的原价加运杂费及场外运输损耗的合计数为基数,乘以采购保管费率计算。材料的采购及保管费费率为2.5%。

$$采购及保管费 = (材料供应价格 + 运杂费 + 场外运输损耗) \times 采购保管费率 \quad (4-7)$$

外购的构件、成品及半成品的预算价格,其计算方法与材料相同,但构件(如外购的钢桁梁、钢筋混凝土构件及加工钢材等半成品)的采购保管费率为1%。

商品混凝土预算价格的计算方法与材料相同,但其采购保管费率为0。

将以上①、②、③、④项的内容汇总,按以下公式即可算出材料预算价格。

$$则材料费 = \Sigma(某种材料数量 \times 相应的材料预算单价) \quad (4-8)$$

其中, 某种材料数量 = 使用此种材料的工程数量 × 相应的材料消耗定额在确定材料数量时,应注意概(预)算定额中工程数量及材料用量的有关说明。

③施工机械使用费。施工机械使用费系指列入概(预)算定额的施工机械台班数量,按相应的机械台班费用定额计算的施工机械使用费和小型机具使用费。

$$施工机械使用费 = [\Sigma(台班定额 \times 台班单价) + 小型机具使用] \times 工程数量 \quad (4-9)$$

施工机械台班单价应按交通运输部公布的现行《公路工程机械台班费用定额》(JTG/T B06-3—2007)计算。台班单价由不变费用和可变费用组成。不变费用包括折旧费、大修理费、经常修理费、安装拆卸及辅助设施费等;可变费用包括机上人员人工费、动力燃料费、养路费及车船使用税。可变费用中的人工工日数及动力燃料消耗量,应以机械台班费用定额中的数值为准。台班人工费工日单价同生产工人人工费单价。动力燃料费用则按材料费的计算规定计算。

a. 当工程用电为自行发电时,电动机械每千瓦时(kW·h)电的单价可由下述公式近似计算:

$$A = 0.24 \frac{K}{N} \quad (4-10)$$

式中:A——每千瓦时电单价(元);

K——发电机组的台班单价(元);

N——发电机组的总功率(kW)。

§例4-1§ 自发电预算价格的计算示例

湖南某工程施工用电采用自发电,拟采用250kW的柴油发电组发电,已知人工单价45.45元/工日,柴油预算价格为4.9元/kg,试确定电的预算价格。

解 ①确定发电机组的台班预算价格:

根据《公路工程机械台班费用定额》得:不变费用为433.53元/台班,人工为2工日,柴油为291.21 kg。则:

$$可变费用 = 2 \times 45.45 + 291.21 \times 4.9 = 1517.83 \text{ 元}$$

$$台班预算价格 = 433.53 + 1517.83 = 1951.36 \text{ 元/台班}$$

②按公式计算电的预算价格:

$$0.24 \times K/N = 0.24 \times 1951.36/250 = 1.87 \text{ 元/台班}$$

b. 当工程用电采用电网供电时,则应计算电能损耗。

如从施工主降压变压器的高压侧按电表计量收费时,要计算变配设备和配电线路的损耗,一般为6%~10%。线路质量好,供电距离短,用电负荷比较均匀,采用低限值,反之取高限值。

若从电网供电变电站出线侧计量收费时,则还应计算主变压器高压侧的高压线路(35kV·A及以上的电压等级)的损耗,一般为4%~6%。

当两者都要计算时,其综合电能损耗应按17%计算。

c. 当同时使用自发电和电网供电时,可按各自供电的电动机械的总功率所占的比重计算综合电价，也可将各自供电时间的长短作为计算综合电价的依据。

d. 运输机械的养路费、车船使用税和保险费，应按当地政府规定的征收范围和标准计算，其计算公式如下：

$$台班养路费、车船使用税和保险费 = (养路费 \times 吨位 \times 12 + 车船使用税 \times 吨位 + 保险费) \div 年工作台班 \qquad (4-11)$$

年工作台班可参考表4-5数据计算。

年工作台班参考表　　　　　　　　　　　　　　表4-5

机 械 种 类	年工作台班
沥青洒布车、汽车式画线车	150台班
平板拖车组	160台班
机动翻斗车、载货汽车	220台班
液态沥青运输车、散装水泥运输车、混凝土输送泵车、自卸汽车、运油汽车、洒水汽车、内燃拖轮等	200台班
工程驳船	230台班

(2) 其他工程费

其他工程费系指直接工程费以外施工过程中发生的直接用于工程的费用。内容包括冬季施工增加费、雨季施工增加费、夜间施工增加费、特殊地区施工增加费、行车干扰施工增加费、安全及文明施工措施费、临时设施费、施工辅助费、工地转移费等九项。公路工程中的水、电费及因场地狭小等特殊情况而发生的材料二次搬运等其他工程费已包括在概(预)算定额中，不再另计。

①冬季施工增加费。冬季施工增加费系指按照公路工程施工及验收规范所规定的冬季施工要求，为保证工程质量和安全生产所需采取的防寒保温设施、工效降低和机械作业率降低以及技术操作过程的改变等所增加的有关费用。

冬季施工增加费的内容：

a. 因冬季施工所需增加的一切人工、机械与材料的支出。

b. 施工机具所需修建的暖棚(包括拆、移)，增加油脂及其他保温设备费用。

c. 因施工组织设计确定，需增加的一切保温、加温及照明等有关支出。

d. 与冬季施工有关的其他各项费用，如清除工作地点的冰雪等费用。

冬季气温区的划分：

冬季气温区的划分是根据气象部门提供的满15年以上的气温资料确定的。每年秋冬第一次连续5天出现室外日平均温度在5℃以下、日最低温度在-3℃以下的第一天算起，至第二年春夏最后一次连续5天出现同样温度的最末一天止为冬季期。冬季期内平均气温在-1℃以上者为冬一区，-1~-4℃者为冬二区，-4~-7℃者为冬三区，-7~-10℃者为冬四区，-10~-14℃者为冬五区，-14℃以下者为冬六区。冬一区内平均气温低于0℃的连续天数在 70 天以内的为 I 副区,70 天以上的为 II 副区;冬二区内平均气温低于 0℃ 的连续天数在 100 天以内的为 I 副区,100 天以上的为 II 副区。

气温高于冬一区,但砖石、混凝土工程施工须采取一定措施的地区为准冬季区。准冬季区分两个副区,简称准一区和准二区。凡一年内日最低气温在 0℃ 以下的天数多于 20 天,日平均气温在 0℃ 以下的天数少于 15 天的为准一区,多于 15 天的为准二区。

全国各地的冬季区划分见表 4-6。若当地气温资料与表 4-6 中划定的冬季气温区划分有较大出入时,可按当地气温资料及上述划分标准确定工程所在地的冬季气温区。

全国冬季施工气温区划分表 表 4-6

省、自治区、直辖市	地区、市、自治州、盟(县)	气 温 区	
内蒙古	呼和浩特(托克托)、乌海、包头市(固阳除外)、乌兰察布(清水河、和林格尔、凉城、丰镇、兴和)、巴彦淖尔(乌拉特中、后旗除外)、伊克昭、阿拉善盟(北纬40°以南)	冬三	
	呼和浩特(托克托除外)、赤峰、包头市(固阳)、哲里木、锡林郭勒(镶黄旗、正镶白旗、正蓝旗一带及以南)、乌兰察布(冬三区各地除外)、巴彦淖尔(乌拉特中、后旗)、阿拉善盟(北纬40°以北)	冬四	
	呼伦贝尔盟(莫力达瓦、阿荣旗、扎兰屯市)、兴安、锡林郭勒(冬四区以外各地)	冬五	
	呼伦贝尔盟(冬五区以外各地)	冬六	
山西	运城地区	冬一	II
	阳泉(盂县除外)、长治(黎城)、晋城市(沁水、阳城)、临汾地区(洪洞、临汾、襄汾、翼城、侯马)	冬二	I
	太原(娄烦除外)、阳泉(盂县)、长治(黎城除外)、晋城市(沁水、阳城除外),晋中(寿阳、和顺、左权除外)、吕梁(离石及以北除外)、临汾地区(洪洞、临汾、襄汾、翼城、侯马除外)	冬二	II
	吕梁(离石及以北)、忻州、晋中(寿阳、和顺、左权)、雁北地区(左云、右玉除外)、大同、朔州、太原市(娄烦)	冬三	
	雁北地区(左云、右玉)	冬四	
河北	石家庄、邢台、邯郸、衡水地区(衡水及以北除外)	冬一	II
	廊房、保定(涞源及以北除外)、衡水地区(衡水及以北)	冬二	I
	唐山、秦皇岛市	冬二	II
	承德(围场除外)、张家口(沽源、张北、尚义、康保除外)、保定地区(涞源及以北)	冬三	
	承德(围场)、张家口地区(沽源、张北、尚义、康保)	冬四	
北京	全境	冬二	I
天津	全境	冬二	I
辽宁	大连市(庄河除外)	冬二	I
	沈阳、阜新、本溪(桓仁除外)、鞍山、丹东(宽甸除外)、营口、锦州、辽阳、大连(庄河)、抚顺(抚顺县)、锦西、朝阳、盘锦市	冬三	
	抚顺(抚顺县)、本溪(桓仁)、丹东(宽甸)、铁岭市	冬四	

续上表

省、自治区、直辖市	地区、市、自治州、盟(县)	气 温 区	
吉林	长春、四平、通化(辉南除外)、辽源、浑江市(靖宇、抚松除外)、延边自治州(汪清、敦化及以北除外)、白城地区(长岭、通榆)	冬四	
	吉林、通化(辉南)、浑江市(靖宇、抚松除外)、延边自治州(汪清、敦化及以北)、白城地区(长岭、通榆除外)、榆树市	冬五	
黑龙江	牡丹江(东宁)、绥芬河市	冬四	
	鹤岗、双鸭山、鸡西、齐齐哈尔、大庆、伊春(嘉荫除外)、牡丹江(东宁除外)、合江、松花江、黑河(讷河及以北除外)、绥化地区	冬五	
	伊春市(嘉荫)、大兴安岭、黑河地区(讷河及以北)	冬六	
上海	全境	准二	
江苏	徐州、连云港市	冬一	I
	南京、无锡、常州、淮阴、盐城、扬州、南通、镇江、苏州	准二	
安徽	淮北市、宿县(宿县及以北)、阜阳地区(亳州)	冬一	I
	安庆市、池州地区	准一	
	合肥、蚌埠、马鞍山、铜陵、芜湖、淮南市、巢湖、滁县、六安、阜阳(亳州除外)、宿县(宿县及以北除外)	准二	
山东	济南、青岛、淄博、枣庄、日照、潍坊、东营、泰安、济宁市、德州(德州及以北地区除外)、惠民(惠民、滨县及以北除外)、临沂、菏泽、聊城地区	冬一	II
	烟台、威海市、德州(德州及以北)、惠民(惠民、滨县及以北)	冬二	I
浙江	杭州、嘉兴、绍兴、宁波、湖州、衢州、舟山、金华市、台州、丽水地区	准一	
江西	南昌、萍乡、景德镇、九江、新余市、上饶、抚州、宜春地区	准一	
福建	南平、宁德地区(寿宁、周宁、屏南)	准一	
湖南	全境	准一	
湖北	武汉、黄石、沙市、荆门、鄂州市、宜昌、咸宁、黄冈、荆州地区	准一	
	孝感、郧阳地区、十堰、襄樊市、神农架林区	准二	
河南	商丘、周口地区(西华、淮阳、鹿邑及以北)、新乡、三门峡、洛阳、郑州、鹤壁、焦作、濮阳市	冬一	I
	安阳市	冬二	II
	驻马店、信阳、南阳、周口地区(西华、淮阳、鹿邑及以北除外)、平顶山、漯河、许昌市	准二	
四川	阿坝(北纬32°以南)、甘孜自治州(康定、九龙)	冬一	II
	阿坝(北纬32°以南及阿坝、若尔盖除外)、甘孜自治州(康定、九龙、石渠、邓柯、色达除外)	冬二	II
	阿坝(阿坝、若尔盖)、甘孜自治州(石渠、邓柯、色达)	冬三	
	绵阳市、凉山自治州	准一	
贵州	遵义(赤水除外)、安顺地区、贵阳、六盘水市	准一	
	毕节地区	准二	

续上表

省、自治区、直辖市	地区、市、自治州、盟(县)	气温区	
云南	迪庆自治州(维西除外)	冬一	Ⅱ
	东川市、丽江、曲靖地区(会泽、宣威)	准一	
	昭通地区、迪庆自治州(维西)	准二	
陕西	西安、宝鸡、渭南、咸阳市(彬县、旬邑、长武除外),汉中地区(留坝、佛坪)	冬一	Ⅰ
	铜川、咸阳市(彬县、旬邑、长武)	冬一	Ⅱ
	延安(吴旗除外)、榆林地区(清涧)	冬二	Ⅱ
	榆林(清涧除外)、延安地区(吴旗)	冬三	
	商洛、安康、汉阳地区(留坝、佛坪除外)	准二	
甘肃	陇南地区(两当、徽县)	冬一	Ⅱ
	兰州、天水、白银市(会宁)、定西、平凉、庆阳、陇南地区(两当、徽县、武都、成县、文县、康县除外)、临夏、甘南自治州(舟曲)	冬二	Ⅱ
	嘉峪关、金昌、白银市(会宁除外)、酒泉、张掖、武威地区、甘南自治州(舟曲除外)	冬三	
	陇南地区(武都、成县、文县、康县)	准二	
宁夏	全境	冬三	
青海	海东地区(民和)	冬二	Ⅱ
	海东地区(民和除外)、海北(海晏)、海南、黄南、海西(都兰、乌兰、天峻及以东和格尔木)、果洛(玛多 陈除外)、玉树自治州(囊谦、杂多、称多、玉树),西宁市	冬三	
	海北(海晏、托勒除外)、海西(冬三区以外各地)、果洛(玛多)、玉树自治州(冬三区以外各地)	冬四	
	海西(格尔木市辖唐古拉山区)、海北自治州(托勒)	冬五	
新疆	和田、喀什地区(塔什库尔干除外)、克孜勒苏自治州(阿克陶、阿图什)	冬二	Ⅰ
	吐鲁番、阿苏克、哈密地区(哈密、伊吾)、克孜勒苏(阿克陶、阿图什除外)、巴音郭楞、伊犁自治州(直辖行政单位)	冬三	
	克拉玛依、石河子、乌鲁木齐市、塔城、哈密(巴里坤)、喀什地区(塔什库尔干)、昌吉(奇台除外)、博尔塔拉自治州	冬四	
	阿勒泰地区(富蕴、青河除外)、昌吉自治州(奇台)	冬五	
	阿勒泰地区(富蕴、青河)	冬六	
西藏	拉萨市(堆隆德庆、林周、尼木、当雄除外),昌都(边坝、丁青、洛隆、类乌齐除外)、山南(浪卡子、措美、隆及以南除外)、日喀则(聂拉木)、林芝地区	冬一	Ⅱ
	拉萨市(堆隆德庆、林周、尼木)、山南(浪卡子、措美、隆及以南)、昌都(边坝、丁青、洛隆、类乌齐)、日喀则地区(昂仁、定日以西除外)	冬二	Ⅱ
	拉萨市(当雄)、山南(错那)、那曲(巴青、索县、比如、嘉黎、申扎)、日喀则地区(昂仁、定日以西、聂拉木除外)	冬三	
	那曲(班戈、那曲、聂荣、安多)、阿里地区	冬四	

注:表中行政区划以2006年地图出版社出版的《中华人民共和国行政区简册》为准。为避免繁冗,各民族自治州名称亦作简化,如青海省的"海西蒙古族、藏族、哈萨克自治州"简化"海西自治州"。

冬季施工增加费的计算方法,是根据各类工程的特点,规定各气温区的取费标准。为了简化计算手续,采用全年平均摊销的方法,即不论是否在冬季施工,均按规定的取费标准计取冬季施工增加费。一条路线穿过两个以上的气温区时,可分段计算或按各区的工程量比例求得全线的平均增加率,计算冬季施工增加费。

冬季施工增加费以各类工程的直接工程费之和为基数,按工程所在地的气温区选用表4-7的费率计算,即:

$$冬施费 = \sum 该工程的直接工程费 \times 相关冬施费率(\%) \tag{4-12}$$

公路工程冬季施工增加费费率表(单位:%)   表4-7

工程类别	气温区 冬季期平均温度(℃)								准一区	准二区
	-1以上		-1～-4		-4～-7	7～-10	-10～-14	-14以下		
	冬一区		冬二区		冬三区	冬四区	冬五区	冬六区		
	Ⅰ	Ⅱ	Ⅰ	Ⅱ						
人工土方	0.28	0.44	0.59	0.76	1.44	2.05	3.07	4.61	—	—
机械土方	0.43	0.67	0.93	1.17	2.21	3.14	4.71	7.07	—	—
汽车运土	0.08	0.12	0.17	0.21	0.40	0.56	0.84	1.27	—	—
人工石方	0.06	0.10	0.13	0.15	0.30	0.44	0.65	0.98	—	—
机械石方	0.08	0.13	0.18	0.21	0.42	0.61	0.91	1.37	—	—
高级路面	0.37	0.52	0.72	0.81	1.48	2.00	3.00	4.50	0.06	0.16
其他路面	0.11	0.20	0.29	0.37	0.62	0.80	1.20	1.80	—	—
构造物Ⅰ	0.34	0.49	0.66	0.75	1.36	1.84	2.76	4.14	0.06	0.15
构造物Ⅱ	0.42	0.60	0.81	0.92	1.67	2.27	3.40	5.10	0.08	0.19
构造物Ⅲ	0.83	1.18	1.60	1.81	3.29	4.46	6.69	10.03	0.15	0.37
技术复杂大桥	0.48	0.68	0.93	1.05	1.91	2.58	3.87	5.81	0.08	0.21
隧道	0.10	0.19	0.27	0.35	0.58	0.75	1.12	1.69	—	—
钢材及钢结构	0.02	0.05	0.07	0.09	0.15	0.19	0.29	0.43	—	—

表4-7中工程类别是按如下规定进行划分的:

a. 人工土方:指人工施工的路基、改河等土方工程,以及人工施工的砍树、挖根、除草、平整场地、挖盖山土等工程项目,并适用于无路面的便道工程。

b. 机械土方:指机械施工的路基、改河等土方工程,以及机械施工的砍树、挖根、除草等工程项目。

c. 汽车运输:指汽车、拖拉机、机动翻斗车等运送的路基、改河土(石)方、路面基层和面层混合料、水泥混凝土及预制构件、绿化苗木等。

d. 人工石方:指人工施工的路基、改河等石方工程,以及人工施工的挖盖山石项目。

e. 机械石方:指机械施工的路基、改河等石方工程(机械打眼即属机械施工)。

f. 高级路面:指沥青混凝土路面、厂拌沥青碎石路面和水泥混凝土路面的面层。

g. 其他路面:指除高级路面以外的其他路面面层,各等级路面的基层、底基层、垫层、透层、黏层、封层,采用结合料稳定的路基和软土等特殊路基处理等工程,以及有路面的便道工程。

h. 构造物Ⅰ:指无夜间施工的桥梁、涵洞、防护(包括绿化)及其他工程,交通工程及沿线设施工程[设备安装及金属标志牌、防撞钢护栏、防眩板(网)、隔离栅、防护网除外],以及临时工程中的便桥、电力电信线路、轨道铺设等工程项目。

i. 构造物Ⅱ:指有夜间施工的桥梁工程。

j. 构造物Ⅲ:指商品混凝土(包括沥青混凝土和水泥混凝土)的浇筑和外购构件及设备的安装工程。商品混凝土和外购构件及设备不作为其他工程费和间接费的计算基数。

k. 技术复杂大桥:指单孔跨径在120m以上(含120m)和基础水深在10m以上(含10m)的大桥主桥部分的基础、下部和上部工程。

l. 隧道:指隧道工程的洞门及洞内土建工程。

m. 钢材及钢结构:指钢桥及钢索吊桥的上部构造,钢沉井、钢围堰、钢套箱及钢护筒等基础工程,钢索塔、钢锚箱、钢筋及预应力钢材,模数式及橡胶板式伸缩缝,钢盆式橡胶支座、四氟板式橡胶支座,金属标志牌、防撞钢护栏、防眩板(网)、隔离栅、防护网等工程项目。

②雨季施工增加费。雨季施工增加费系指雨季期间施工为保证工程质量和安全生产所需采取的防雨、排水、防潮和防护措施,工效降低和机械作业率降低以及技术作业过程的改变等,所需增加的有关费用。

a. 雨季施工增加费的内容:因雨季施工所需增加的工、料、机费用的支出,包括工作效率的降低及易被雨水冲毁的工程所增加的工作内容等(如基坑坍塌和排水沟等堵塞的清理、路基边坡冲沟的填补等)。

路基土方工程的开挖和运输,因雨季施工(非土壤中水影响)而引起的黏附工具,降低工效所增加的费用。

为防止雨水必须采取的防护措施的费用,如挖临时排水沟、防止基坑坍塌所需的支撑、挡板等费用。

材料因受潮、受湿的耗损费用。

增加防雨、防潮设备的费用。

其他有关雨季施工所需增加的费用,如因河水高涨致使工作困难而增加的费用等。

b. 雨量区和雨季期的划分:是根据气象部门提供的满15年以上的降雨资料确定的。凡月平均降雨天数在10天以上,月平均日降雨量在3.5~5mm之间者为Ⅰ区,月平均日降雨量在5mm以上者为Ⅱ区。全国雨季施工雨量区及雨季期的划分见表4-8。若当地气象资料与表4-8所划定的雨量区及雨季期出入较大时,可按当地气象资料及上述划分标准确定工程所在地的雨量区及雨季期。

全国雨季施工雨量区及雨季期划分表

表 4-8

省、自治区、直辖市	地区、市、自治州、盟(县)	雨量区	雨季区（月数）
北京	全境	II	2
天津	全境	I	2
河北	张家口、承德市(围场县)	I	1.5
	承德(围场县除外)、保定、沧州、石家庄、廊坊、邢台、衡水、邯郸、唐山、秦皇岛市	II	2
山西	全境	I	1.5
内蒙古	呼和浩特、通辽、呼伦贝尔(海拉尔区、满洲里市、陈巴尔虎旗、鄂温克旗)、鄂尔多斯(东胜区)、准格尔旗、伊金霍洛旗、达拉特旗、乌审旗)、赤峰、包头、乌兰察布市(集宁区、化德县、商都县、兴和县、四子王旗、察哈尔右翼中旗、察哈尔右翼后旗、卓资县及以南)、锡林郭勒盟(锡林浩特市、多伦县、太仆寺旗、西乌珠穆沁旗、正蓝旗、正镶白旗)	I	1
	呼伦贝尔市(牙克石市、额尔古纳市、鄂伦春旗、扎兰屯市及以东)、兴安盟		2
辽宁	大连(长海县、瓦房店市、普兰店市、庄河市除外)、朝阳市(建平县)	I	2
	沈阳(康平县)、大连(长海县)、锦州(北宁市除外)、营口(盖州市)、朝阳市(凌原市、建平县除外)		2.5
	沈阳(康平县、辽中县除外)、大连(瓦房店市)、鞍山(海城市、台安县、岫岩县除外)、锦州(北宁市)、阜新、朝阳(凌原市)、盘锦、葫芦岛(建昌县)、铁岭市		3
	抚顺(新宾县)、辽阳市		3.5
	沈阳(辽中县)鞍山(海城市、台安县)、营口(盖州市除外)、葫芦岛市(兴城市)	II	2.5
	大连(普兰店市)、葫芦岛市(兴城市、建昌县除外)		3
	大连(庄河市)、鞍山(岫岩县)、抚顺(新宾县除外)、丹东(凤城市、宽甸县除外)、本溪市		3.5
	丹东市(凤城市、宽甸县)		4
吉林	辽源、四平(双辽市)、白城、松原市	I	2
	吉林、长春、四平(双辽市除外)、白山市、延边自治州	II	2
	通化市		3
黑龙江	哈尔滨(市区、呼兰区、五常市、阿城市、双城市)、佳木斯(抚远县)、双鸭山(市区、集贤县除外)、齐齐哈尔(拜泉县、克东县除外)、黑河(五大连池市、嫩江县)、绥化(北林区、海伦市、望奎县、绥棱县、庆安县除外)、牡丹江、大庆、鸡西、七台河市、大兴安岭地区(呼玛县除外)	I	2
	哈尔滨(市区、呼兰区、五常市、阿城市、双城市除外)、佳木斯(抚远县除外)、双鸭山(市区、集贤县)、齐齐哈尔(拜泉县、克东县)、黑河(五大连池市、嫩江县除外)、绥化(北林区、海伦市、望奎县、绥棱县、庆安县)、鹤岗、伊春市、大兴安岭地区(呼玛县)	II	2

续上表

省、自治区、直辖市	地区、市、自治州、盟(县)	雨量区	雨季区(月数)
上海	全境	Ⅱ	4
江苏	徐州市、连云港	Ⅱ	2
	盐城市		3
	南京、镇江、淮安、南通、宿迁、扬州、常州、泰市		4
	无锡、苏州市		4.5
浙江	舟山市	Ⅱ	4
	嘉兴、湖州市		4.5
	宁波、绍兴市		6
	杭州、金华、温州、衢州、台州、丽水市		7
安徽	亳州、淮北、宿州、蚌埠、淮南、六安、合肥市	Ⅱ	1
	阜阳市		2
	滁州、巢湖、马鞍山、芜湖、铜陵、宣城市		3
	池州市		4
	安庆、黄山市		5
福建	泉州市(惠安县崇武)	Ⅰ	4
	福州(平潭县)、泉州(晋江市)、厦门(同安区除外)、漳州市(东山县)	Ⅱ	5
	三明(永安市)、福州(市区、长乐市)、莆田市(仙游县除外)		6
	南平(顺昌县除外)、宁德(福鼎县、霞浦县)、三明(永安市:尤溪县、大田县除外)、福州(市区、长乐市、平潭县除外)、龙岩(长汀县、连城县)、泉州(晋江市、惠安县崇武、德化县除外)、莆田(游仙县)、厦门(同安区)、漳州市(东山县除外)		7
	南平(顺昌县)、宁德(福鼎市、霞浦县除外)、三明(尤溪县、大田县)、龙岩(长汀县、连城县除外)、泉州市(德化县)		8
江西	南昌、九江、吉安市	Ⅱ	6
	萍乡、景德镇、新余、鹰潭、上饶、抚州、宜春、赣州市		7
山东	济南、潍坊、聊城市	Ⅰ	3
	淄博、东营、烟台、济宁、威海、德州、滨州市		4
	枣庄、泰安、莱芜、临沂、菏泽市		5
	青岛市	Ⅱ	3
	日照市		4
河南	郑州、许昌、洛阳、济源、新乡、焦作、三门峡、开封、濮阳、鹤壁市	Ⅰ	2
	周口、驻马店、漯河、平顶山、安阳、商丘市		3
	南阳市		4
	信阳市	Ⅱ	2

续上表

省、自治区、直辖市	地区、市、自治州、盟(县)	雨量区	雨季区(月数)
湖北	十堰、襄樊、随州市,神农架林区	I	3
	宜昌(秭归县、远安县、兴山县)、荆门市(钟祥市、京山县)	II	2
	武汉、黄石、荆州、孝感、黄冈、咸宁、荆门(钟祥市、京山县除外)、天门、潜江、仙桃、鄂州、宜昌市(秭归县、远安县、兴山县除外),恩施自治州		6
湖南	全境	II	6
广东	茂名、中山、汕头、潮州市	I	5
	广州、江门、肇庆、顺德、湛江、东莞市		6
	珠海市	II	5
	深圳、阳江、汕尾、佛山、河源、梅州、揭阳、惠州、云浮、韶关市		6
	清远市		7
广西	百色、河池、南宁、崇左市	II	5
	桂林、玉林、梧州、北海、贵港、钦州、防城港、贺州、柳州、来宾市		6
海南	全境	II	6
重庆	全境	II	4
四川	甘孜自治州(巴塘县)	I	1
	阿坝(若尔盖县)、甘孜自治州(石渠县)		2
	乐山(峨边县)、雅安市(汉源县),甘孜自治州(甘孜县、色达县)		3
	雅安(石棉县)、绵阳(平武县)、泸州(古蔺县)、遂宁市、阿坝(若尔盖县、汶川县除外)、甘孜自治州(巴塘县、石渠县、甘孜县、色达县、九龙县、得荣县除外)		4
	南充(高坪市)、资阳市(安岳县)	II	5
	宜宾市(高县)、凉山自治州(雷波县)		3
	成都、乐山(峨边县、马边县除外)、德阳、南充(南部县)、绵阳(平武县除外)、资阳(安岳县除外)、广元、自贡、攀枝花、眉山市、凉山(雷波县除外)、甘孜自治州(九龙县)		4
	乐山(马边县)、南充(高坪区、南部县除外)、雅安(汉源县、石棉县除外)、广安(邻水县除外)、巴中、宜宾(高县除外)、泸州(古蔺县除外)、内江市		5
	广安(邻水县)、达州市		6
贵州	贵阳、遵义市,毕节地区	II	4
	安顺市、铜仁地区,黔东南自治州		5
	黔西南自治州		6
	黔南自治州		7

续上表

省、自治区、直辖市	地区、市、自治州、盟(县)	雨量区	雨季区(月数)
云南	昆明(市区、嵩明县除外)、玉溪、曲靖(富源县、师宗县、罗平县除外)、丽江(宁蒗县、永胜县)、思茅(量江县)、昭通市,怒江(兰坪县、泸水县六库镇)、大理(大理市、漾濞县除外)、红河(个旧市、开远市、蒙自县、红河县、石屏县、建水县、弥勒县、泸西县)、迪庆、楚雄自治州	I	5
	保山(腾冲县、龙陵县除外)、临沧市(凤庆县、云县、永德县、镇康县),怒江(福贡县、泸水县)、红河自治州(元阳县)		6
	昆明(市区、嵩明县)、曲靖(富源县、师宗县、罗平县)、丽江(古城区、华坪县)、思茅市(翠云区、景东县、镇沅县、普洱县、景谷县)、大理(大理市、漾濞县)、文山自治州	II	5
	保山(腾冲县、龙陵县)、临沧(临祥县、双江县、耿马县、沧源县)、思茅市(西盟县、澜沧县、孟连县、江城县),怒江(贡山县)、德宏、红河(绿春县、金平县、屏边县、河口县),西双版纳自治州		6
西藏	那曲(索县除外)、山南(加查县除外)、日喀则(定日县)、阿里地区	I	1
	拉萨市、那曲(索县)、昌都(类乌齐县、丁青县、芒康县除外)、日喀则(拉孜县)、林芝地区(察隅县)		2
	昌都(类乌齐县)、林芝地区(米林县)		3
	昌都(丁青县)、林芝地区(米林县、波密县、察隅县除外)		4
	林芝地区(波密县)		5
	山南(加查县)、日喀则地区(定日县、拉孜县除外)	I	1
	昌都地区(芒康县)		2
陕西	榆林、延安市	I	1.5
	铜川、西安、宝鸡、咸阳、渭南市,杨凌区		2
	商洛、安康、汉中市		3
甘肃	天水(甘谷县、武山县)、陇南市(武都区、文县、礼县)、临夏(康乐县、广河县、永靖县)、甘南自治州(夏河县)	I	1
	天水(北道区、秦城区)、定西(渭源县)、庆阳(西峰区)、陇南市(西和县)、临夏(临夏市)、甘南自治州(临潭县、卓尼县)		1.5
	天水(秦安县)、定西(临洮县、岷县)、平凉(崆峒区)、庆阳(华池县、宁县、环县)、陇南市(宕昌县)、临夏(临夏县、东乡县、积石山县)、甘南自治州(合作市)		2
	天水(张家川县)、平凉(静宁县、庄浪县)、庆阳(镇原县)、陇南市(两当县),临夏(和政县)、甘南自治州(玛曲县)		2.5
	天水(清水县)、平凉(泾川县、灵台县、华亭县、崇信县)、庆阳(西峰区、合水县、正宁县)、陇南市(徽县、成县、康县)、甘南自治州(碌曲县、迭部县)		3

续上表

省、自治区、直辖市	地区、市、自治州、盟(县)	雨量区	雨季区(月数)
青海	西宁市(湟源县),海东地区(平安县、乐都县、民和县、化隆县)、海北(海晏县、祁连县、刚察县、托勒)、海南(同德县、贵南县)、黄南(泽库县、同仁县)、海西自治区(天峻县)	I	1
青海	西宁市(湟源县除外),海东地区(互助县)、海北(门源县)、果洛(达日县、久治县、班玛县)、玉树自治州(称多县、杂多县、囊谦县、玉树县)、河南自治县	I	1.5
宁夏	固原地区(隆德县、泾源县)	I	2
新疆	乌鲁木齐市(小渠子乡、牧业气象试验站、大西沟乡),昌吉地区(阜康市天池),克孜勒苏(吐尔尕特、托云、巴音库鲁提)、伊犁自治州(昭苏县、霍城县二台、松树头)	I	1
台湾	(资料暂缺)		

注:1. 表中未列的地区除西藏林芝地区墨脱县因无资料未划分外,其余地区均因降雨天数或平均日降雨量未达到计算雨季施工增加费的标准,故未划雨量区及雨季期。
　　2. 行政区划依据资料及自治州、市的名称列法同冬季施工气温区划分说明。

c. 计算方法:雨季施工增加费的计算方法,是将全国划分为若干雨量区和雨季期,并根据各类工程的特点规定各雨量区和雨季期的取费标准,采用全年平均摊销的方法,即不论是否在雨季施工,均按规定的取费标准计取雨季施工增加费。

一条路线通过不同的雨量区和雨季期时,应分别计算雨季施工增加费或按工程量比例求得平均的增加率,计算全线雨季施工增加费。室内管道及设备安装工程不计该项费用。

雨季施工增加费以各类工程的直接工程费之和为基数,按工程所在地的雨量区、雨季期选用表4-9的费率计算,即:

$$雨施费 = \sum 该工程的直接工程费 \times 相关雨施费率(\%) \qquad (4-13)$$

雨季施工增加费费率表(单位:%)　　　　表4-9

工程类别 \ 雨季期(月数)	1	1.5	2	2.5		3	3.5		4		4.5		5		6		7	8
雨量区	I	I	I	I	II	I	I	II	I	II	I	II	I	II	I	II	II	II
人工土方	0.04	0.05	0.07	0.11	0.09	0.13	0.11	0.15	0.13	0.17	0.15	0.20	0.17	0.23	0.19	0.26	0.21	0.31	0.36	0.42
机械土方	0.04	0.06	0.07	0.11	0.09	0.13	0.11	0.15	0.13	0.17	0.15	0.20	0.17	0.23	0.19	0.27	0.22	0.32	0.37	0.43
汽车运输	0.04	0.05	0.07	0.11	0.09	0.13	0.11	0.16	0.13	0.19	0.15	0.22	0.17	0.25	0.19	0.27	0.22	0.32	0.37	0.43
人工石方	0.02	0.03	0.05	0.07	0.06	0.09	0.07	0.11	0.08	0.13	0.09	0.15	0.10	0.17	0.12	0.19	0.15	0.23	0.27	0.32
机械石方	0.03	0.04	0.06	0.10	0.08	0.12	0.10	0.14	0.12	0.16	0.14	0.19	0.16	0.22	0.18	0.25	0.20	0.29	0.34	0.39
高级路面	0.03	0.04	0.06	0.10	0.08	0.12	0.10	0.14	0.12	0.16	0.14	0.19	0.16	0.22	0.18	0.25	0.20	0.29	0.34	0.39
其他路面	0.03	0.04	0.06	0.09	0.08	0.12	0.09	0.14	0.10	0.16	0.12	0.18	0.14	0.21	0.16	0.24	0.19	0.28	0.32	0.37

续上表

雨季期(月数)→ 工程类别↓ 雨量区	1	1.5	2		2.5		3		3.5		4		4.5		5		6		7	8
	I	I	I	II	I	II	I	II	I	II	I	II	I	II	I	II	I	II	II	II
构造物 I	0.03	0.04	0.05	0.08	0.06	0.09	0.07	0.11	0.08	0.13	0.10	0.15	0.12	0.17	0.14	0.19	0.16	0.23	0.27	0.31
构造物 II	0.03	0.04	0.05	0.08	0.07	0.10	0.08	0.12	0.09	0.14	0.11	0.16	0.13	0.18	0.15	0.21	0.17	0.25	0.30	0.34
构造物 III	0.06	0.08	0.11	0.17	0.14	0.21	0.17	0.25	0.20	0.30	0.23	0.35	0.27	0.40	0.31	0.45	0.35	0.52	0.60	0.69
技术复杂大桥	0.03	0.05	0.07	0.10	0.08	0.12	0.10	0.14	0.12	0.16	0.14	0.19	0.16	0.22	0.18	0.25	0.20	0.29	0.34	0.39
隧道																				
钢材及钢结构																				

注:室内管道及设备安装工程不计雨季施工增加费。

③夜间施工增加费。夜间施工增加费系指根据设计、施工的技术要求和合理的施工进度要求,必须在夜间连续施工而发生的工效降低、夜班津贴以及有关照明设施(包括所需照明设施的安拆、摊销、维修及油燃料、电)等增加的费用。

夜间施工增加费按夜间施工工程项目(如桥梁工程项目包括上、下部构造全部工程)的直接工程费之和为基数按表 4-10 的费率计算,即:

$$夜施费 = \sum 夜间施工工程的直接工程费 \times 相关夜施费率(\%) \tag{4-14}$$

夜间施工增加费费率表(单位:%)　　　　　　　　　　　　　表 4-10

工程类别	费率	工程类别	费率
构造物 II	0.35	技术复杂大桥	0.35
构造物 III	0.70	钢材及钢结构	0.35

注:设备安装工程及金属标志牌、防撞钢护栏、防眩板(网)、隔离栅、防护网等不计夜间施工增加费。

④特殊地区施工增加费。特殊地区施工增加费包括高原地区施工增加费、风沙地区施工增加费和沿海地区施工增加费。

a. 高原地区施工增加费:指在海拔高度 1500 m 以上地区施工,由于受气候、气压的影响,致使人工、机械效率降低而增加的费用。该费用以各类工程人工费和机械使用费之和为基数,按表 4-11 的费率计算。

一条路线通过两个以上(含两个)不同的海拔高度分区时,应分别计算高原地区施工增加费或按工程量比例求得平均的增加率,计算全线高原地区施工增加费。

$$高原地区施工增加费 = \sum (人工费 + 机械使用费) \times 相关高施费率(\%) \tag{4-15}$$

b. 风沙地区施工增加费:指在沙漠地区施工时,由于受风沙影响,按照施工及验收规范的要求,为保证工程质量和安全生产而增加的有关费用。内容包括防风、防沙及气候影响的措施费,材料费,人工、机械效率降低增加的费用,以及积沙、风蚀的清理修复等费用。

高原地区施工增加费费率表（单位：%）   表4-11

工程类别	海拔高度(m)							
	1501~2000	2001~2500	2501~3000	3001~3500	3501~4000	4001~4500	4501~5000	5000以上
人工土方	7.00	13.25	19.75	29.75	43.25	60.00	80.00	110.00
机械土方	6.56	12.60	18.66	25.60	36.05	49.08	64.72	83.80
汽车运输	6.50	12.50	18.50	25.00	35.00	47.50	62.50	80.00
人工石方	7.00	13.25	19.75	29.75	43.25	60.00	80.00	110.00
机械石方	6.71	12.82	19.03	27.01	38.50	52.80	69.92	92.72
高级路面	6.58	12.61	18.69	25.72	36.26	49.41	65.17	84.58
其他路面	6.73	12.84	19.07	27.15	38.74	53.17	70.44	93.60
构造物Ⅰ	6.87	13.06	19.44	28.56	41.18	56.86	75.61	102.47
构造物Ⅱ	6.77	12.90	19.17	27.54	39.41	54.18	71.85	96.03
构造物Ⅲ	6.73	12.85	19.08	27.19	38.81	53.27	70.57	93.84
技术复杂大桥	6.70	12.81	19.01	26.94	38.37	52.61	69.65	92.27
隧道	6.76	12.90	19.16	27.50	39.35	54.09	71.72	95.81
钢材及钢结构	6.78	12.92	19.20	27.66	39.62	54.50	72.30	96.80

一条路线穿过两个以上(含两个)不同风沙区时，按路线长度经过不同的风沙区加权计算项目全线风沙地区施工增加费。

风沙地区施工增加费以各类工程的人工费和机械使用费之和为基数，根据工程所在地的风沙区划及类别，按表4-12 的费率计算。

$$风沙地区施工增加费 = \sum(人工费 + 机械使用费) \times 相关风施费率(\%) \quad (4\text{-}16)$$

风沙地区工程施工增加费费率表（单位：%）   表4-12

风沙区划	风沙一区			风沙二区			风沙三区		
	沙漠类型								
工程类别	固定	半固定	流动	固定	半固定	流动	固定	半固定	流动
人工土方	6.00	11.00	18.00	7.00	17.00	26.00	11.00	24.00	37.00
机械土方	4.00	7.00	12.00	5.0	11.00	17.00	7.00	15.00	24.00
汽车运输	4.00	8.00	13.00	5.00	12.00	18.00	8.00	17.00	26.00
人工石方									
机械石方									
高级路面		1.00	2.00	1.00	2.00	3.00	2.00	3.00	5.00
其他路面	2.00	4.00	7.00	3.00	7.00	10.00	4.00	10.00	15.00
构造物Ⅰ	4.00	7.00	12.00	5.00	11.00	17.00	7.00	16.00	24.00
构造物Ⅱ									
构造物Ⅲ									
技术复杂大桥									
隧道									
钢材及钢结构	1.00	2.00	4.00	1.00	3.00	5.00	2.00	5.00	7.00

c. 沿海地区工程施工增加费:指工程项目在沿海地区施工受海风、海浪和潮汐的影响,致使人工、机械效率降低等所需增加的费用。本项费用,由沿海各省、自治区、直辖市交通厅(局)制订具体的适用范围(地区),并抄送交通运输部公路司备案。

沿海地区工程施工增加费以各类工程的直接工程费之和为基数,按表4-13的费率计算。

沿海地区工程施工增加费费率表(单位:%)　　　　　　　表4-13

工程类别	费率	工程类别	费率
构造物Ⅱ	0.15	技术复杂大桥	0.15
构造物Ⅲ	0.15	钢材及钢结构	0.15

d. 行车干扰工程施工增加费:指由于边施工边维持通车,受行车干扰的影响,致使人工、机械效率降低而增加的费用。该费用以受行车影响部分的工程项目的人工费和机械使用费之和为基数,按表4-14的费率计算。

行车干扰工程施工增加费费率表(单位:%)　　　　　　　表4-14

工程类别	施工期间平均每昼夜双向行车次数(汽车、畜力车合计)							
	51~100	101~500	501~1000	1001~2000	2001~3000	3001~4000	4001~5000	5000以上
人工土方	1.64	2.46	3.28	4.10	4.76	5.29	5.86	6.44
机械土方	1.39	2.19	3.00	3.89	4.51	5.02	5.56	6.11
汽车运输	1.36	2.09	2.85	3.75	4.35	4.84	5.36	5.89
人工石方	1.66	2.40	3.33	4.06	4.71	5.24	5.81	6.37
机械石方	1.16	1.71	2.38	3.19	3.70	4.12	4.56	5.01
高级路面	1.24	1.87	2.50	3.11	3.61	4.01	4.45	4.88
其他路面	1.17	1.77	2.36	2.94	3.41	3.79	4.20	4.62
构造物Ⅰ	0.94	1.41	1.89	2.36	2.74	3.04	3.37	3.71
构造物Ⅱ	0.95	1.43	1.90	2.37	2.75	3.06	3.39	3.72
构造物Ⅲ	0.95	1.42	1.90	2.37	2.75	3.05	3.38	3.72
技术复杂大桥								
隧道								
钢材及钢结构								

e. 安全及文明施工措施费:指工程施工期间为满足安全生产、文明施工、职工健康生活所发生的费用。该费用不包括施工期间为保证交通安全而设置的临时安全设施和标志、标牌的费用,需要时,应根据设计要求计算。安全及文明施工措施费以各类工程的直接工程费之和为基数,按表4-15的费率计算。

f. 临时设施费:指施工企业为进行建筑安装工程修建施工所必需的生活和生产用的临时建筑物、构筑物和其他临时设施的费用等,但不包括概(预)算定额中临时工程在内。

安全及文明施工措施费费率表(单位:%)　　　　　　　　　　　表 4-15

工程类别	费率	工程类别	费率
人工土方	0.59	构造物 I	0.72
机械土方	0.59	构造物 II	0.78
汽车运输	0.21	构造物 III	1.57
人工石方	0.59	技术复杂大桥	0.86
机械石方	0.59	隧道	0.73
高级路面	1.00	钢材及钢结构	0.53
其他路面	1.02		

注:设备安装工程按表中隧道的50%计算。

临时设施包括:临时生活及居住房屋(包括职工家属房屋及探亲房屋)、文化福利及公用房屋(如广播室、文体活动室等)和生产、办公房屋(如仓库、加工厂、加工棚、发电站、变电站、空压机站、停机棚等),工地范围内各种临时工作便道(包括汽车、畜力车、人力车道)、人行便道,工地临时用水、用电的水管支线和电线支线、临时构筑物(如水井、水塔等)以及其他小型临时设施。

临时设施费用的内容包括:临时设施的搭设、维修、拆除费或摊销费。临时设施费以各类工程的直接工程费之和为基数,按表 4-16 的费率计算。

临时设施费费率表(单位:%)　　　　　　　　　　　表 4-16

工程类别	费率	工程类别	费率
人工土方	1.57	构造物 I	2.65
机械土方	1.42	构造物 II	3.14
汽车运输	0.92	构造物 III	5.81
人工石方	1.60	技术复杂大桥	2.92
机械石方	1.97	隧道	2.57
高级路面	1.92	钢材及钢结构	2.48
其他路面	1.87		

g. 施工辅助费:包括生产工具用具使用费、检验试验费和工程定位复测、工程点交、场地清理等费用。

生产工具用具使用费系指施工所需不属于固定资产的生产工具、检验用具、试验用具及仪器、仪表等的购置、摊销和维修费,以及支付给生产工人自备工具的补贴费。

检验实验费系指施工企业对建筑材料、构件和建筑安装工程进行一般鉴定、检查所发生的费用,包括自设试验室进行试验所耗用的材料和化学药品的费用,以及技术革新和研究试验费,但不包括新结构、新材料的试验费和建设单位要求的对具有出厂合格证明的材料进行检验、对构件破坏性试验及其他特殊要求检验的费用。

施工辅助费以各类工程的直接工程费之和为基数,按表 4-17 的费率计算。

$$施工辅助费 = \sum 直接工程费 \times 相关施辅费率(\%) \qquad (4-17)$$

h. 工地转移费:指施工企业根据建设任务的需要,由已竣工的工地或后方基地迁至新工地的搬迁费用,其内容包括:

施工辅助费费率表(单位:%) 表 4-17

工程类别	费率	工程类别	费率
人工土方	0.89	构造物 I	1.30
机械土方	0.49	构造物 II	1.56
汽车运输	0.16	构造物 III	3.03
人工石方	0.85	技术复杂大桥	1.68
机械石方	0.46	隧道	1.23
高级路面	0.80	钢材及钢结构	0.56
其他路面	0.74		

施工单位全体职工及随职工迁移的家属向新工地转移的车费、家具行李运费、途中住宿费、行程补助费、杂费及工资与工资附加费等。

公物、工具、施工设备器材、施工机械的运杂费,以及外租机械的往返费及本工程内部各工地之间施工机械、设备、公物、工具的转移费等。

非固定工人进退场及一条路线中各工地转移的费用。

工地转移费以各类工程的直接工程费之和为基数,按表 4-18 的费率计算。

工地转移费费率表(单位:%) 表 4-18

工程类别	工地转移距离(km)					
	50	100	300	500	1000	每增加 100
人工土方	0.15	0.21	0.32	0.43	0.56	0.03
机械土方	0.50	0.67	1.05	1.37	1.82	0.08
汽车运输	0.31	0.40	0.62	0.82	1.07	0.05
人工石方	0.16	0.22	0.33	0.45	0.58	0.03
机械石方	0.36	0.43	0.74	0.97	1.28	0.06
高级路面	0.61	0.83	1.30	1.70	2.27	0.12
其他路面	0.56	0.75	1.18	1.54	2.06	0.10
构造物 I	0.56	0.75	1.18	1.54	2.06	0.11
构造物 II	0.66	0.89	1.40	1.83	2.45	0.13
构造物 III	1.31	1.77	2.77	3.62	4.85	0.25
技术复杂大桥	0.75	1.01	1.58	2.06	2.76	0.14
隧道	0.52	0.71	1.11	1.45	1.94	0.10
钢材及钢结构	0.72	0.97	1.51	1.97	2.64	0.13

转移距离以工程承包单位(如工程处、工程公司等)转移前后驻地距离或两路线中点的距离为准;编制概(预)算时,如施工单位不明确时,高速、一级公路及独立大桥、隧道按省会(自治区首府)至工地的里程计算;二级及以下公路按地区(市、盟)至工地的里程计算工地转移费;工地转移里程数在表列里程之间时,费率可内插计算;工地转移距离在50km以内的工程不计取本项费用。

2)间接费

间接费由规费和企业管理费两项组成。

(1)规费

规费系指法律、法规、规章、规程规定施工企业必须缴纳的费用(简称规费),包括:

①养老保险费,指施工企业按规定标准为职工缴纳的基本养老保险费。

②失业保险费,指施工企业按国家规定标准为职工缴纳的失业保险费。

③医疗保险费,指施工企业按规定标准为职工缴纳的基本医疗保险费和生育保险费。

④住房公积金,指施工企业按规定标准为职工缴纳的住房公积金。

⑤工伤保险费,指施工企业按规定标准为职工缴纳的工伤保险费。

各项规费以各类工程的人工费之和为基数,按国家或工程所在地法律、法规、规章、规程规定的标准计算。部分省(地区)规费费率如表4-19所示。

$$规费 = \sum 各类工程的人工费 \times 规费费率(\%) \qquad (4-18)$$

部分省(地区)规费费率表(单位:%) 表4-19

省(地区)	养老保险费	失业保险费	医疗保险费	住房公积金	工伤保险费	总　计
浙江	20	2	8	12	1	43
重庆	20	2	9.7	7	1.5	40.2
河南	20	2	7	5	1	35
河北	20	2	6.5	10	1	39.5
湖南	20	2	8.7	9	0.5	40.2

(2)企业管理费

企业管理费由基本费用、主副食运费补贴、职工探亲路费、职工取暖补贴和财务费用组成。

①基本费用。企业管理费基本费用系指施工企业为组织施工生产和经营管理所需的费用,内容包括:

a.管理人员工资:指管理人员的基本工资、工资性补贴、职工福利费、劳动保护费以及缴纳的养老、失业、医疗、生育、工伤保险费和住房公积金等。

b.办公费:指企业办公用的文具、纸张、账表、印刷、邮电、书报、会议、水、电、烧水和集体取暖(包括现场临时宿舍取暖)用煤(气)等费用。

c.差旅交通费:指职工因公出差和工作调动(包括随行家属的旅费)的差旅费、住勤补助费,市内交通费和误餐补助费,职工探亲路费,劳动力招募费,职工离退休、退职一次性路费,工伤人员就医路费,以及管理部门使用的交通工具的油料、燃料、养路费及牌照费。

d. 固定资产使用费:指管理和试验部门及附属生产单位使用的属于固定资产的房屋、设备、仪器等的折旧、大修、维修或租赁费等。

e. 工具用具使用费:指管理使用的不属于固定资产的生产工具、器具、家具、交通工具和检验、试验、测绘、消防用具等的购置、维修和摊销费。

f. 劳动保险费:指企业支付离退休职工的易地安家补助费、职工退职金、六个月以上的病假人员工资、职工死亡丧葬补助费、抚恤费、按规定支付给离休干部的各项经费。

g. 工会经费:指企业按职工工资总额计提的工会经费。

h. 职工教育经费:指企业为保证职工学习先进技术和提高文化水平,按职工工资总额计提的费用。

i. 保险费:指企业财产保险、管理用车辆等保险费用。

j. 工程保修费:指工程竣工交付使用后,在规定保修期以内的修理费用。

k. 工程排污费:指施工现场按规定缴纳的排污费用。

l. 税金:指企业按规定缴纳的房产税、车船使用税、土地使用税、印花税等。

m. 其他:指上述项目以外的其他必要的费用支出,包括技术转让费、技术开发费、业务招待费、绿化费、广告费、投标费、公证费、定额测定费、法律顾问费、审计费、咨询费等。

基本费用以各类工程的直接费之和为基数,按表4-20 的费率计算。

$$基本费用 = \sum 工程的直接费 \times 基本费用费率(\%) \qquad (4-19)$$

基本费用费率表(单位:%)   表4-20

工程类别	费 率	工程类别	费 率
人工土方	3.36	构造物 I	4.44
机械土方	3.26	构造物 II	5.53
汽车运输	1.44	构造物 III	9.79
人工石方	3.45	技术复杂大桥	4.72
机械石方	3.28	隧道	4.22
高级路面	1.91	钢材及钢结构	2.42
其他路面	3.28		

②主副食运费补贴。主副食运费补贴系指施工企业在远离城镇及乡村的野外施工购买生活必需品所需增加的费用。该费用以各类工程的直接费之和为基数,按表4-21 的费率计算。

$$主副食运费补贴 = \sum 各类工程的直接费 \times 主副食运费补贴费率(\%) \qquad (4-20)$$

综合里程 = 粮食运距×0.06 + 燃料运距×0.09 + 蔬菜运距×0.15 + 水运距×0.70

粮食、燃料、蔬菜、水的运距均为全线平均运距;综合里程数在表列里程之间时,费率可内插;综合里程在1km 以内的工程不计取本项费用。

主副食运费补贴费率表(单位:%)   表 4-21

工程类别	综合里程(km)											
	1	3	5	8	10	15	20	25	30	40	50	每增加 10
人工土方	0.17	0.25	0.31	0.39	0.45	0.56	0.67	0.76	0.89	1.06	1.22	0.16
机械土方	0.13	0.19	0.24	0.30	0.35	0.43	0.52	0.59	0.69	0.81	0.95	0.13
汽车运输	0.14	0.20	0.25	0.32	0.37	0.45	0.55	0.62	0.73	0.86	1.00	0.14
人工石方	0.13	0.19	0.24	0.30	0.34	0.42	0.51	0.58	0.67	0.80	0.92	0.12
机械石方	0.12	0.18	0.22	0.28	0.33	0.41	0.49	0.55	0.65	0.67	0.89	0.12
高级路面	0.08	0.12	0.15	0.20	0.22	0.28	0.33	0.38	0.44	0.52	0.60	0.08
其他路面	0.09	0.12	0.15	0.20	0.22	0.28	0.33	0.38	0.44	0.52	0.61	0.09
构造物 I	0.13	0.18	0.23	0.28	0.32	0.40	0.49	0.55	0.65	0.76	0.89	0.12
构造物 II	0.14	0.20	0.25	0.30	0.35	0.43	0.52	0.60	0.70	0.83	0.98	0.13
构造物 III	0.25	0.36	0.45	0.55	0.64	0.79	0.96	1.09	1.28	1.51	1.76	0.24
技术复杂大桥	0.11	0.16	0.20	0.25	0.29	0.36	0.43	0.49	0.57	0.68	0.79	0.11
隧道	0.11	0.16	0.19	0.24	0.28	0.34	0.42	0.48	0.56	0.66	0.77	0.10
钢材及钢结构	0.11	0.16	0.20	0.26	0.30	0.37	0.44	0.50	0.59	0.69	0.80	0.11

③职工探亲路费。职工探亲路费系指按照有关规定施工企业职工在探亲期间发生的往返车船费、市内交通费和途中住宿费等费用。该费用以各类工程的直接费之和为基数,按表 4-22 的费率计算。

职工探亲路费费率表(单位:%)   表 4-22

工程类别	费率	工程类别	费率
人工土方	0.10	构造物 I	0.29
机械土方	0.22	构造物 II	0.34
汽车运输	0.14	构造物 III	0.55
人工石方	0.10	技术复杂大桥	0.20
机械石方	0.22	隧道	0.27
高级路面	0.14	钢材及钢结构	0.16
其他路面	0.16		

④职工取暖补贴。职工取暖补贴系指按规定发放给职工的冬季取暖费或在施工现场设置的临时取暖设施的费用。该费用以各类工程的直接费之和为基数,按工程所在地的气温区(见表 4-6)选用表 4-23 的费率计算。

职工取暖补贴 = ∑各类工程的直接费 × 职工取暖补贴费费率(%)   (4-21)

职工取暖补贴费费率表（单位：%）　　　　　　　表4-23

工程类别	气温区						
	准二区	冬一区	冬二区	冬三区	冬四区	冬五区	冬六区
人工土方	0.03	0.06	0.10	0.15	0.17	0.26	0.31
机械土方	0.06	0.13	0.22	0.33	0.44	0.55	0.66
汽车运输	0.06	0.12	0.21	0.31	0.41	0.51	0.62
人工石方	0.03	0.06	0.10	0.15	0.17	0.25	0.31
机械石方	0.05	0.11	0.17	0.26	0.35	0.44	0.53
高级路面	0.04	0.07	0.13	0.19	0.25	0.31	0.38
其他路面	0.04	0.07	0.12	0.18	0.24	0.30	0.36
构造物Ⅰ	0.06	0.12	0.19	0.28	0.36	0.46	0.56
构造物Ⅱ	0.06	0.13	0.20	0.30	0.41	0.51	0.62
构造物Ⅲ	0.11	0.23	0.37	0.56	0.74	0.93	1.13
技术复杂大桥	0.05	0.10	0.17	0.26	0.34	0.42	0.51
隧道	0.04	0.08	0.14	0.22	0.28	0.36	0.43
钢材及钢结构	0.04	0.07	0.12	0.19	0.25	0.31	0.37

⑤财务费用。财务费用系指施工企业为筹集资金而发生的各项费用，包括企业经营期间发生的短期贷款利息净支出、汇兑净损失、调剂外汇手续费、金融机构手续费，以及企业筹集资金发生的其他财务费用。

财务费用以各类工程的直接费之和为基数，按表4-24的费率计算。

$$财务费 = \sum 各类工程的直接费 \times 财务费率(\%) \quad (4-22)$$

财务费用费率表（单位：%）　　　　　　　表4-24

工程类别	费率	工程类别	费率
人工土方	0.23	构造物Ⅰ	0.37
机械土方	0.21	构造物Ⅱ	0.40
汽车运输	0.21	构造物Ⅲ	0.82
人工石方	0.22	技术复杂大桥	0.46
机械石方	0.20	隧道	0.39
高级路面	0.27	钢材及钢结构	0.48
其他路面	0.30		

（3）辅助生产间接费

辅助生产间接费系指由施工单位自行开采加工的砂、石等自采材料及施工单位自办的人工装卸和运输的间接费。

辅助生产间接费按人工费的5%计。该项费用并入材料预算单价内构成材料费，不直接出现在概（预）算中。

高原地区施工单位的辅助生产,可按其他工程费中高原地区施工增加费费率,以直接工程费为基数计算高原地区施工增加费(其中,人工采集、加工材料、人工装卸、运输材料按人工土方费率计算,机械采集、加工材料按机械石方费率计算,机械装、运输材料按汽车运输费率计算)。辅助生产高原地区施工增加费不作为辅助生产间接费的计算基数。

3) 利润

利润系指施工企业完成所承包工程应取得的盈利。利润按直接费与间接费之和扣除规费的7%计算。

4) 税金

税金指按国家税法规定应计入建筑安装工程造价内的营业税,城市维护建设税及教育费附加等(简称"三税")。

$$综合税金额 = (直接费 + 间接费 + 利润) \times 综合税率$$

$$综合税率 = \left[\frac{1}{1 - 营业税税率 \times (1 + 城市维护建设税税率) + 教育费附加税率}\right] - 1 \quad (4-23)$$

概算综合税率按3.41%计。

预算综合税率:纳税人在市区的,综合税率为3.41%;纳税人在县城、乡镇的,综合税率为3.35%;纳税人不在市区、县城、乡镇的,综合税率为3.22%。

4.2.2 设备、工具、器具及家具购置费

1) 设备购置费

设备购置费系指为满足公路的营运、管理、养护需要,购置的构成固定资产标准的设备和虽低于固定资产标准但属于设计明确列入设备清单的设备的费用。包括渡口设备,隧道照明、消防、通风的动力设备,高等级公路的收费、监控、通信、供电设备,养护用的机械、设备和工具、器具等的购置费用。

设备购置费应由设计单位列出计划购置的清单(包括设备的规格、型号、数量),以设备原价加综合业务费和运杂费按以下公式计算:

$$设备购置费 = 设备原价 + 运杂费(运输费 + 装卸费 + 搬运费) +$$
$$运输保险费 + 采购及保管费 \quad (4-24)$$

需要安装的设备,应在第一部分建筑安装工程费的有关项目内另计设备的安装工程费。

设备与材料的划分标准见附录1。

(1) 国产设备原价的构成及计算

国产设备的原价一般是指设备制造厂的交货价,即出厂价或订货合同价。它一般根据生产厂或供应商的询价、报价、合同价确定,或采用一定的方法计算确定。其内容包括按专业标准规定的在运输过程中不受损失的一般包装费,及按产品设计规定配带的工具、附件和易损件的费用,即:

$$设备原价 = 出厂价(或供货地点价) + 包装费 + 手续费 \quad (4-25)$$

(2) 进口设备原价的构成及计算

进口设备的原价是指进口设备的抵岸价,即抵达买方边境港口或边境车站,且交完关税形成的价格,即:

进口设备原价 = 货价 + 国际运费 + 运输保险费 + 银行财务费 + 外贸手续费 +
关税 + 增值税 + 消费税 + 商检费 + 检疫费 + 车辆购置附加费　　(4-26)

①货价。一般指装运港船上交货价(FOB,习惯称离岸价)。设备货价分为原币货价和人民币货价,原币货价一律折算为美元表示,人民币货价按原币货价乘以外汇市场美元兑换人民币的中间价确定。进口设备货价按有关生产厂商询价、报价、订货合同价计算。

②国际运费。即从装运港(站)到达我国抵达港(站)的运费,即:

$$国际运费 = 原币货价(FOB 价) \times 运费费率 \qquad (4\text{-}27)$$

我国进口设备大多采用海洋运输,小部分采用铁路运输,个别采用航空运输。运费费率参照有关部门或进出口公司的规定执行,海运费费率一般为 6%。

③运输保险费。对外贸易货物运输保险是由保险人(保险公司)与被保险人(出口人或进口人)订立保险契约,在被保险人交付议定的保险费后,保险人根据保险契约的规定对货物在运输过程中发生的承保责任范围内的损失给予经济上的补偿。这是一种财产保险。计算公式为:

$$运输保险费 = [原币货价(FOB 价) + 国际运费] \div (1 - 保险费费率) \times 保险费费率$$
$$(4\text{-}28)$$

保险费费率按保险公司规定的进口货物保险费费率计算,一般为 0.35%。

④银行财务费。一般指中国银行手续费,其可按下式简化计算:

$$银行财务费 = 人民币货价(FOB 价) \times 银行财务费费率 \qquad (4\text{-}29)$$

银行财务费费率一般为 0.4% ~ 0.5%。

⑤外贸手续费。指按规定计取的外贸手续费。其计算公式为:

$$外贸手续费 = [人民币货价(FOB 价) + 国际运费 + 运输保险费] \times$$
$$外贸手续费费率 \qquad (4\text{-}30)$$

外贸手续费费率一般为 1% ~ 1.5%。

⑥关税。指海关对进出国境或关境的货物和物品征收的一种税。其计算公式为:

$$关税 = [人民币货价(FOB 价) + 国际运费 + 运输保险费] \times 进口关税税率 \qquad (4\text{-}31)$$

进口关税税率按我国海关总署发布的进口关税税率计算。

⑦增值税。是对从事进口贸易的单位和个人,在进口商品报关进口后征收的税种。按《中华人民共和国增值税条例》的规定,进口应税产品均按组成计税价格和增值税税率直接计算应纳税额,即:

$$增值税 = [人民币货价(FOB 价) + 国际运费 + 运输保险费 + 关税 + 消费税] \times$$
$$增值税税率 \qquad (4\text{-}32)$$

增值税税率根据规定的税率计算,目前进口设备适用的税率为17%。

⑧消费税。对部分进口设备(如轿车、摩托车等)征收。其计算公式为:

$$应纳消费税额 = [人民币货价(FOB价) + 国际运费 + 运输保险费 + 关税] \div (1 - 消费税税率) \times 消费税税率 \qquad (4-33)$$

消费税税率根据规定的税率计算。

⑨商检费。指进口设备按规定付给商品检查部门的进口设备检验鉴定费。其计算公式为:

$$商检费 = [人民币货价(FOB价) + 国际运费 + 运输保险费] \times 商检费费率 \qquad (4-34)$$

商检费费率一般为0.8%。

⑩检疫费。指进口设备按规定付给商品检疫部门的进口设备检验鉴定费。其计算公式为:

$$检疫费 = [人民币货价(FOB价) + 国际运费 + 运输保险费] \times 检疫费费率 \qquad (4-35)$$

检疫费费率一般为0.17%。

⑪车辆购置附加费。指进口车辆需缴纳的进口车辆购置附加费,计算公式为:

$$进口车辆购置附加费 = [人民币货价(FOB价) + 国际运费 + 运输保险费 + 关税 + 消费税 + 增值税] \times 进口车辆购置附加费费率 \qquad (4-36)$$

在计算进口设备原价时,应注意工程项目的性质,有无按国家有关规定减免进口环节税的可能。

(3)设备运杂费的构成及计算

国产设备运杂费指由设备制造厂交货地点起至工地仓库(或施工组织设计指定的需要安装设备的堆放地点)止所发生的运费和装卸费;进口设备运杂费指由我国到岸港口或边境车站起至工地仓库(或施工组织设计指定的需要安装设备的堆放地点)止所发生的运费和装卸费。其计算公式为:

$$运杂费 = 设备原价 \times 运杂费费率 \qquad (4-37)$$

设备运杂费费率见表4-25。

设备运杂费费率表(单位:%)　　　　　表4-25

运输里程(km)	100以内	101~200	201~300	301~400	401~500	501~750	751~1000	1001~1250	1251~1500	1501~1750	1751~2000	2000km以上每增250km
费率(%)	0.8	0.9	1.0	1.1	1.2	1.5	1.7	2.0	2.2	2.4	2.6	0.2

(4)设备运输保险费的构成及计算

设备运输保险费指国内运输保险费。其计算公式为:

$$运输保险费 = 设备原价 \times 保险费费率 \qquad (4-38)$$

设备运输保险费费率一般为1%。

(5)设备采购及保管费的构成及计算

设备采购及保管费指采购、验收、保管和收发设备所发生的各种费用,包括设备采购人员、保管人员和管理人员的工资、工资附加费、办公费、差旅交通费,设备供应部门办公和仓库所占固定资产使用费、工具用具使用费、劳动保护费、检验试验费等。其计算公式为:

$$采购及保管费 = 设备原价 \times 采购及保管费费率 \tag{4-39}$$

需要安装的设备的采购保管费费率为2.4%,不需要安装的设备的采购保管费费率为1.2%。

2) 工器具及生产家具(简称工器具)购置费

工器具购置费系指项目交付使用后为满足初期正常营运必须购置的第一套不构成固定资产的设备、仪器、仪表、工卡模具、器具、工作台(框、架、柜)等的费用。该费用不包括构成固定资产的设备、工器具和备品、备件及已列入设备购置费中的专用工具和备品、备件。

对于工器具购置,应由设计单位列出计划购置的清单(包括规格、型号、数量),购置费的计算方法同设备购置费。

3) 办公和生活用家具购置费

办公和生活用家具购置费系指为保证新建、改建项目初期正常生产、使用和管理所必须购置的办公和生活用家具、用具的费用。

范围包括:行政、生产部门的办公室、会议室、资料档案室、阅览室、单身宿舍及生活福利设施等的家具、用具。

办公和生活用家具购置费按表4-26的规定计算。

办公和生活用家具购置费标准表　　　　　　　表4-26

工程所在地	路线(元/公路公里)				有看桥房的独立大桥(元/座)	
	高速公路	一级公路	二级公路	三、四级公路	一般大桥	技术复杂大桥
内蒙古、黑龙江、青海、新疆、西藏	21500	15600	7800	4000	24000	60000
其他省、自治区、直辖市	17500	14600	5800	2900	19800	49000

注:改建工程按表列数80%计。

4.2.3　工程建设其他费用

1) 土地征用及拆迁补偿费

土地征用及拆迁补偿费系指按照《中华人民共和国土地管理法》及《中华人民共和国土地管理法实施条例》、《中华人民共和国基本农田保护条例》等法律、法规规定,为进行公路建设征用土地所支付的补偿费等费用。

(1) 费用内容

①土地补偿费:指被征用土地地上、地下附着物及青苗补偿费,征用城市郊区的菜地等缴纳的菜地开发建设基金,租用土地费,耕地占用税,用地图编制费及勘界费,征地管理费等。

②征用耕地安置补助费:指征用耕地需要安置农业人口的补助费。

③拆迁补偿费:指被征用或占用土地上的房屋及附属构筑物、城市公用设施等拆除、迁建

补偿费,拆迁管理费等。

④复耕费:指临时占用的耕地、鱼塘等,待工程竣工后将其恢复到原有标准所发生的费用。

⑤耕地开垦费:指公路建设项目占用耕地的,应由建设项目法人(业主)负责补充耕地所发生的费用;没有条件开垦或者开垦的耕地不符合要求的,按规定缴纳耕地开垦费。

⑥森林植被恢复费:指公路建设项目需要占用、征用或者临时占用林地的,经县级以上林业主管部门审核同意或批准,建设项目法人(业主)单位按照有关规定向县级以上林业主管部门预缴的森林植被恢复费。

(2)计算方法

土地征用及拆迁补偿费应根据审批单位批准的建设工程用地和临时用地面积及其附着物的情况,以及实际发生的费用项目,按国家有关规定及工程所在地的省(自治区、直辖市)人民政府颁发的有关规定和标准计算。

森林植被恢复费应根据审批单位批准的建设工程占用林地的类型及面积,按国家有关规定及工程所在地的省(自治区、直辖市)人民政府颁发的有关规定和标准计算。

当与原有的电力电信设施、水利工程、铁路及铁路设施互相干扰时,应与有关部门联系,商定合理的解决方案和补偿金额,也可由这些部门按规定编制费用以确定补偿金额。

2)建设项目管理费

建设项目管理费包括建设单位(业主)管理费、工程质量监督费、工程监理费、工程定额测定费、设计文件审查费和竣(交)工验收试验检测费。

(1)建设单位(业主)管理费

建设单位(业主)管理费系指建设单位(业主)为建设项目的立项、筹建、建设、竣(交)工验收、总结等工作发生的费用。不包括应计入设备、材料预算价格的建设单位采购及保管设备、材料所需的费用。

费用内容包括:工作人员的工资、工资性补贴、施工现场津贴、社会保障费用(基本养老、基本医疗、失业、工伤保险)、住房公积金、职工福利费、工会经费、劳动保护费;办公费、会议费、差旅交通费、固定资产使用费(包括办公及生活房屋折旧、维修或租赁费,车辆折旧、维修、使用或租赁费,通信设备购置、使用费,测量、试验设备仪器折旧、维修或租赁费,其他设备折旧、维修或租赁费等)、零星固定资产购置费、招募生产工人费;技术图书资料费、职工教育经费、工程招标费(不含招标文件及标底或造价控制值编制费)、合同契约公证费、法律顾问费、咨询费;建设单位的临时设施费、完工清理费、竣(交)工验收费(含其他行业或部门要求的竣工验收费用)、各种税费(包括房产税、车船使用税、印花税等);建设项目审计费、境内外融资费用(不含建设期贷款利息)、业务招待费、安全生产管理费和其他管理性开支。

由施工企业代建设单位(业主)办理"土地、青苗等补偿"工作所发生的费用,应在建设单位(业主)管理费项目中支付。当建设单位(业主)委托有资质的单位代理招标时,其代理费应在建设单位(业主)管理费中支出。

建设单位(业主)管理费以建筑安装工程费总额为基数,按建设单位管理费费率以累进办法计算。如表 4-27 所示。

建设单位管理费费率表 表 4-27

第一部分建筑安装工程费(万元)	费率(%)	算例(万元)	
		建筑安装工程费	建设单位(业主)管理费
500 以下	3.48	500	500×3.48% =17.4
501~1000	2.73	1000	17.4+500×2.73% =31.05
1001~5000	2.18	5000	31.05+4000×2.18% =118.25
5001~10000	1.84	10000	118.25+5000×1.84% =210.25
10001~30000	1.52	30000	210.25+20000×1.52% =514.25
30001~50000	1.27	50000	514.25+20000×1.27% =768.25
50001~100000	0.94	100000	768.25+50000×0.94% =1238.25
100001~150000	0.76	150000	1238.25+50000×0.76% =1618.25
150001~200000	0.59	200000	1618.25+50000×0.59% =1913.25
200001~300000	0.43	300000	1913.25+100000×0.43% =2343.25
300000 以上	0.32	310000	2343.25+10000×0.32% =2375.25

注:1. 水深大于 15m、跨度不小于 400m 的斜拉桥和跨度不小于 800m 的悬索桥等独立特大型桥梁工程的建设单位(业主)管理费按表中的费率乘以 1.0~1.2 的系数计算。

2. 海上工程[指由于风浪影响,工程施工期(不包括封冻期)全年月平均工作日少于 15 天的工程]的建设单位(业主)管理费按表中的费率乘以 1.0~1.3 的系数计算。

(2)工程质量监督费

工程质量监督费系指根据国家有关部门规定,各级公路工程质量监督机构对工程建设质量和安全生产实施监督应收取的管理费用。

工程质量监督费以建筑安装工程费总额为基数,按 0.15% 计算。

$$\text{工程质量监督费} = \sum \text{建筑安装工程费} \times 0.15\% \tag{4-40}$$

(3)工程监理费

工程监理费系指建设单位(业主)委托具有公路工程监理资格的单位,按施工监理规范进行工程全面的监督和管理所发生的费用。

费用内容包括:工作人员的基本工资、工资性津贴、社会保障费用(基本养老、基本医疗、失业、工伤保险)、住房公积金、职工福利费、工会经费、劳动保护费;办公费、会议费、差旅交通费、固定资产使用费(包括办公及生活房屋折旧、维修或租赁费,车辆折旧、维修、使用或租赁费,通信设备购置、使用费,测量、试验、检测设备仪器折旧维修或租赁费,其他设备折旧、维修或租赁费等)、零星固定资产购置费、招募生产工人费;技术图书资料费、职工教育经费、投标费用;合同契约公证费、咨询费、业务招待费;财务费用、监理单位的临时设施费、各种税费和其他管理性开支。

工程监理费以建筑安装工程费总额为基数,按表 4-28 的费率计算。

$$\text{工程监理费} = \sum \text{建筑安装工程费} \times \text{监理费费率}(\%) \qquad (4\text{-}41)$$

工程监理费费率表　　　　表 4-28

工程类别	高速公路	一级及二级公路	三级及四级公路	桥梁及隧道
费率(%)	2.0	2.5	3.0	2.5

表 4-28 中的桥梁指水深大于 15m、斜拉桥和悬索桥等独立特大型桥梁工程;隧道指水下隧道工程。

建设单位(业主)管理费和工程监理费均为实施建设项目管理的费用,执行时可根据建设单位(业主)和施工监理单位所实际承担的工作内容和工作量,在保证监理费用的前提下,统筹使用。

(4) 工程定额测定费

工程定额测定费系指各级公路(交通)工程定额(造价管理)站为测定劳动定额、搜集定额资料、编制工程定额及定额管理所需要的工作经费。

工程定额测定费以建筑安装工程费总额为基数,按 0.12% 计算。

(5) 设计文件审查费

设计文件审查费系指国家和省级交通主管部门在项目审批前,为保证勘察设计工作的质量,组织有关专家或委托有资质的单位,对设计单位提交的建设项目可行性研究报告和勘察设计文件以及对设计变更、调整概算进行审查所需要的相关费用。

设计文件审查费以建筑安装工程费总额为基数,按 0.1% 计算。

(6) 竣(交)工验收试验检测费

竣(交)工验收试验检测费系指在公路建设项目交工验收和竣工验收前,由建设单位(业主)或工程质量监督机构委托有资质的公路工程质量检测单位按照有关规定对建设项目的工程质量进行检测,并出具检测意见所需要的相关费用。

竣(交)工验收试验检测费按表 4-29 的规定计算。

竣(交)工验收试验检测费标准　　　　表 4-29

项目	路线(元/公路公里)				独立大桥(元/座)	
	高速公路	一级公路	二级公路	三级及四级公路	一般大桥	技术复杂大桥
试验检测费	15000	12000	10000	5000	30000	100000

关于竣(交)工验收试验检测费,高速公路、一级公路按四车道计算,二级及以下等级公路按双车道计算,每增加一条车道,按表中的费用增加 10% 计算。

3) 研究试验费

研究试验费系指为本建设项目提供或验证设计数据、资料进行必要的研究试验及按照设计规定在施工过程中必须进行试验、验证所需的费用,以及支付科技成果、先进技术的一次性技术转让费。该费用不包括：

①应由科技三项费用(即新产品试制费、中间试验费和重要科学研究补助费)开支的项目。

②应由施工辅助费开支的施工企业对建筑材料、构件和建筑物进行一般鉴定、检查所发生的费用及技术革新研究试验费。

③应由勘察设计费或建筑安装工程费用开支的项目。

计算方法：按照设计提出的研究试验内容和要求进行编制，不需验证设计基础资料的不计本项费用。

4）建设项目前期工作费

建设项目前期工作费系指委托勘察设计、咨询单位对建设项目进行可行性研究、工程勘察设计，以及设计、监理、施工招标文件及招标标底或造价控制值文件编制时，按规定应支付的费用。该费用包括：

①编制项目建议书(或预可行性研究报告)、可行性研究报告、投资估算，以及相应的勘察、设计、专题研究等所需的费用。

②初步设计和施工图设计的勘察费(包括测量、水文调查、地质勘探等)、设计费、概(预)算及调整概算编制费等。

③设计、监理、施工招标文件及招标标底(或造价控制值、清单预算)文件编制费等。

计算方法：依据委托合同计列，或按国家颁发的收费标准和有关规定进行编制。

5）专项评价(估)费

专项评价(估)费系指依据国家法律、法规规定须进行评价(评估)、咨询，按规定应支付的费用。该费用包括环境影响评价费、水土保持评估费、地震安全性评价费、地质灾害危险性评价费、压覆重要矿床评估费、文物勘察费、通航论证费、行洪论证(评估)费、使用林地可行性研究报告编制费、用地预审报告编制费等费用。

计算方法：按国家颁发的收费标准和有关规定进行编制。

6）施工机构迁移费

施工机构迁移费系指施工机构根据建设任务的需要，经有关部门决定成建制地(指工程处等)由原驻地迁移到另一地区所发生的一次性搬迁费用。该费用不包括：

①应由施工企业自行负担的，在规定距离范围内调动施工力量以及内部平衡施工力量所发生的迁移费用。

②由于违反基建程序，盲目调迁队伍所发生的迁移费。

③因中标而引起施工机构迁移所发生的迁移费。

费用内容包括：职工及随同家属的差旅费，调迁期间的工资，施工机械、设备、工具、用具和周转性材料的搬运费。

计算方法：施工机构迁移费应经建设项目的主管部门同意按实计算。但计算施工机构迁移费后,如迁移地点即新工地地点(如独立大桥),则其他工程费内的工地转移费应不再计算。如施工机构迁移地点至新工地地点尚有部分距离,则工地转移费的距离,应以施工机构新地点为计算起点。

7) 供电贴费

供电贴费系指按照国家规定,建设项目应交付的供电工程贴费、施工临时用电贴费。

计算方法:按国家有关规定计列(目前停止征收)。

8) 联合试运转费

联合试运转费指新建、改(扩)建工程项目,在竣工验收前按照设计规定的工程质量标准,进行动(静)载荷载试验所需的费用,或进行整套设备带负荷联合试运转期间所需的全部费用抵扣试车期间收入的差额。该费用不包括应由设备安装工程项下开支的调试费的费用。

费用内容包括:联合试运转期间所需的材料、油燃料和动力的消耗,机械和检测设备使用费,工具用具和低值易耗品费,参加联合试运转人员工资及其他费用等。

联合试运转费以建筑安装工程费总额为基数,独立特大型桥梁按 0.075%、其他工程按 0.05% 计算。

9) 生产人员培训费

生产人员培训费指新建、改(扩)建公路工程项目,为保证生产的正常运行,在工程竣工验收交付使用前对运营部门生产人员和管理人员进行培训所必需的费用。

费用内容包括:培训人员的工资、工资性补贴、职工福利费、差旅交通费、劳动保护费、培训及教学实习费等。

生产人员培训费按设计定员和 2000 元/人的标准计算。

10) 固定资产投资方向调节税

固定资产投资方向调节税系指为了贯彻国家产业政策,控制投资规模,引导投资方向,调整投资结构,加强重点建设,促进国民经济持续稳定协调发展,依照《中华人民共和国固定资产投资方向调节税暂行条例》规定,公路建设项目应缴纳的固定资产投资方向调节税。

按国家有关规定计算(目前暂停征收)。

11) 建设期贷款利息

建设期贷款利息系指建设项目中分年度使用国内贷款或国外贷款部分,在建设期内应归还的贷款利息。费用内容包括各种金融机构贷款、企业集资、建设债券和外汇贷款等利息。

根据不同的资金来源按需付息的分年度投资计算。计算公式如下:

$$建设期贷款利息 = \sum (上年末付息贷款本息累计 + 本年度付息贷款额 \div 2) \times 年利率 \quad (4-42)$$

4.2.4 预备费

预备费由价差预备费及基本预备费两部分组成。在公路工程建设期限内,凡需动用预备费时,属于公路交通运输部门投资的项目,需经建设单位提出,按建设项目隶属关系,报交通运输部或交通运输厅(局、委)基建主管部门核定批准;属于其他部门投资的建设项目,按其隶属关系报有关部门核定批准。

1) 价差预备费

价差预备费系指设计文件编制年至工程竣工年期间,第一部分费用的人工费、材料费、机械使用费、其他工程费、间接费等以及第二、三部分费用由于政策、价格变化可能发生上浮而预留的费用及外资贷款汇率变动部分的费用。

(1) 计算方法

价差预备费以概(预)算或修正概算第一部分建筑安装工程费总额为基数,按设计文件编制年始至建设项目工程竣工年终的年数和年工程造价增涨率计算。计算公式如下:

$$价差预备费 = P \times [(1+i)^{n-1} - 1] \tag{4-43}$$

式中:P——建筑安装工程费总额(元);

i——年工程造价增涨率(%);

n——设计文件编制年至建设项目开工年 + 建设项目建设期限(年)。

(2) 年造价增涨率按有关部门公布的工程投资价格指数计算,由设计单位会同建设单位根据该工程人工费、材料费、施工机械使用费、其他工程费、间接费以及第二、三部分费用可能发生的上浮等因素,以第一部分建安费为基数进行综合分析预测。

(3) 设计文件编制至工程完工在一年以内的工程,不列此项费用。

§ **例 4-2** § 某二级公路的建安工程费为 14939.11 万元,该工程 2003 年编制施工图预算,建设期为三年,2005 年开工,2007 年底建成。经测算工程造价增涨率为 5%,试计算工程造价价差预备费。

解 由公式价差预备费 = $P \times [(1+i)^{n-1} - 1]$ 得:

工程造价价差预备费 = $14939.11 \times [(1+5\%)^{5-1} - 1] = 3219.4716$ 万元

2) 基本预备费

基本预备费系指在初步设计和概算中难以预料的工程费用,其用途如下:

①在进行技术设计、施工图设计和施工过程中,在批准的初步设计和概算范围内所增加的工程费用。

②在设备订货时,由于规格、型号改变的价差;材料货源变更、运输距离或方式的改变以及因规格不同而代换使用等原因发生的价差。

③由于一般自然灾害所造成的损失和预防自然灾害所采取的措施费用。

④在项目主管部门组织竣(交)工验收时,验收委员会(或小组)为鉴定工程质量必须开挖和修复隐蔽工程的费用。

⑤投保的工程根据工程特点和保险合同发生的工程保险费用。

计算方法:以第一、二、三部分费用之和(扣除固定资产投资方向调节税和建设期贷款利息两项费用)为基数按下列费率计算:设计概算按 5% 计列,修正概算按 4% 计列,施工图预算按3%计列。

采用施工图预算加系数包干承包的工程,包干系数为施工图预算中直接费与间接费之和的3%。施工图预算包干费用由施工单位包干使用。该包干费用的内容为:

①在施工过程中,设计单位对分部分项工程修改设计而增加的费用,但不包括因水文地质条件变化造成的基础变更、结构变更、标准提高、工程规模改变而增加的费用。

②预算审定后,施工单位负责采购的材料由于货源变更、运输距离或方式的改变以及因规格不同而代换使用等原因发生的价差。

③由于一般自然灾害所造成的损失和预防自然灾害所采取的措施的费用(例如预防一般台风、洪水的费用)等。

3) 回收金额

概、预算定额所列材料一般不计回收,只对按全部材料计价的一些临时工程项目和由于工程规模或工期限制达不到规定周转次数的拱盔、支架及施工金属设备的材料计算回收金额。回收率见表4-30。

回 收 率(单位:%)   表4-30

回收项目	使用年限或周转次数				计算基数
	一年或一次	两年或两次	三年或三次	四年或四次	
临时电力、电信线路	50	30	10		材料原价
拱盔、支架	60	45	30	15	
施工金属设备	65	65	50	30	

注:施工金属设备指钢壳沉井、钢护筒等。

值得注意的是:《公路工程基本建设项目概算预算编制办法》(JTG B06—2007)中以费率计算的各项费用,根据具体工作的特点,计算基数分别采用了"人工费"、"人工费与施工机械使用费合计"、"直接工程费"或"建筑安装工程费",不再使用"定额基价"或"定额建筑安装工程费"的概念。例如:

①以直接工程费(即工、料、机费)为基数计算费用的有其他工程费中的冬季施工增加费、雨季施工增加费、夜间施工增加费、安全及文明施工措施费、临时设施费、施工辅助费、工地转移费等。

②以人工费为基数计算的费用有规费、辅助生产间接费等。

③以人工费和机械使用费之和为基数的有特殊地区施工增加费中的高原地区和风沙地区施工增加费;行车干扰工程施工增加费。

④以直接费为基数的有企业管理费,特殊地区施工增加费中的沿海地区工程施工增加费。

⑤以建筑安装工程费总额为基数的有建设项目管理费,包括建设单位(业主)管理费、工

程质量监督费、工程监理费、工程定额测定费、设计文件审查费[其中的竣(交)工验收试验检测费,以金额计,不以基数计算],以及联合试运转费。

这样使概预算费用的计算更系统、更简单、明朗,趋于完善,符合现场实际。

4.3 公路工程概(预)算编制

4.3.1 概(预)算文件的组成

概(预)算文件由封面、目录,概(预)算编制说明及全部概(预)算计算表格组成。

1)封面及目录

概(预)算文件的封面和扉页应按《公路工程基本建设项目设计文件编制办法》中的规定制作,扉页的次页应有建设项目名称,编制单位,编制、复核人员姓名并加盖资格印章,编制日期及分册等内容。目录应按概预算表的表号顺序编排。

2)概(预)算编制说明

概(预)算编制完成后,应写出编制说明,文字力求简明扼要,内容一般包括:

①建设项目设计资料的依据及有关文号,如建设项目可行性研究报告批准文件号、初步设计和概算批准文号(编修正概算及预算时),以及根据何时的测设资料及比选方案进行编制的等。

②采用的定额、费用标准,人工、材料、机械台班单价的依据或来源,补充定额及编制的详细说明。

③与概(预)算有关的委托书、协议书、会议纪要的主要内容。

④总概(预)算金额,人工、钢材、水泥、木料、沥青的总需要量情况,各设计方案的经济比较,以及编制中存在的问题。

④其他与概(预)算有关但不能在表格中反映的事项。

3)概(预)算表格

公路工程概(预)算应按统一的概(预)算表格计算,其中概算、预算相同的表式,在印制表格时,应将概算表与预算表分别印制。

4)甲组文件与乙组文件

概(预)算文件是设计文件的组成部分,按不同的需要分为两组,甲组文件为各项费用计算表,乙组文件为建筑安装工程费各项基础数据计算表(只供审批使用)。甲、乙两组文件应按《公路工程基本建设项目设计文件编制办法》关于设计文件报送份数的规定,随设计文件一并报送。报送乙组文件时,还应提供"建筑安装工程费各项基础数据计算表"的电子文档和编制补充定额的详细资料,并随同概预算文件一并报送。

乙组文件中的"建筑安装工程费计算数据表"(08-1表)和"分项工程概预算表"(08-2表)应根据审批部门或建设项目业主单位的要求全部提供或仅提供其中的一种。

概预算应按一个建设项目(如一条路线或一座独立大、中桥)进行编制。当一个编制项目需要分段或分部编制时,应根据需要分别编制,但必须汇总编制"总概预算汇总表"。

甲、乙组文件包括的内容如图 4-3、图 4-4 所示。

各种表格的计算顺序和相互关系如图 4-5 所示。各种表格样式详见附录 2。

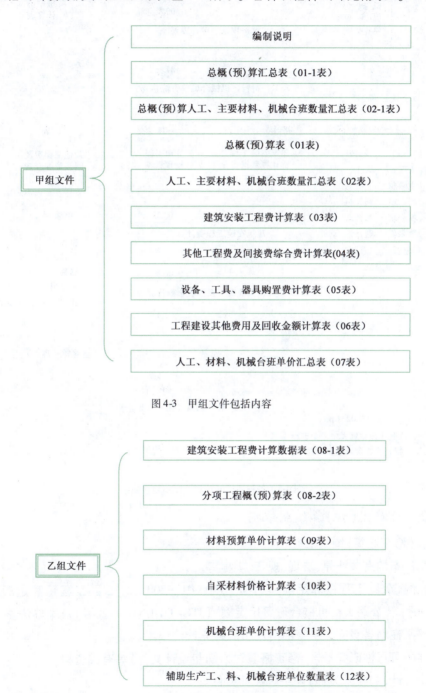

图 4-3　甲组文件包括内容

图 4-4　乙组文件包括内容

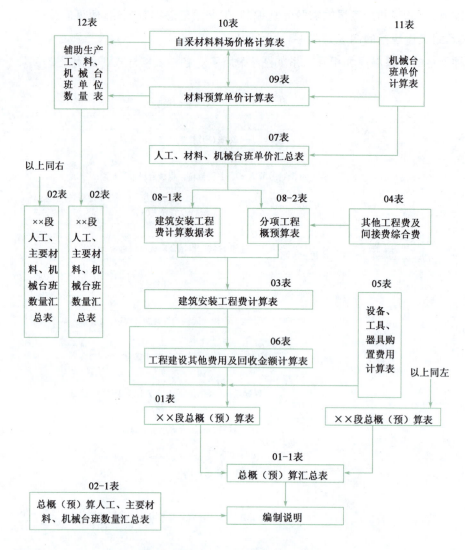

图 4-5 各种表格的计算顺序和相互关系

4.3.2 公路概(预)算编制依据

1)概算(修正概算)编制依据

①国家发布的有关法律、法规、规章、规程等。

②现行的《公路工程概算定额》(JTG/TB 06-01—2007)、《公路工程预算定额》(JTG/TB 306-02—2007)、《公路工程机械台班费用定额》(JTG/TB 06-03—2007)及本办法。

③工程所在地省级交通主管部门发布的补充计价依据。

④批准的可行性研究报告(修正概算时为初步设计文件)等有关资料。

⑤初步设计(或技术设计)图纸等设计文件。

⑥工程所在地的人工、材料、机械及设备预算价格等。

⑦工程所在地的自然、技术、经济条件等资料。

⑧工程施工方案。

⑨有关合同、协议等。

⑩其他有关资料。

2) 预算编制依据

①国家发布的有关法律、法规、规章、规程等。

②现行的《公路工程预算定额》、《公路工程机械台班费用定额》及本办法。

③工程所在地省级交通主管部门发布的补充计价依据。

④批准的初步设计文件(或技术设计文件,若有)等有关资料。

⑤施工图纸等设计文件。

⑥工程所在地的人工、材料、设备预算价格等。

⑦工程所在地的自然、技术、经济条件等资料。

⑧工程施工组织设计或施工方案。

⑨有关合同、协议等。

⑩其他有关资料。

4.3.3 概(预)算编制要求

概(预)算按一个建设项目进行编制,如一条路线跨越两个以上的省、自治区、直辖市或不同的施工系统,根据投资来源及施工招标的要求,必须分段或分部编制时,应分别编制,然后汇总编"总概(预)算汇总表"。

当一个建设项目由两个以上设计(咨询)单位共同承担设计时,各设计(咨询)单位应负责编制所承担设计的单项目或单位工程概(预)算,主体设计(咨询)单位应负责编制原则和依据、工程设备与材料价格、取费标准等的协调与统一,汇编总概(预)算,并对全部概(预)算的编制质量负责。

公路管理、养护及服务房屋应执行工程所在地的地区统一定额及相应的其他工程费和间接费定额,但其他费用应按编制办法中的项目划分及计算方法编制。

概算和预算编制必须严格执行国家的方针、政策和有关制度,符合公路设计、施工技术规范。文件应达到的质量要求:符合规定、结合实际、经济合理、提交及时、不重不漏、计算正确、字迹打印清晰、装订整齐完善。

设计(咨询)单位应加强基本建设经济管理工作,配备和充实公路工程造价人员,切实做好概(预)算的编制工作。公路工程造价人员应不断提高专业素质,掌握设计、施工情况,做好设计方案的经济比较,使技术工作和经济工作结合起来,全面、有效地提高设计质量,合理确定工程造价。

4.3.4 编制步骤

①熟悉设计图纸和资料。

②准备概(预)算基础资料。

③分析外业调查资料及施工方案。

④分项将工程纲目一一列出并列入08表中。

⑤计算工程量。

⑥查定额。

⑦基础单价的计算,通过09表、10表和11表进行,具体步骤如下。

a. 根据08表中所出现的材料种类、规格及机械作业所需的燃料和水电编制09表。

b. 根据实际工程所发生的自采材料种类、规格,按照外业料场调查资料编制"自采材料料场价格计算表"(10表),并将计算结果汇入09表的材料原价栏中。

c. 根据08表、10表中出现的所有机械种类和09表中自办运输的机械种类,计算工程所有机械的台班单价,即编制"机械台班单价计算表"(11表)。

d. 根据地区类别和地方规定等资料计算人工工日单价。

e. 将上面a~d项所算得的各基础单价汇总,编制人工及材料、机械单价汇总表(07表)。

⑧计算分项工程的直接费和间接费。有了各分项工程的资源消耗数量及基础单价,便可计算其直接费与间接费。

直接费计算:通过前面各项费用的计算,便可计算直接费。直接费分为直接工程费和其他工程费两类。

直接工程费是指施工过程中耗费的构成工程实体和有助于工程形成的各项费用,由人工费、材料费、施工机械使用费三部分组成。

其他工程费是指直接工程费以外施工过程中发生的直接用于工程的费用。包括冬季施工增加费、雨季施工增加费等共九项。

直接工程费计算:直接工程费(即工、料、机费),按编制年工程所在地的预算价格计算。

$$直接费 = (分项工程人工费 + 分项工程材料费 + 分项工程施工机械$$
$$使用费 + 分项工程其他直接费)$$
$$= 分项工程量[(定额工日数×工日单价+定额材料消耗数量×$$
$$材料预算单价+定额机械台班消耗量×机械台班单价)]×$$
$$(1+其他工程费综合费率)$$

定额直接工程费是间接费计算的基数,在概(预)算中有着很重要的作用。它与直接工程费不同之处在于采用的工日单价、材料预算单价和机械台班单价不同,而计算方法和步骤是相同的。其计算公式如下:

$$定额直接工程费 = 定额基价 + 其他直接费 + 现场经费$$
$$= 定额基价×(1+其他直接费综合费率+现场经费综合费率)$$

具体步骤如下:

a. 将07表的单价填入08表中的单价栏,由单价与数量相乘得出人工费、材料费、机械使用费,并可算得工、料、机合计费用。

b. 根据工程类别和工程所在地区,取定各项费率并计算其他直接费、现场经费和间接费的综合费用,即编制04表。

c. 将04表中各费率填入08表中的相应栏目,并以直接工程费为基数计算其他直接费。

d. 分别在08表中计算直接费和其他直接费。

e. 以各类工程人工费乘以规费综合费率加直接费乘以企业管理费计算间接费。

⑨计算建筑安装工程费。建筑安装工程费通过03表计算:

a. 将08表中各分项工程的直接工程费、间接费按工程项或目(单位工程)汇总填入03表中相应栏目。

b. 按要求确定利润、税金的百分率,并填入03表的有关栏目。

c. 以直接费为基数计算利润。

d. 以直接费、间接费、利润三者之和为基数计算税金。

e. 纵向合计各单位工程的直接费、间接费、利润和税金,得到各单位工程的建筑安装工程费,总计各单位工程的建安费,得到工程项目的建安费。同时合计定额建安费,完成03表计算。

⑩实物指标计算。概(预)算还必须编制工程项目的实物消耗量指标,这可通过02表和12表的计算完成。

a. 将09表和10表、11表中的人工、材料、机械消耗量及机械实物消耗量汇总编制辅助生产工、料、机单位数量表(12表)。

b. 汇总08表中人工、主要材料、机械台班数量。

c. 计算各种增工数量。

d. 合计上面a~c项中的各项数据得出工程概、预算的实物数量,即得到02表。

⑪计算其他有关费用。按规定计算第二部分和第三部分费用,即编制05表和06表。同时可以在06表中计算预备费用。

⑫编制总概(预)算表并进行造价分析。

a. 编制总概(预)算表:将03、05、06表中的各项填入01表中相应栏目,并计算各项技术经济指标。

b. 造价分析:根据概(预)算总金额、各单位工程或分项工程的费用比值和各项技术经济指标进行全面分析,对设计提出修改建议和从经济角度对设计是否合理予以评价,找出挖潜措施。

⑬编制综合概(预)算。根据建设项目要求,当分段或分部编制01表和02表时,需要汇总编制综合概、预算。

a. 汇总各种概(预)算表,编制"总概(预)算汇总表"(01-1表)。

b. 汇总各段的02表编制"总概(预)算人工、主要材料、机械台班数量汇总表"(02-1表)。

⑭编制说明。概(预)算表格计算并编制完后,必须编制概(预)算说明,主要说明概(预)

算编制依据,编制中存在的问题,工程总造价的货币和实物量指标及其他与概(预)算有关但不能在表格中反映的事项。

4.3.5 编制注意事项

公路工程概(预)算编制中应注意的事项很多,下面只简要说明其中的几个主要方面。

①注意表格之间的内在联系,理清其交叉关系。

概(预)算表格是一个有机的整体,互相联系,相互补充,通过这些表格反映整个工程的资源消耗,因此应熟练掌握各表格之间的内在联系。各表之间的关系请看图4-14。特别是其中的07表、08表、09表、10表、11表五个表格,在编制时交叉进行,需要特别注意。如10表中出现的外购材料单价及11表中出现的动力燃料单价通过09表分算,但要注意其运料终点是"料场"还是"工地料库"等。09表中出现的自办运输台班单价和10表中出现的机械台班单价通过11表计算。进行02表编制时,不要忘记汇总那些按费率或指标计算的增工、增料数量。

②08表的"工程名称"(即01表中"项"的名称)要按项目填列,应注意将费率相同的各"目"填列于一张表中,以便于小计。

③注意各取费费率适用范围的说明,如无路面的便道工程属于土方,有路面的便道工程属于路面等。

④使用定额时,一定要注意其小注和章、节说明等,如所有材料的运输及装卸定额中均未包括堆、码方工日等。

⑤按地方的规定计算有关费用时,要注意各地规定中的细节要求,如各省制订的《汽运规则实施细则》中,对25km以下短途运输的计价方法就不相同。

⑥编制中应注意公路工程概(预)算的工程费用中属非公路专业的工程,应执行有关专业部门的直接费定额和相应的间接费定额。一般工业与民用建筑应执行所在地的地区统一直接费定额和相应的间接费定额,但其他费用应按公路工程其他费用项目划分及计算办法编制。

4.3.6 公路工程各项费用计算程序

各项费用之间有着紧密的联系,其计算亦有一定的规律和程序,各项费用的计算程序及计算方式归纳如表4-31所示。

公路工程建设各项费用的计算程序及计算方式 表4-31

代 号	项 目	说明及计算式
(一)	直接工程费(即工、料、机费)	按编制年工程所在地的预算价格计算
(二)	其他工程费	(一)×其他工程费综合费率或各类工程人工费和机械费之和×其他工程费综合费率
(三)	直接费	(一)+(二)
(四)	间接费	各类工程人工费×规费综合费率+(三)×企业管理费综合费率

续上表

代 号	项 目	说明及计算式
（五）	利润	[（三）+（四）–规费]×利润率
（六）	税金	[（三）+（四）+（五）]×综合税率
（七）	建筑安装工程费	（三）+（四）+（五）+（六）
（八）	设备、工具、器具购置费（包括备品备件）	Σ（设备、工具、器具购置数量×单价+运杂费）×（1+采购保管费率）
	办公及生活用家具购置费工程建设其他费用	按有关规定计算
（九）	工程建设其他费用	
	土地征用及拆迁补偿费	按有关规定计算
	建设单位（业主）管理费	（七）×费率
	工程质量监督费	（七）×费率
	工程监理费	（七）×费率
	工程定额测定费	（七）×费率
	设计文件审查费	（七）×费率
	竣（交）工验收试验检测费	按有关规定计算
	研究试验费	按批准的计划编制
	前期工作费	按有关规定计算
	专项评价（估）费	按有关规定计算
	施工机构迁移费	按实计算
	供电贴费	按有关规定计算
	联合试运转费	（七）×费率
	生产人员培训费	按有关规定计算
	固定资产投资方向调节税	按有关规定计算
	建设期贷款利息	按实际贷款数及利率计算
（十）	预备费	包括价差预备费和基本预备费两项
	价差预备费	按规定的公式计算
	基本预备费	[（七）+（八）+（九）–固定资产投资方向调节税–建设期贷款利息]×费率
	预备费中施工图预算包干系数	[（三）+（四）]×费率
（十一）	建设项目总费用	（七）+（八）+（九）+（十）

4.3.7 应用电子计算机编制概（预）算

工程概（预）算是一项极为繁琐而又复杂的计算工作，费时费力。为了提高效率，近年来设计施工部门已广泛推广应用电子计算机，编制一定的计算程序，按照程序和表格形式要求即可编制并打印出概（预）算文件。

概(预)算是根据该工程项目所使用的人工、材料、机械台班等套用相应的定额,按照编制办法中规定的编制方法和公式计算工程造价,因此,在设计程序时,首先应将工程项目、定额、人工、材料、机械按照一定的规律赋予一定的代号(标志符),人与计算机之间通过这种代号达成了约定,有了这种约定以后,在源程序中就可以分别用不同的代号来表示人工和各种材料、机械、工程项目和定额。计算时,只要按照计算机的提示和要求,给计算机输入相应的数据,计算机即自动地按照程序所规定的公式计算,确定单价以及各种费率,并进行数量汇总,最后输出概(预)算金额以及各类数据,填入各种表格形成概(预)算文件。功能较强的程序,不但能计算出概(预)算各项数据,还能按照编制办法所规定的内容打印出各类表格,一次完成计算、打印的各项工作。实践表明,应用计算机编制概(预)算,具有以下几方面的优点:

①速度快、效率高,使概(预)算统制人员摆脱了繁琐的手算工作,从而使概(预)算编制人员有更多的时间进行工程经济分析。

②使用统一的电算程序,使计算方式、定额套用执行有关规定的口径一致,只要数据和输入正确,结果就无误。

③计算项目完整、数据齐全,文件清晰。

④储存及时,修改方便,尤其是定额发展到选项自动化时更为方便。

单元小结

本单元重点介绍了公路工程概(预)算编制的方法及步骤。读者应掌握公路工程概(预)算费用的计算方法、编制的内容要求及计算程序。

重点掌握的内容:
①概(预)算编制的原则及要求。
②公路工程概(预)算编制的方法、步骤及程序。

【拓展阅读】

编 制 办 法

铁路、公路基本建设工程各阶段造价的编制和取费应依据国家颁布的费用编制办法进行。编制办法规定了在编制工程造价中除人工、材料、机械消耗以外的其他费用需要量计算的标准,包括其他直接费定额、间接费定额、设备工具器具及家具购置费定额、工程建设其他费用中各项指标和定额。

目前铁路投资估算采用铁道部铁建设〔2008〕10号文公布的《铁路基本建设工程投资预估算、估算编制办法》,该办法自2008年2月1日起施行;铁路概算和预算采用铁道部铁建设〔2006〕113号文公布的《铁路基本建设工程设计概(预)算编制办法》,该办法自2006年7月1日起施行。公路概算和预算采用交通运输部2007年第33号文公布的《公路工程基本建设项目概算预算编制办法》(JTG B06—2007),该办法自2008年1月1日起施行。

练 习 题

4-1 公路工程概(预)算编制的方法有哪些?

4-2 公路工程概(预)算项目的组成有哪些?

4-3 公路工程概(预)算编制的程序是什么?

4-4 公路工程概(预)算文件的组成有哪些?

4-5 比较铁路和公路工程建设其他费用包括内容的差别。

单元5　工程量清单计价

引子

我国对市场化的推进和工程造价管理改革的不断深化,特别是2003年2月建设部发布的《建设工程工程量清单计价规范》的实施,标志着我国建设工程计价模式发生了质的变化。这一从定额计价向工程量清单计价的变革,是工程造价管理模式适应社会主义市场经济发展的一次重大改革,也是工程造价计价工作向"政府宏观调控,企业自主报价,市场形成价格"的目标迈出的坚实一步。为使学生适应当前工程计价的工作要求,掌握新的、先进的、适应市场需求的工程造价的计价模式,务必使学生掌握工程量清单计价的方式与方法。

通过本单元的学习,了解工程量清单计价的含义与作用;掌握工程量清单计价的构成与清单计价的编制方法和程序;熟悉工程量清单投标报价的策略及在实际工程中的应用。

5.1　工程量清单

背景:为了适应我国铁路建设管理的需要、规范工程计量与支付行为,在2002年,工管中心委托铁路工程定额所组织编制了《新建铁路工程工程量清单计量规则》,并已在渝怀线、宜万线等一些新建项目上使用;在此基础上,铁道部组织编写《铁路工程工程量清单计价指南》(土建部分),并以"铁建设〔2007〕108号"文颁布。工程量清单计价以此作为编制依据。

工程量清单计价的基本过程如图5-1所示。

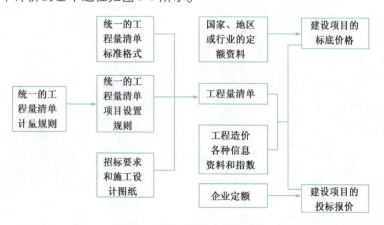

图5-1　工程量清单计价基本过程

从图5-1可以看出,其编制过程可分为两个阶段:一是工程量清单的编制,二是利用工程量清单编制投标报价(或标底价格)。

5.1.1 工程量清单的含义及其基本组成

1)工程量清单的含义

工程量清单(bill of quantity,BOQ)即工程量表,是表现拟建工程的分部分项工程项目、措施项目、其他项目、规费项目和税金项目的名称和相应数量的明细清单,是招标人按照招标文件技术规范、施工设计图纸要求及其他相关规定将拟建招标工程的全部项目和内容依据统一的工程量计算规则、统一的工程量清单项目编制规则要求,计算拟建招标工程的分部分项工程数量的表格。表 5-1 所示为招标人提供的工程量清单,表 5-2 所示为投标人提供的工程量清单。

招标人提供的工程量清单　　　　　　　　　　　　表 5-1

章别	节号	编号	工程项目及费用名称	单位	数量	单价（元）	合价（元）
			静态投资	元			
			以下各章合计	元			
三		03	桥涵	正线公里	9.54		
	5	0305	特大桥（2座）	双延长米	2976.9		
		03050101	I.建筑工程	双延长米	2976.9		
		0305010101	（一）正桥	双延长米	2976.9		
		030501010101	1.下部建筑	圬工方	119193.8		
		03050101010101	（1）基础	圬工方	93906.7		
		0305010101010101	①明挖	圬工方			
		0305010101010102	②承台	圬工方	29680.1		
		0305010101010103	③沉井	圬工方			
		0305010101010104	④挖孔桩	圬工方			
		0305010101010105	⑤钻孔桩	m	48000		
		03050101010102	（2）墩台	圬工方	25287.1		
		030501010102	2.上部建筑	双延长米	2976.9		
		03050101010203	（3）购架钢筋混凝土T梁	孔	176		
		03050101010204	（4）预应力混凝土连续梁	圬工方	1192.7		
		03050101010213	（13）铁路桥面系	双延长米	2976.9		
		030501010103	3.斜拉桥索塔	圬工方			

投标人提供的工程量清单

表 5-2

章别	节号	编 号	工程项目及费用名称	单位	数量	单价（元）	合价（元）
			静态投资	元			
			以下各章合计	元			835471613
三		03	桥涵	正线公里	9.54	27141319	258928184
	5	0305	特大桥（2座）	双延长米	2976.9	55249.56	164472414
		03050101	Ⅰ.建筑工程	双延长米	2976.9	55249.56	164472414
		0305010101	（一）正桥	双延长米	2976.9	54046.49	160890995
		030501010101	1.下部建筑	圬工方	119193.8	970.34	115658859
		03050101010101	（1）基础	圬工方	93906.7	886.79	83275440
		0305010101010101	①明挖	圬工方			
		0305010101010102	②承台	圬工方	29680.1	497.78	14774160
		0305010101010103	③沉井	圬工方			
		0305010101010104	④挖孔桩	圬工方			
		0305010101010105	⑤钻孔桩	m	48000	1427.11	68501280
		03050101010102	（2）墩台	圬工方	25287.1	1280.63	32383419
		030501010102	2.上部建筑	双延长米	2976.9	15194.38	45232136
		03050101010203	（3）购架钢筋混凝土T梁	孔	176	178665.01	31445042
		03050101010204	（4）预应力混凝土连续梁	圬工方	1192.7	5081.52	6060729
		03050101010213	（13）铁路桥面系	双延长米	2976.9	2595.44	7726365
		030501010103	3.斜拉桥索塔	圬工方			

2）工程量清单的作用

工程量清单是招标文件的组成部分，是由招标人发出的一套注有拟建工程实物工程名称、性质、特征、单位、数量及开办项目、税费等相关表格组成的文件，是工程量清单计价的基础。

标价后的工程量清单是合同中各清单子目的单价及合同价格表，是合同的重要组成部分，是计量支付的重要依据之一。

工程量清单是签订工程合同、支付工程款、调整工程量和办理工程结算的基础。

工程量清单将组织投标报价、评标和中标后项目实施中的计量支付三者有机地联系起来。

3）工程量清单的组成

工程量清单最基本的功能是作为信息的载体，以便使投标人能对工程有全面而充分的了解,因此其内容应全面、准确、无误。主要内容包括工程量清单说明和工程量清单表两大部分。

工程量清单说明:主要是招标人解释拟招标工程的工程量清单编制依据以及重要作用;工程量清单表:作为清单项目和工程数量的载体,是工程量清单的重要组成部分。

(1)建筑工程工程量清单组成

建筑工程工程量清单组成如图5-2所示。

分部分项工程量清单应包括项目编码、项目名称、项目特征、计量单位和工程量。

(2)铁路工程工程量清单组成

铁路工程工程量清单由十一章29节组成,如表5-3所示。

图5-2 建筑工程工程量清单组成

工程量清单表(节选) 表5-3

章 号	节 号	编 号	名 称	计量单位	工程数量
第一章	1	0101	拆迁工程		
第二章		02	路基		
	2	0202	区间路基土石方		
	3	0203	站场土石方		
	4	0204	路基附属工程		
第三章		03	桥涵		
	5	0305	特大桥		
	6 ……	0306	大桥 ……		

(3)公路工程工程量清单组成

公路工程工程量清单共分八章,由封面、工程量清单编制说明、工程量清单计价说明、工程细目工程量清单、专项暂定金额汇总表、计日工明细表、第900章机电工程金额汇总表以及工程量清单汇总表等组成,其中封面、工程量清单编制说明、工程量清单计价说明、工程细目工程量清单、工程量清单汇总表是必备内容,其他可根据工程实际需要进行设置。

4)工程量清单的内容

工程量清单的内容主要包括说明、工程项目编号、项目名称、子目划分特征、工程计量单位与工程数量和工程(工作)内容等。

(1)说明

对工程项目的工作范围和内容、计量方式和方法、费用计算依据进行描述。

(2)工程项目编号

工程项目表是根据工程的不同部位和施工内容进行分类的。如《公路工程工程量清单计量规则》(2009年版)中分总则、路基土石方、路面、桥梁与涵洞、隧道、安全设施及预埋管线、绿化及环境保护、房建工程、机电工程共9个科目。每个科目根据工作性质、内容再分为不同的细目,科目与细目按顺序进行编号。

①《公路工程工程量清单计量规则》(2009年版)由项目号、项目名称、项目特征、计量单位、工程量计算规则和工程内容构成。项目号的编写分别按项、目、节、细目表达,根据实际情况可按厚度、标号、规格等增列细目或子细目。《公路工程工程量清单计量规则》(2009年版)对工程量清单项(细)目的编号规定如下:

公路工程项(细)目编号采用阿拉伯数字并结合英文字母表示,由章节、子目和细目三级构成,并在各级间由半角的破折号分隔开。其中第一级是根据项(细)目所在章节确定的统一编号,除机电工程在三位数字前添加TS两位识别字母外,其他工程均由三位数字构成,第二级是根据子目确定的顺序编号,由非零数字由小到大依次构成,第三级是根据细目确定的顺序编号,由英文字母依次构成或由某同一英文字母结合非零数字由小到大依次构成。与工程量清单细目号对应方式示例如图5-3所示。

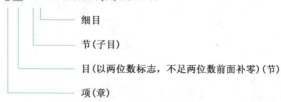

图5-3 工程量清单细目号对应方式

公路工程工程细目表金额与概(预)算定额计价形式相似。但在细目划分、内容、单位、单价等方面有所不同,主要体现在:

a. 工程项目的划分较概(预)算定额"粗"。

b. 一般把概(预)算中的临时工程、临时设施项目,以及实体工程量细目以外,概(预)算中没有但与工程实施有关的项目列在工程细目表中。如各种保险费、承包人驻地建设费、为监理工程师提供办公、生活、车辆使用等,计量单位一般以项计。

c. 工程量清单中各细目的单价是综合单价,综合单价是指完成最低一级的清单子目计量单位全部具体工程(工作)内容所需的费用。公路工程包括劳务、材料、机械、质检(自检)、安装、缺陷修复、管理、保险(工程一切险和第三方责任险除外)、税费、利润等费用,以及合同明示或暗示所有责任、义务和一般风险费用;铁路工程包括人工费、材料费、机械使用费、填料费、措施费、间接费、税金、一般风险费用。

②《铁路工程工程量清单计价指南》对工程量清单的项目编号设置作了明确的规定:

费用类别和新建、改建以汉语拼音首字母编码:建筑工程费——J,安装工程费——A,其他费——Q,新建——X,改建——G。其余编码采用每两位阿拉伯数字为一组,前四位分别表示章号、节号,如第一章第一节为0101,第三章第五节为0305,依此类推。后面各组按主从关系编排,"特大桥水上钻孔桩"项目编码如图5-4所示。

图5-4 铁路工程量清单项目编码

③建筑工程关于项目编码的规定:

建筑工程采用五级编码设置,用十二位阿拉伯数字表示,各级编码代表含义如下:

a. 第一级表示分类码(两位):

01-建筑工程;02-装饰装修工程;03-安装工程;04-市政工程;05-园林绿化工程。

b. 第二级表示章顺序码(两位);

c. 第三级表示节顺序码(两位);

d. 第四级表示清单项目码(三位);

e. 第五级表示具体清单项目码(三位)

建筑工程项目编码如图5-5所示。

图5-5 建筑工程项目编码示意图

(3)项目名称

公路工程项目名称以工程和费用名称命名。铁路工程项目名称包括了各章节名称和费用名称,子目划分特征为"综合"的子目,名称一般是指形成工程实体的名称。

(4)子目划分特征

铁路工程子目划分特征是指对清单项目的不同类型、结构、材质、规格等影响综合单价的特征描述,是设置最低一级清单项目的依据。

子目划分特征为"综合"的子目,即为编制工程量清单填写工程数量(计量单位为"元"的子目除外)的清单子目,也是投标报价和合同签订后工程实施中计量与支付的清单子目。

公路工程项目特征是按不同的工程部位、施工工艺或材料品种、规格等对项目作的描述,是设置清单项目的依据。

(5) 工程计量单位与数量

工程计量单位与工程数量计算严格执行工程量计算规则。

工程量计算规则是对清单项目工程量的计算规定和对相关清单项目的计量界面的划分。在工程实施过程中,计量与支付必须严格执行工程量计算规则。

① 铁路工程工程量计算规则详见附录4。

说明：

a. 子目划分特征为"综合"的是最低一级的清单子目,与其相关的工程内容属子细目,不单独计量,费用计入该清单子目。

b. 作为清单子目的土方和石方,除区间路基土石方和站场土石方外,仅指单独挖填土石方的子目和无需砌筑的各种沟渠等的土石方。如改河、改沟、改渠、平交道土石方,刷坡、滑坡减载土石方,挡沙堤、截沙沟土方,为防风固沙工程预先进行处理的场地平整土石方。与砌筑等工程有关的土石方挖填属于子细目,不单独计量。

②公路工程工程量计算规则,详见附录5。

说明：

a. 工程量计算规则是对清单项目工程量的计算规定,除另有说明外,清单子目工程量均以设计图示的工程实体净值计算;材料及半成品采备和损耗,场内二次转运,常规的检测等均应包括在相应工程项目中,不另行计量。

b. 施工现场交通组织、维护费应综合考虑在各项目内,不另行计量。

c. 为满足项目管理成本核算的需要,对于第四章桥梁、涵洞工程,第五章隧道工程,应按特大桥、大桥、中小桥、分离式立交桥和隧道单洞、连洞分类使用本规则的计量项目。

(6) 工程(工作)内容

①铁路工程(工作)内容:是指完成该清单子目可能发生的具体工程(工作)。除工程量清单计量规则列出的内容外,均包括场地平整、原地面挖台阶、原地面碾压,工程定位复测、测量、放样,工程点交、场地清理,材料(含成品、半成品、周转性材料)和各种填料的采备保管、装卸运输,小型临时设施,按照规范和施工质量验收标准的要求对建筑安装的设备、材料、构件和建筑物进行检验试验、检测,防寒、保温设施,防雨、防潮设施,照明设施,环境保护、文明施工(施工标志、防尘、防噪声、施工场地围栏等)和环境保护、水土保持、防风防沙、卫生防疫措施,已完工程及设备保护措施、竣工文件编制等内容。

②公路工程(工作)内容:是指完成该清单项目可能发生的具体工程,可供招标人确定清单项目和投标人投标报价参考。凡工程内容中未列全的其他具体工程,由投标人按招标文件

或图纸要求编制,以完成清单项目为准,综合考虑到报价中。

5.1.2 工程量清单计价的特点

采用工程量清单计价,可以将各种经济、技术、质量、进度、风险等因素充分细化并体现在综合单价的确定上;可以依据工程量计算规则,划大计价单位,便于工程管理和工程计量。与传统的计价方式相比,工程量清单计价具有如表5-4所示的特点。

工程量清单计价特点 表5-4

序 号	特 点	说 明
1	统一计价规则	统一的工程量清单计价方法,统一的工程量计算规则,统一的工程量项目设置规则
2	有效控制消耗量	通过由政府发布统一的社会平均消耗量指导标准,为企业提供一个社会平均尺度,从而达到保证工程质量目的
3	彻底放开价格	将工程消耗量定额中的工、料、机价格和利润、管理费全面放开,由市场的供求关系自行确定价格
4	企业自主报价	投标企业根据自身的技术专长、材料采购渠道和管理水平等,制订企业自己的报价定额
5	市场有序竞争形成价格	按《中华人民共和国招标投标法》有关条款规定,最终以"不低于成本"的合理低价中标

5.1.3 定额计价与清单计价的区别与联系

定额计价与工程量清单计价二者相比的主要区别在于采用的计价模式不同、采用的单价方法不同、反映的成本价不同、结算的要求不同、风险处理的方式不同、项目的划分不同、工程量计算规则不同、计量单位不同。但工程量清单的编制与计价,与定额又有着密不可分的联系。

1)工程量清单计价与定额计价的区别(图5-6)

2)工程量清单计价与定额计价的联系

①清单项目的设置,通常会参考定额的项目划分,注意使清单计价项目设置与定额计价项目设置的衔接;以便于推广工程量清单计价方式,并易于操作,方便使用。

②清单中的"项目特征"的内容,基本上取自原定额的项目(或子目)设置的内容。

③清单中的"工程内容"与定额子目相关联,它是综合单价的组价内容。

④工程量清单计价,企业需要根据自己的实际消耗成本报价,在目前多数企业没有企业定额的情况下,现行全国统一定额仍然可作为消耗量定额的重要参考。

5.1.4 实行工程量清单计价的意义

1)宏观方面

①推行工程量清单计价是深化工程造价管理改革,推进建筑市场市场化的根本途径;

②推行工程量清单计价是规范建筑市场秩序的治本措施之一;

③推行工程量清单计价是与国际接轨的需要;

图 5-6 工程量清单计价与定额计价的区别

④实行工程量清单计价是促进建设市场有序竞争和企业健康发展的需要；

⑤实行工程量清单计价有利于我国工程造价部门职能的转变。

2）微观方面

①有利于工程造价的降低、提高投资的效益；

②有利于缩短建设周期，从而提高建设投资的社会效益和经济效益；

③有利于促进施工承包企业自身的管理水平，竞争实力的提高，从而整体提高我国承包企业的实力；

④有利于实现工程承包过程中风险的合理分担，实现工程承包"双赢"的局面。

5.2 工程量清单计价

5.2.1 工程量清单计价的含义

工程量清单计价是以招标人提供的工程量清单为平台，投标人根据工程项目特点，自身的技术水平,施工方案,管理水平高低,以及中标后面临的各种风险等进行综合报价,由市场竞争形成工程造价的一种计价方式。这种计价方式是完全市场定价体系的反映,在国际承包市场非常流行。

5.2.2 工程量清单计价的依据

工程量清单计价的依据:
①工程量清单计价规范规定的计价规则;
②政府统一发布的消耗量定额;
③企业自主报价时参照的企业定额;
④由市场供求关系影响的工、料、机市场价格及企业自行确定的利润、管理标准等。

5.2.3 工程量清单编制方法

①工程量清单的编制可采用国际惯例作为整体框架,列出工程量清单项目,在清单项目中明确需要体现的项目特征和项目包含的工程内容,然后确定工程量清单项目的项目编码、计量单位和工程数量,并且将《建设工程工程量清单计价规范》要求与国际通行办法相统一,即:统一划分项目,统一计量单位,统一工程量计算,统一计价表的形式,同时编制出相应的工料消耗定额。

②工程量清单应由具备招标条件的招标人或招标人委托的具有相应资质的造价咨询单位编制,这是招标人编制标底的依据,是投标方报价的依据,也是竣工结算调整的依据,它应包括编制说明和清单两部分,编制说明应包括编制依据、分部分项工程工作内容的补充要求,施工工艺等特殊要求以及主要材料价格档次的设定。

③工程量清单的编制应按有关图纸、工程地质报告、施工规范、设计图集等要求和规定进行编制。要求表述清楚、用语规范。编制的内容中除实物消耗形态的项目之外,招标方还应列出非实物形态的竞争费用。同时也要明确竞争与非竞争工程费用的分类。

④工程量清单常以表格的形式表示。

5.2.4 建设工程工程量清单计价的方法和程序

1) 建设工程工程量清单计价的组成

建设工程工程量清单计价,其项目工程造价由分部分项工程费、措施项目费、其他项目费、规费和税金组成。其投标报价的构成如图5-7所示。

2) 单位工程投标报价计价计算方法和程序

①分部分项工程费 = 工程量清单中分部分项工程量 × 分部分项工程综合单价;
②措施项目费 = 工程量清单中措施项目工程量 × 措施项目综合单价;
③其他项目费 = 按相关文件及投标人的实际情况进行计算汇总;
④规费 = (分部分项工程费 + 措施项目费 + 其他项目费) × 规费费率;
⑤税金 = (分部分项工程费 + 措施项目费 + 其他项目费 + 规费) × 综合税率;
⑥单位工程报价总价 = 分部分项工程费 + 措施项目费 + 其他项目费 + 规费 + 税金。

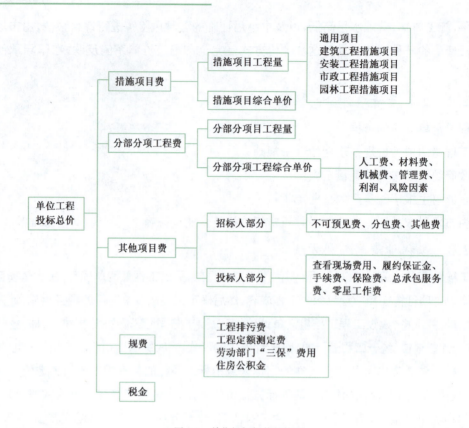

图 5-7　单位投标报价的构成

3）工程量清单计价应格式统一

其格式应随招标文件发至投标人，由投标人填写。工程量清单计价的标准格式由下列内容组成：

（1）封面

封面由招标人按规定的内容填写、签字、盖章，如表 5-5 所示。

表 5-5

_____工程
工程量清单报价表

投　标　人：_____（单位签字盖章）

法定代表人：_____（签字盖章）

造价工程师
及注册证号：_____（签字盖执业专用章）

编制时间：_____

（2）投标总价

投标总价如表 5-6 所示，应按工程项目总价表合计金额填写。

表 5-6

投标总价

建设单位：
工程名称：
投标总价(小写)：_____
　　　　(大写)：_____
投　标　人：_____(单位签字盖章)
法定代表人：_____(签字盖章)
编　制　时　间：_____

(3) 工程项目总报价汇总表

工程项目总报价汇总表（表5-7）应按各单项工程费汇总表的合计金额填写。

工程项目总报价汇总表　　　　　　　　　表 5-7

工程名称：　　　　　　　　　　　　　　　　　　第　页共　页

序　号	单项工程名称	金额(元)
	合计	

(4) 单项工程报价汇总表

单项工程费汇总表（表5-8）应按各单位工程费汇总表的合计金额填写。

单项工程费汇总表　　　　　　　　　　　表 5-8

工程名称：　　　　　　　　　　　　　　　　　　第　页共　页

序　号	单项工程名称	金额(元)
	合计	

(5) 单位工程费汇总表

单位工程费汇总表（表5-9）应根据分部分项工程量清单计价表、措施项目清单计价表、其他项目清单计价表的合计金额，以及根据有关规定计算出的规费和税金合计填写。

单位工程费汇总表　　　　　　　　　　　表 5-9

工程名称：　　　　　　　　　　　　　　　　　　第　页共　页

序　号	项　目　名　称	金额(元)
1	分部分项工程费合计	
2	措施项目费合计	
3	其他项目费合计	
4	规费	
5	税金	
	合计	

(6) 分部分项工程量清单计价表

分部分项工程量清单计价表(表5-10)是根据招标人提供的工程量清单填写单价与合价得到的。投标人不得擅自增删项目和更改工程数量,如果招标文件中提供的工程数量有误,应及时向招标人提出。

分部分项工程量清单计价表 表5-10

工程名称： 第 页共 页

序号	项目编码	项目名称	计量单位	工程数量	金额(元)	
					综合单价	合价
		本章小计				
		合计				

(7) 措施项目清单计价表

措施项目清单计价表(表5-11)中的序号、项目名称必须按措施项目清单中的相应内容填写,但投标人可根据施工组织设计采取的措施增加项目。

措施项目清单计价表 表5-11

工程名称： 第 页共 页

序 号	项 目 名 称	金额(元)
	合计	

(8) 其他项目清单计价表

其他项目清单计价表(表5-12)中的序号、项目名称必须按招标人提供的其他项目清单中的相应内容填写,招标人部分的金额必须按招标人提出的数额填写。投标人部分的总包服务费应根据招标人提出的要求所发生的费用确定,零星工作项目应根据"零星工作项目计价表"确定。

规范中提到四种其他项目:预留金、材料购置费、总承包服务费和零星工作项目费。投标人必须按招标文件中提供的项目和数量执行。投标人在计算及执行过程中应注意以下几点:

①其他项目清单中的预留金、材料购置费和零星工作项目费,均为估算、预测数量,在投标时计入投标人的报价中,但不应视为投标人所有。竣工结算时,应按投标人实际完成的工作内容结算,剩余部分仍归招标人所有。

②总承包服务费是指配合协调招标人工程分包和材料采购所需的费用。此处的工程分包是指国家允许分包的工程,但不包括投标人自行分包部分,投标人由于分包而发生的管理费,应包括在相应清单项目的报价内。

③为了准确计价,招标人用零星工作项目表的形式详细列出人工、材料、机械名称和相应数量,投标人按此表组价。

其他项目清单计价表　　　　　　　　　　　　　　　　　表 5-12

工程名称：　　　　　　　　　　　　　　　　　　　　　　　第　页共　页

序　号	项目名称	金额(元)
1	指标人部分	
	小计	
2	投标人部分	
	小计	
	合计	

其他项目费 = 招标人部分金额 + 投标人部分金额

(9) 零星工作项目计价表

零星工作项目计价表(表 5-13)中的人工、材料、机械名称、计量单位和相应数量应按零星工作项目表中相应的内容填写。工程竣工后,零星工作费按实际完成的工程量所需费用结算。

零星工作项目计价表　　　　　　　　　　　　　　　　　表 5-13

工程名称：　　　　　　　　　　　　　　　　　　　　　　　第　页共　页

序　号	名　称	计量单位	数　量	金额(元)	
				综合单价	合价
1	人工				
	小计				
2	材料				
	小计				
3	机械				
	小计				
	合计				

(10) 分部分项工程量清单综合单价分析表

分部分项工程量清单综合单价分析表(表 5-14)根据招标人提出的要求填写。

分部分项工程量清单综合单价分析表　　　　　　　　　　表 5-14

工程名称：　　　　　　　　　　　　　　　　　　　　　　　第　页共　页

序号	项目编码	项目名称	工程内容	综合单价组成					综合单价
				人工费	材料费	机械使用费	管理费	利润	

(11) 措施项目费分析表

措施项目费分析表(表 5-15)根据招标人的需要填写。

措施项目费分析表　　　　　　　　　　　　表 5-15

工程名称：　　　　　　　　　　　　　　　　　　　　　　　　　第　页共　页

序号	措施项目名称	单位	数量	金额(元)					
				人工费	材料费	机械费	管理费	利润	小计
	合计								

（12）主要材料价格表

表格形式如表 5-16 所示，招标人提供的主要材料价格表应包括详细的材料编码、材料名称、规格型号和计量单位等。投标人所填写的单价必须与工程量清单计价中采用的相应材料的单价一致。

主要材料价格表　　　　　　　　　　　　表 5-16

工程名称：　　　　　　　　　　　　　　　　　　　　　　　　　第　页共　页

序号	材料编码	材料名称	规格、型号等特殊要求	单位	单价(元)

通过招标、投标、评标，确定中标人及中标价格。在此之后，工程承发包双方对工程的计价方法、计价依据、风险的承担、计价的结果、工程价款的结算方法等条款内容及其他合同条款，通过协商达成一致后以合同的形式加以确认，并确定最终的承包合同价款（即合同价）。工程招标投标过程即告结束，进入工程实施阶段。

4）综合单价

（1）确定综合单价的意义

a. 综合单价是工程量清单计价的核心内容；

b. 综合单价是投标人能否中标的航向标；

c. 综合单价是投标人中标后盈亏的分水岭；

d. 综合单价是投标企业整体实力的真实反映。

（2）综合单价的确定

建设工程综合单价由完成一个规定计量单位的分部分项工程量清单项目、措施清单项目所需的人工费、材料费、施工机械使用费和企业管理费与利润，以及一定范围内价格的风险因素费用组成。

①综合单价中人工费＝清单项目组价内容工程量×企业定额人工消耗量指标×人工工日单价/清单项目工程数量；

现阶段由于企业不具备企业定额，故大多数应按预算定额进行报价，此时，综合单价中人工费＝清单项目组价内容工程量/清单项目工程数量×预算定额中相应子目人工费；

②综合单价中材料费、机械台班使用费计算办法同上；

③零星费＝（人工费＋材料费＋机械使用费）×管理费费率；

④利润＝（人工费＋材料费＋机械使用费＋管理费）×利润率；

⑤风险因素,按一定的原理,采取风险系数来反映;

⑥清单项目综合单价=(综合单价人工费+综合单价材料费+综合单价机械费+管理费+利润)×(1+风险系数)。

(3)建设工程综合单价组价的依据:

①工程量清单:清单中提供相应清单项目所包含的施工过程,它是组价的内容;

②投标文件:是否有业主供应材料,如有应在综合单价中扣减;

③企业定额;

④施工组织设计及施工方案;

⑤已往的报价资料;

⑥现行材料,机械台班价格信息。

(4)综合单价编制注意事项

这些是造价人员最关心的问题,也是体现报价人员水平高低的决定性因素。

①必须非常熟悉企业定额的编制原理,为准确计算人工、材料、机械消耗量奠定基础;

②必须熟悉施工工艺,准确确定工程量清单表中的工程内容,以便准确报价;

③经常进行市场询价和商情调查,以便合理确定人工、材料、机械的市场单价;

④广泛积累各类基础性资料及其以往的报价经验,为准确而迅速地做好报价提供依据;

⑤经常与企业及项目决策领导者进行沟通,明确投标策略,以便合理报出管理费率及利润率;

⑥增强风险意识,熟悉风险管理有关内容,将风险因素合理地考虑在报价中;

⑦必须结合施工组织设计和施工方案将工程量增减的因素及施工过程中的各类合理损耗都考虑在综合单价中。

5)工程量清单报价案例

§例5-1§ 某公寓楼工程建筑面积5400m^2,共8层,要求根据招标文件、招标代理机构的答疑文件、工程量清单计价规范、施工设计图纸、施工组织设计等有关文件规定进行报价。

解 根据有关规定,完成有关清单报价表如表5-17~表5-26所示。单位工程仅以建筑工程为例进行报价和分析,装饰装修工程和安装工程的具体报价略。

封　面　　　　　　　　　　表5-17

某公寓楼工程
工程量清单报价表

投 标 人：＿＿(略)＿＿(单位签字盖章)

法定代表人：＿＿(略)＿＿(签字盖章)

造价工程师

及注册证号：＿＿(略)＿＿(签字盖执业专用章)

编制时间：＿＿(略)＿＿

投标总价

表5-18

投标总价

建设单位：_____（略）_____
工程名称：_某公寓楼工程_
投标总价(小写)：8409534.25元_____
　　　　(大写)：_捌佰肆拾万玖千伍佰叁拾肆元贰角伍分_
投 标 人：_____（略）_____（单位签字盖章）
法定代表人：_____（略）_____（签字盖章）
编制时间：_____（略）_____

单项工程费汇总表

表5-19

工程名称：某公寓楼工程　　　　　　　　　　　　　第 页共 页

序号	单位工程名称	金额(元)
1	建筑工程	3877274.33
2	装饰装修工程	2982769.35
3	安装工程	1549490.57
	合计	8409534.25

单项工程费汇总表

表5-20

工程名称：某公寓楼建筑工程　　　　　　　　　　　第 页共 页

序号	项目名称	金额(元)
1	分部分项工程费合计	3315279.46
2	措施项目费合计	217714.00
3	其他项目费合计	212680.00
4	规费	3745.67
5	税金	127855.19
	合计	3877274.32

分部分项工程量清单计价表

表5-21

工程名称：某公寓楼建筑工程　　　　　　　　　　　第 页共 页

序号	项目编码	项目名称	计量单位	工程数量	金额(元) 综合单价	金额(元) 合价
		土(石)方工程				
1	010101001001	平整场地	m²	850.225	2.40	2040.54
2		挖带形基槽	m³	554.600	72.00	39931.20
3	010103001001	土方回填、夯填	m³	620.650	80.00	49652.00
4		(以下略)				
		小计				116236.56

续上表

序号	项目编码	项目名称	计量单位	工程数量	金额(元)	
					综合单价	合价
砌 筑 工 程						
1	010302001001	混水砖墙,1砖半	m^3	64.430	245.00	15785.35
2	010304001001	砌块墙,小型空心砌块	m^3	420.500	290.50	122155.25
3	010302006001	零星砌筑	m^3	68.962	260.00	17930.12
4		(以下略)				
		小计				245830.66
混凝土及钢筋混凝土工程						
1	010401001001	带形基础,C35	m^3	229.124	570.75	130772.52
2	010402001001	构造柱,C20	m^3	78.690	451.34	35515.94
3	010402001001	矩形柱,C30	m^3	129.600	457.14	59245.34
4	010402001002	矩形柱,C35	m^3	97.250	480.00	46680.00
5	010404001001	直形墙,C30	m^3	259.200	447.32	115945.34
6	010404001002	直形墙,C35	m^3	194.400	465.45	90483.67
7	010403004001	圈梁,C20	m^3	48.680	428.70	20869.12
8	010410003001	预制过梁,C20	m^3	40.236	388.74	15641.46
9	010405001001	有梁板,C30	m^3	516.200	418.66	216112.29
10	010405001002	有梁板,C35	m^3	387.150	440.50	170539.58
11	010406001001	直形楼梯,C20	m^2	118.900	95.46	11350.19
12	010416001001	现浇钢筋混凝土,钢筋(一级)ϕ10以内	t	101.25	4410.50	446563.13
13	010416001002	现浇钢筋混凝土,钢筋(一级)ϕ10以外	t	16.2	4388.52	71094.02
14	010416001003	现浇钢筋混凝土,钢筋(一级)ϕ20以内	t	121.5	4436.50	539034.75
15	010416001004	现浇钢筋混凝土,钢筋(一级)ϕ20以外	t	166.05	4327.60	718597.98
		(以下略)				
		小计				2812595.88
屋面及防水工程						
1	010702001001	屋面卷材,防水	m^2	860.000	45.00	38700.00
2	010703002001	地面聚氨酯,防水	m^2	316.200	38.96	12319.15
		(以下略)				
		小计				97662.46

续上表

序号	项目编码	项目名称	计量单位	工程数量	金额(元)	
					综合单价	合价
		防腐、隔热、保温工程				
1	010803001001	屋面保温,现浇水泥珍珠岩	m³	228.10	21.30	4858.53
		(以下略)				
		小计				42953.90
		合计				3315279.46

措施项目清单计价表 表 5-22

工程名称:某公寓楼建筑工程　　　　　　　　　　　　　　第　页共　页

序　号	项　目　名　称	金额(元)
1	环境保护	6000.00
2	临时设施	36000.00
3	大型机械设备进场及安拆	3800.00
4	脚手架	67914.00
5	施工排水、降水	4000.00
6	垂直运输机械	100000.00
	合计	217714.00

其他项目清单计价表 表 5-23

工程名称:某公寓楼建筑工程　　　　　　　　　　　　　　第　页共　页

序　号	项　目　名　称	金额(元)
1	招标人部分 预留金	200000.00
	小计	200000.00
2	投标人部分 零星工作项目费	12680.00
	小计	12680.00
	合计	212680.00

零星工作费表 表 5-24

工程名称:某公寓楼建筑工程　　　　　　　　　　　　　　第　页共　页

序　号		名　称	计量单位	数量	金额(元)	
					综合单价	合价
1	人工	(1)木工	工日	20	45.00	900.00
		(2)搬运工	工日	25	30.00	750.00
		(以下略)				
		小计				2916.40

续上表

序号	名称		计量单位	数量	金额(元)	
					综合单价	合价
2	材料	(1)茶色玻璃,5mm	m²	100	28.00	2800.00
		(2)镀锌薄钢板,20号	m²	10	40.00	400.00
		(以下略)				
		小计				7100.80
3	机械	(1)载货汽车	台班	15	250.00	3750.00
		(2)电焊机	台班	8	170.00	1360.00
		(以下略)				
		小计				2662.80
		合计				12680.00

分部分项工程量清单综合单价分析表

表5-25

工程名称:某公寓楼建筑工程　　　　　　　　　　　　　　　　　第　页共　页

序号	项目编码	项目名称	工程内容	综合单价组成(元)					综合单价(元)
				人工费	材料费	机械使用费	管理费	利润	
1	010410003001	预制过梁C20	预制过梁	16.97	197.82	10.98	54.00	22.57	388.74
			过梁运输	1.73	1.23	25.93	7.23	2.34	
			过梁安装	17.19	2.96	4.20	7.74	1.94	
			过梁灌缝	1.40	8.55	0.43	2.70	0.83	
			小计	37.29	210.56	41.54	71.67	27.68	
(其他略)									

措施项目费分析表

表5-26

工程名称:某公寓楼建筑工程　　　　　　　　　　　　　　　　　第　页共　页

序号	措施项目名称	单位	数量	金额(元)					
				人工费	材料费	机械费	管理费	利润	小计
1	环境保护	项	1	500.00	4400.00		800.00	300.00	6000.00
2	临时设施	项	1	300.00	28000.00	500.00	5500.00	1700.00	6000.00
3	大型机械设备进场及安拆	项	1	700.00	300.00	2000.00	600.00	200.00	3800.00
4	脚手架	项	1	15060.00	47464.00	2540.00	750.00	2100.00	67914.00
5	施工排水、降水	项	1	300.00	400.00	2500.00		200.00	4000.00
6	垂直运输机械	项	1			80000.00	16000.00	400.00	100000.00

5.2.5 铁路工程工程量清单计价的方法和程序

铁路工程工程量清单计价应包括按招标文件规定,完成工程量清单所列子目的全部费用。

1) 铁路工程投标报价的构成(图5-8)

2) 铁路工程工程量清单计价的计算方法和程序

①清单计价合计 = 第一章至第十一章工程量清单中工程数量×综合单价,用 A 表示;

②暂列金额 = 按招标文件规定的费率或额度计算,用 B 表示;

③激励约束考核费 = 根据招标文件的规定,以投标报价总额(不含激励约束考核费)为基数,按规定的费率计算,纳入报价。激励约束考核费用,用 C 表示。

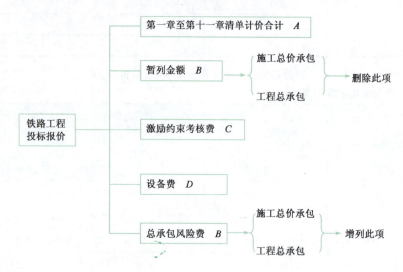

图 5-8 铁路工程投标报价的构成

激励约束考核费费率:

a. 基数在 50 亿元及以下的,费率为 0.5%;

b. 基数超过 50 亿元至 100 亿元的部分,费率为 0.4%;

c. 基数超过 100 亿元的部分,费率为 0.3%。

④设备费 = 甲供设备费合计 + 甲控设备费合计 + 自购设备费合计 + 甲供运杂费,用 D 表示。

⑤总承包风险费 = 一般按清单合计价减去甲供后的 2% 计列。

⑥铁路工程(单价承包)报价总价 = $A + B + C + D$。

3) 铁路工程工程量清单计价(总价承包)的计算方法和程序

①清单计价合计 = 第一章至第十一章工程量清单中工程数量×综合单价,用 A 表示。

②总承包风险费 = 一般按清单合计减去甲供后的 2% 计列,用 B 表示。

③激励约束考核费 = 根据招标文件的规定,以投标报价总额(不含激励约束考核费)为基数,按规定的费率计算,纳入报价。激励约束考核费用,用 C 表示。

④设备费＝甲供设备费合计＋甲控设备费合计＋自购设备费合计＋甲供运杂费,用D表示。

⑤铁路工程(总价承包)报价总价＝$A+B+C+D$。

4) 铁路工程综合单价的确定

铁路工程综合单价是指完成最低一级的清单子目计量单位全部具体工程(工作)内容所需的费用。综合单价应包括但不限于以下费用:

①人工费:指直接从事建筑安装工程施工的生产工人开支的各项费用。包括基本工资、津贴和补贴、生产工人辅助工资、职工福利费、生产工人劳动保护费。

②材料费:指购买施工过程中耗用的构成工程实体的原材料、辅助材料、构配件、零件、半成品、成品所支出的费用和不构成工程实体的周转材料的摊销费。包括材料原价、运杂费、采购及保管费。投标报价时,材料费均按运至工地的价格计算。

材料分为甲供材料、甲控材料和自购材料三类。甲供材料是指在工程招标文件和合同中约定,由铁道部或建设单位招标采购供应的材料;甲控材料是指在工程招标文件和合同中约定,在建设单位监督下工程承包单位采购的材料;自购材料是指在工程招标文件和合同中约定,由工程承包单位自行采购的材料。

③施工机械使用费:包括折旧费、大修理费、经常修理费、安装拆卸费、人工费、燃料动力费、其他费用。

④填料费:指购买不作为材料对待的土方、石方、渗水料、矿物料等填筑用料所支出的费用。

⑤措施费:包括施工措施费和特殊施工增加费。

⑥间接费:包括施工企业管理费、规费和利润。

⑦税金:包括营业税、城市维护建设税和教育费附加等。

⑧一般风险费用:指投标人在计算综合单价时应考虑的招标文件中明示或暗示的风险、责任、义务或有经验的投标人都可以预见的费用。包括招标文件明确应由投标人考虑的一定幅度范围内的物价上涨风险,工程量增加或减少对综合单价的影响风险,采用新技术、新工艺、新材料的风险以及招标文件中明示或暗示的风险、责任、义务或有经验的投标人都可以预见的其他风险费用。

5) 合价＝工程数量×综合单价

最低一级计量单位为"元"的清单子目,由投标人根据设计要求和工程的具体情况综合报价,费用包干。

6) 注意事项

①工程量清单中所列工程数量是估算的或设计的预计数量,仅作为投标的共同基础,不能作为最终结算与支付的依据。实际支付,应根据合同约定的计量方式,按《铁路工程工程量清单计价指南》的工程量计量规则,以实际完成的工程量,按工程量清单的综合单价计量支付;

计量单位为"元"的清单子目可根据具体情况以工程进度按比例支付或一次性支付。

②合同中综合单价因工程量变化或设计标准变更需调整时,除合同另有约定外,应按照下列办法确定。

发包人提供的工程量清单漏项,或设计变更引起新的工程量清单子目,其相应综合单价的确定方法为:

a. 合同中已有适用于变更工程的价格,按合同已有的价格变更合同价款。

b. 合同中只有类似于变更工程的价格,可以参照类似价格变更合同价款。

c. 合同中没有适用或类似于变更工程的价格,由一方提出适当的变更价格,经双方协商确认后执行。

③由于工程量清单的工程数量有误或设计变更引起工程量增减,属合同约定幅度以内的,应执行原有的综合单价;属合同约定幅度以外的,其增加部分的工程量或减少后剩余部分的工程量的综合单价由一方提出,经双方协商确认后,作为结算的依据。

④当施工合同签订后,由于发包人的原因,要求承包人按不同于招标时明确的设计标准进行施工,或对其清单子目的实质性内容进行调整,或在招标时部分清单子目的技术标准、技术条件尚未明确,即使所涉及的该部分清单子目的工程数量未发生改变,其综合单价亦应由一方提出调整,经双方协商确认后,按调整后的综合单价作为结算的依据。

⑤由于工程量和设计标准的变更,且实际发生了除本指南规定以外的费用损失,承包人可提出索赔要求,经双方协商确认后,由发包人给予补偿。

7) 铁路(投标)工程量清单计价的格式

①封面。

②投标报价总额。

③工程量清单投标报价汇总表。

④工程量清单计价表。

⑤工程量清单子目综合单价分析表。

⑥计日工费用计算表。

a. 人工费计算表;

b. 材料费计算表;

c. 施工机械使用费计算表;

d. 计日工费用汇总表;

⑦材料费计算表。

a. 甲供材料费计算表;

b. 甲控材料价格表;

c. 主要自购材料价格表。

⑧设备费计算表。

a. 甲供设备费计算表;

b. 非甲供设备费计算表;

c. 自购设备费计算表;

d. 设备费汇总表。

8) 铁路(投标)工程量清单计价格式填写应符合的规定

①工程量清单计价格式应由投标人填写。

②封面应按规定内容填写、签字、盖章。

③投标总价应按工程量清单投标报价汇总表合计金额填写。

④工程量清单投标报价汇总表各章节的金额应与工程量清单费用计算表各章节的金额一致(表5-27~表5-29)。

工量清单投标报价汇总表(单价承包) 表5-27

标段编号: 第 页共 页

章 号	节 号	名 称	金额(元)
第一章	1	拆迁工程	
第二章		路基	
	2	区间路基土石方	
	3	站场土石方	
	4	路基附属工程	
第三章		桥涵	
	5	特大桥	
	6	大桥	
	7	中桥	
	8	小桥	
	9	涵洞	
第四章		隧道及明洞	
	10	隧道	
	11	明洞	
第五章		轨道	
	12	正线	
	13	站线	
	14	线路有关工程	
第六章		通信、信号及信息	
	15	通信	
	16	信号	
	17	信息	

续上表

章　号	节　号	名　　称	金额(元)
第七章		电力及电力牵引供电	
	18	电力	
	19	电力牵引供电	
第八章	20	房屋	
第九章		其他运营生产设备及建筑物	
	21	给排水	
	22	机务	
	23	车辆	
	24	动车	
	25	站场	
	26	工务	
	27	其他建筑及设备	
第十章	28	大型临时设施和过渡工程	
第十一章	29	其他费	
		安全生产费	
		第一章至第十一章清单合计　A	
		按第一章至第十一章清单合计的一定百分比计算的或按一定额度估列的暂列金额　B	
		包含在暂列金额中的计日工	
		激励约束考核费　C	
		设备费　D	
		投标报价总额　(A+B+C+D)	
		包含在投标报价总额中的甲供材料设备费	

工程量清单投标报价汇总表(施工总价承包)　　　　表5-28

标段编号：　　　　　　　　　　　　　　　　　　　　　　　第　页共　页

章　号	节　号	名　　称	金额(元)
第一章	1	拆迁工程	
……	…	……	……
第十一章	29	其他费	
		安全生产费	
		第一章至第十一章清单合计　A	
		激励约束考核费　B	
		设备费　C	
		总承包风险费　D	
		投标报价总额　(A+B+C+D)	
		包含在投标报价总额中的甲供材料设备费	

工程量清单投标报价汇总表（工程总价承包）　　　　　　表 5-29

标段编号：　　　　　　　　　　　　　　　　　　　　　　　　　第　页共　页

章　号	节　号	名　　称	金额(元)
第一章	1	拆迁工程	
……	……	……	……
第十一章	29	其他费	
		施工图勘察设计费	
		安全生产费	
第一章至第十一章清单合计　　　A			
激励约束考核费　　　B			
设备费　　　C			
总承包风险费　　　D			
投标报价总额　　　(A+B+C+D)			
包含在投标报价总额中的甲供材料设备费			

工程量清单汇总表是对各章的工程报价(含专项暂定金额)进行汇总,再加上一定比例的不可预见费暂定金额、激励约束考核费、设备费,即可得出该标段的总报价,该报价与投标书中所填写的投标总价应是一致的。

⑤工程量清单费用计算表(表 5-30)的综合单价应与工程量清单子目综合单价分析表一致。

工程量清单计价表　　　　　　　　　　　　　　　　　　　　表 5-30

标段编号：　　　　　　　　　　　　　　　　　　　　　　　　　第　页共　页

		清单　第××章　××××				
项目编码	节号	名称	计量单位	工程数量	金额(元)	
					综合单价	合价
第××章合计			元			

⑥工程量清单费用计算表和工程量清单子目综合单价分析表(表 5-31)中的项目编码、项目名称、计量单位、工程数量应与招标人提供的工程量清单一致。

⑦工程量清单子目综合单价分析表应由投标人根据自身的施工和管理水平按综合单价组成分别自主填报,但间接费中的规费和税金应按国家有关规定计算。

⑧暂列金额按招标文件规定的费率或额度计算。

工程量清单子目综合单价分析表　　　　　　　　　　　　　　　　表 5-31

标段编号：　　　　　　　　　　　　　　　　　　　　　　　　　　　　　　第　页共　页

编码	节号	名称	计量单位	清单　第××章　××××							综合单价（元）
				综合单价组成（元）						
				人工费	材料费	机械使用费	填料费	措施费	间接费	税金	

暂定金额有三种表示方式：计日工、专项暂定金额（表 5-32）和一定百分率的不可预见因素的预备金。

专项暂定金额汇总表（示例）　　　　　　　　　　　　　　　　　　　表 5-32

清单编号	细目号	名　称	估计金额（元）
400	401-1	桥梁荷载试验（举例）	60000
…	…	…	…

"暂定金额"是指包括在合同之内，并在工程量清单中以"暂定金额"名称标明的一项金额，类似于"备用费"。

⑨计日工费用计算表（表 5-33）。表中的人工、材料、施工机械名称、计量单位和相应数量应按计日工表中的内容填写，工程竣工后按实际完成的数量结算费用。

计日工人工费计算表（施工单价承包）　　　　　　　　　　　　　　　表 5-33a

标段编号：　　　　　　　　　　　　　　　　　　　　　　　　　　　　　　第　页共　页

| 序　号 | 名　称 | 计量单位 | 数　量 | 金　额（元） ||
				单　价	合　价
计日工人工费合计					元

计日工材料费计算表（施工单价承包）　　　　　　　　　　　　　　　表 5-33b

标段编号：　　　　　　　　　　　　　　　　　　　　　　　　　　　　　　第　页共　页

| 序　号 | 名称及规格 | 计量单位 | 数　量 | 金　额（元） ||
				单　价	合　价
计日工材料费合计					元

计日工施工机械使用费计算表（施工单价承包）　　　　　　　　表5-33c

标段编号：　　　　　　　　　　　　　　　　　　　　　　　　　第　页共　页

序　号	名称及规格	计量单位	数　量	金　额（元）	
				单　价	合　价
计日工 施工机械使用费合计			元		

计日工费用汇总表（施工单价承包）　　　　　　　　　　　　表5-33d

标段编号：　　　　　　　　　　　　　　　　　　　　　　　　　第　页共　页

名　称	金　额（元）
1.计日工人工费合计	
2.计日工材料费合计	
3.计日工施工机械使用费合计	
计日工费用总额 （结转"工程量清单计价总表"）	元

⑩甲供材料费计算表、甲供设备费计算表。按甲供材料数量及价格表、甲供设备数量及价格表中的数量和单价计算。

⑪材料费计算表。甲供材料费计算表（表5-34a）、甲控材料价格表（表5-34b）、主要自购材料价格表（表5-34c）应包括详细的材料编码、材料名称、规格型号交货地点、数量和计量单位等。

所填写的单价应与工程量清单计价中采用的相应材料的单价一致。其单价为材料到达工地的价格。

甲供材料费计算表　　　　　　　　　　　　　　　　　　　　表5-34a

标段编号：　　　　　　　　　　　　　　　　　　　　　　　　　第　页共　页

序号	材料编码	材料名称及规格	交货地点	计量单位	数量	金　额（元）	
						单价	合价
甲供材料费合计						元	

甲控材料价格表 表5-34b

标段编号：　　　　　　　　　　　　　　　　　　　　　　　　　　　第　页共　页

序　号	材料编码	材料名称及规格	技术条件	计量单位	单　价（元）

主要自购材料价格表 表5-34c

标段编号：　　　　　　　　　　　　　　　　　　　　　　　　　　　第　页共　页

序　号	材料编码	材料名称及规格	计量单位	单　价（元）

⑫设备费计算表（表5-35）。

甲控设备费计算表（表5-35b）中的设备编码、设备名称及规格型号、技术条件和计量单位、数量应与招标人提供的甲控设备数量表一致，单价由投标人自主填报。其单价为设备到达安装地点的价格，并应含物价上涨风险。

自购设备费计算表（表5-35c）中的设备编码、设备名称及规格型号、技术条件和计量单位、数量应与招标人提供的自购设备数量表一致，单价由投标人自主填报。其单价为设备到达安装地点的价格，并应含物价上涨风险。

甲供设备费计算表 表5-35a

标段编号：　　　　　　　　　　　　　　　　　　　　　　　　　　　第　页共　页

序号	设备编码	设备名称及规格型号	交货地点	计量单位	数量	金　额（元）	
						单价	合价
甲供设备费合计						元	

甲控设备费计算表 表5-35b

标段编号：　　　　　　　　　　　　　　　　　　　　　　　　　　　第　页共　页

序号	设备编码	设备名称及规格型号	技术条件	计量单位	数量	金　额（元）	
						单价	合价
甲控设备费合计						元	

自购设备费计算表

表 5-35c

标段编号： 　　　　　　　　　　　　　　　　　　　　　　　　　　　　　　第　页共　页

序号	设备编码	设备名称及规格型号	技术条件	计量单位	数量	金　额（元）	
						单价	合价
自购设备费合计					元		

设 备 费 汇 总 表

表 5-35d

标段编号： 　　　　　　　　　　　　　　　　　　　　　　　　　　　　　　第　页共　页

名　称	金　额（元）
1. 甲供设备费合计	
2. 非甲供设备费合计	
设备费总额 （结转"工程量清单投标报价汇总表"）	元

9）补充工程量清单计量规则表

表格样式详见《铁路工程工程量清单计价指南》。

10）招标工程量清单格式的填写规定

①工程量清单格式应由招标人填写，随招标文件发至投标人。

②填表须知除本指南内容外，招标人可根据具体情况进行补充。

③本指南工程量清单以外的清单子目应按本指南的规定编制补充工程量清单计量规则表，并随工程量清单发给投标人。

④总说明应按下列内容填写：

a. 工程概况：建设规模、工程特征、计划工期、施工现场实际情况、交通运输情况、自然地理条件、环境保护和安全施工要求等。

b. 工程招标和分包范围。

c. 工程量清单编制依据。

d. 工程质量、材料、施工等的特殊要求。

e. 其他需说明的问题。

⑤甲供材料数量及价格表由招标人根据拟建工程的具体情况，详细列出甲供材料名称及规格、交货地点、计量单位、数量、单价等。

⑥甲控材料表由招标人根据拟建工程的具体情况，详细列出甲控材料名称及规格、技术条件等。

⑦甲供设备数量及价格表应由招标人根据拟建工程的具体情况，详细列出甲供设备名称及规格型号、交货地点、计量单位、数量、单价等。

⑧甲控设备数量表由招标人根据拟建工程的具体情况,详细列出甲供设备名称及规格型号、技术条件和计量单位、数量等。

⑨自购设备数量表由招标人根据拟建工程的具体情况,详细列出自购设备名称及规格型号、技术条件和计量单位、数量等。

⑩甲供材料、甲供设备的单价应为交货地点的价格。

5.2.6 公路工程工程量清单计价的方法和程序(投标)

1)公路工程工程量清单计价格式

①封面;

②投标总价;

③工程量清单计价汇总表;

④第900章机电工程计价汇总表;

⑤工程细目工程量清单计价表;

⑥专项暂定金额汇总表;

⑦计日工单价计价表;

⑧工程细目工程量清单综合单价分析表;

⑨主要材料设备价格表。

2)公路工程工程量清单计价的方法和程序(表5-36)

工程量清单计价汇总表　　　　　　　　　　　　　表5-36

项目名称:_____　　　　　　　合同段:_____

序 号	章 次	科 目 名 称	金 额
1	100	总则	
2	200	路基工程	
3	300	路面工程	
4	400	桥梁、涵洞工程	
5	500	隧道工程	
6	600	安全设施及预埋管线工程	
7	700	绿化及环境保护工程	
8	800	房屋建筑工程	
9	900	机电工程	
10		第100章至第900章清单合计	
11		已包含在清单合计中的专项暂定金额小计	
12		清单合计减去专项暂定金额(10 - 11) = 12	
13		计日工合计	
14		不可预见费(暂定金额 = 12 ×　 %)	
15		投标报价(10 + 13 + 14) = 15	

投标人:_____(全称及盖章)　　　　　　编制日期:_____

法定代理人或其授权代理人:签字盖章　　造价工程师及证书编号:签字盖执业章

5.2.7 工程量清单计价的工作流程

工程量清单计价的工作流程如图 5-9 所示。

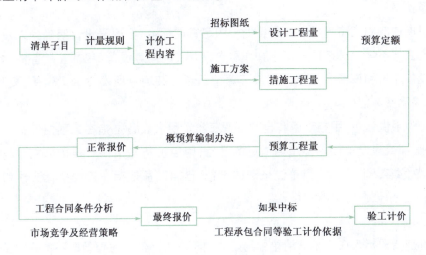

图 5-9 工程量清单计价的工作流程

5.2.8 工程量清单计价的相关概念

1) 暂列金额

暂列金额是指在签订协议书时尚未确定或不可预见的费用。内容包括：

①变更设计增加的费用(含由于变更设计所引起的废弃工程)。

②工程保险投保范围以外的工程由于自然灾害或意外事故造成的物质损失及由此产生的有关费用。

③由于发包人的原因致使停工、工效降低造成承包人的损失而需增加的费用。

④由于调整工期造成承包人采取相应措施而需增加的费用。

⑤由于政策性调整而需增加的费用。

⑥以计日工方式支付的费用。

⑦合同约定在工程实施过程中需增加的其他费用。

暂列金额的费率或额度由招标人在招标文件中明确。

2) 计日工

计日工指完成招标人提出的,工程量暂估的零星工作所需的费用。计日工表应由招标人根据拟建工程的具体情况,详细估列出人工、材料、施工机械的名称、规格型号、计量单位和相应数量,并随工程量清单发至投标人。

3) 激励约束考核费

该费用指为确保铁路工程建设质量、建设安全、建设工期和投资控制,建立激励约束考核机制,根据有关规定计列的激励考核费用。

4）甲供材料费

该费用指用于支付购买甲供材料的费用。

5）设备费

该费用指构成固定资产标准的和虽低于固定资产标准，但属于设计明确列入设备清单的一切需要安装与不需要安装的生产、动力、弱电、起重、运输等设备（包括备品备件）的购置费。设备费由设备原价和设备自生产厂家或来源地运至安装地点所发生的运输费、装卸费、手续费、采购及保管费等组成。

设备分为甲供设备、甲控设备和自购设备三类。甲供设备是指在工程招标文件和合同中约定，由铁道部或建设单位招标采购供应的设备；甲控设备是指在工程招标文件和合同中约定，在建设单位监督下工程承包单位采购的设备；自购设备是指在工程招标文件和合同中约定，由工程承包单位自行采购的设备。

6）暂估价

暂估价是指招标人在工程量清单中给定的用于支付必然发生但暂时不能确定价格的材料单价以及专业工程的金额。

5.3 工程量清单投标报价

5.3.1 工程量清单报价的含义

工程量清单报价是建设工程招投标工作中，由招标人按国家统一的工程量计算规则提供工程数量，由投标人自主报价，经评审低价中标的工程造价计价模式。

5.3.2 工程量清单报价的指导原则

工程量清单报价的指导原则是：政府宏观调控、企业自主报价、市场形成价格、社会全面监督。

5.3.3 工程量清单报价的依据和程序

1）工程量清单报价的依据

①招标文件；

②施工组织设计或施工方案；

③招标会议记录；

④询价结果及已掌握的市场价格信息；

⑤国家、地方政府管理部门有关价格计算的规定；

⑥企业定额；

⑦风险管理规则、竞争态势的预测和盈利期望。

2）工程量清单报价的工作内容及程序

（1）工程量清单报价的工作内容

①复核或计算工程量。工程招标文件中若提供有工程量清单,投标价格计算之前,要对工程量进行校核。若招标文件中没有提供工程量清单,则须根据设计图纸计算全部工程量。如果招标文件对工程量计算方法有规定,应按规定的方法进行计算。

②确定单价,计算合价。在投标报价中,复核或计算各个分部分项工程的实物工程量以后,就需确定每一个分部分项工程的单价,并按招标文件中工程量表的格式填写报价,一般是按分部分项工程内容和项目名称填写单价与合价。

计算单价时,应将构成分部分项工程的所有费用项目都归入其中。人工、材料、机械费用应是根据分部分项工程的人工、材料、机械消耗量及其相应的市场价格计算而得。一般来说,承包企业应建立自己的标准价格数据库,并据此计算工程的投标价格。在应用单价数据库针对某一具体工程进行投标报价时,需要对选用的单价进行审核评价与调整,使之符合拟投标工程的实际情况,反映市场价格的变化。

在投标价格编制的各个阶段,投标价格一般以表格的形式进行计算,投标报价的表格与标底编制的表格基本类似,主要用于工程量计算、单价确定、合价计算等阶段。在每一阶段可以制作若干不同的表格以满足不同的需要。标准表格可以提高投标价格编制的效率,保证计算过程的一致性。此外,标准表格也便于企业内各个投标价格计算者之间的交流,也便于与其他人员包括项目经理、项目管理人员、财务人员的沟通。

③确定分包工程费。来自分包人的工程分包费用是投标价格的一个重要组成部分,有时总承包人投标价格中的相当部分来自于分包工程费。因此,在编制投标价格时需有一个合适的价格来衡量分包人的报价,需熟悉分包工程的范围,对分包人的能力进行评估。

④确定利润。利润是指承包人的预期利润,确定利润取值的目标是考虑既可以获得最大的可能利润,又要保证投标价格具有一定的竞争性。投标报价时承包人应根据市场竞争情况确定在该工程上的利润率。

⑤确定风险费。风险费对承包人来说是个未定数,如果预计的风险没有全部发生,则可能预计的风险费有剩余,这部分剩余和计划利润加在一起就是盈余;如果风险费估计不足,则只有由利润来贴补,盈余自然就减少,甚至可能成为负值。在投标时,应根据该工程规模及工程所在地的实际情况,由有经验的专业人员对可能的风险因素进行逐项分析后确定一个比较合理的费用比率。

⑥确定投标价格。如前所述,将所有分部分项工程的合价累加汇总后就可得出工程的总价,但是这样计算的工程总价还不能作为投标价格,因为计算出来的价格有可能重复计算或漏算,也有可能某些费用的预估有偏差等等。因而必须对计算出的工程总价做出某些必要的调整。调整投标价格应当建立在对工程盈亏分析的基础上,盈亏预测应采用多种方法从多角度进行,找出计算中的问题以并分析可以通过采取哪些措施降低成本、增加盈利,确定最后的投标报价。

(2) 工程量清单投标报价的程序

工程量清单投标报价编制的一般程序如图 5-10 所示。

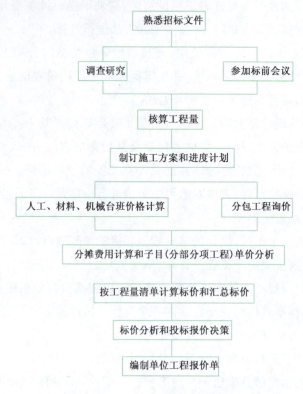

图 5-10　工程投标报价编制程序

5.3.4　工程量清单报价说明

1）施工单价承包

（1）招标人工程量清单中所列工程量是依据招标文件第七章"技术标准和要求"中《铁路工程工程量清单计价指南》、第六章"图纸"中包括的项目设计文件和第四章"合同条款和格式"约定方式计算的数量。

（2）招标人提供的工程量清单中所列工程量是投标人报价的参考，不作为最终结算与支付的依据。实际计量应按第七章"技术标准和要求"中工程量计算规则、第四章"合同条款及格式"约定的方式和经审核的施工图计算，并经监理工程师确认，形成已完合格工程数量。

（3）在评标过程中，评标委员会对投标人已标价工程量清单中有计算和汇总方面的算术错误，按照第三章"评标办法"约定的原则进行算术性校核和修正。

①投标文件中的大写金额与小写金额不一致的，以大写金额为准；

②总价金额与依据单价计算出的结果不一致的，以单价金额为准修正总价，但单价金额小数点有明显错误的除外。

（4）工程量变化引起的单价调整。

①因变更引起的价格调整按照下述约定处理：

a. 已标价工程量清单中有适用于变更工作的子目的,采用该子目的单价。

b. 已标价工程量清单中无适用于变更工作的子目,但有类似子目的,可在合理范围内参照类似子目的单价,由监理人按第3.5款商定或确定变更工作的单价,并征得发包人同意后执行。

c. 已标价工程量清单中无适用或类似子目的单价,由监理人按第3.5款商定或确定变更工作的单价,并征得发包人同意后执行。

②下列情况下,应对超出合同约定的变化部分采用新的单价。

a. 该项工作测出的数量变化超过工作量表或其他资料表中所列数量的10%;

b. 此数量变化与该项工作单价的乘积,超过中标合同金额的0.01%;

c. 此数量变化直接改变该项工作的单位成本超过1%;

d. 合同中没有规定该项工作为固定费率项目。

(5) 特殊子目说明

①工程一切险和第三者责任险:

a. 工程一切险及第三者责任险由承包人投保。

b. 除上述工程一切险及第三方责任险以外,所投其他保险的保险费(通用合同条件第20.2款"人员工伤事故保险"、20.3款"人员意外伤害险")均由承包人承担并支付,不在报价中单列。

②与所投标段相关的工程保险费(包括工程一切险和第三者责任险)应按招标文件约定的保险范围进行报价。

③由招标人在专用合同条款中约定:投保内容、投保金额、保险费率、保险期限等有关内容。

铁道部规章中关于工程保险的规定:

《关于开展工程保险试点工作的通知》(铁建设函〔2005〕842号);

《关于加强铁路建设项目投资控制有关问题的通知》(铁建设函〔2006〕666号)。

(6) 暂列金额

在"工程量清单投标报价汇总表"中标明的暂列金额,除合同另有规定外,应由监理工程师按合同条款的约定,结合工程具体情况,报经发包人批准后指令全部或部分地使用,或者根本不予动用。

暂列金额的使用范围与费率或额度由招标人在招标文件中明确。

(7) 安全生产费

①执行财政部、国家安全生产监督管理总局《高危行业企业安全生产费用财务管理暂行办法》(财企〔2006〕478号);

②关于征求《建设工程安全生产费用管理规定(征求意见稿)》意见的函(建办法函〔2006〕863号);

③关于执行《高危行业企业安全生产费用财务管理暂行办法》有关问题的通知(铁建设〔2007〕139号)。

(8)甲供材料设备费(发包人提供的材料和工程设备)

①《关于印发〈铁路建设项目甲供物资设备采购供应暂行办法〉》(铁建设〔2006〕217号);

②《关于印发〈铁路建设项目甲供物资设备目录〉的通知》规定（铁建设函〔2007〕199号）。

(9)激励约束考核费

激励约束考核费根据招标文件的规定,以总额列入报价。

以投标报价总额(不含激励约束考核费)为基数,按规定的费率计算,纳入报价。

①基数在50亿元及以下的,费率为5‰;

②基数超过50亿元至100亿元的部分,费率为4‰;

③基数超过100亿元的部分,费率为3‰。

(10)甲供材料设备费(发包人提供的材料和工程设备)

①依据:

a.《关于印发〈铁路建设项目甲供物资设备采购供应暂行办法〉》(铁建设〔2006〕217号);

b.《关于印发〈铁路建设项目甲供物资设备目录〉的通知》规定（铁建设函〔2007〕199号）;

②甲供材料设备计入合同价,招标文件中明示甲供材料设备不进行降造。

③甲供材料设备种类:根据甲供物资设备目录,由招标人在招标文件中提供。

④甲供材料设备价格:甲供材料设备的价格由招标人给定,风险由发包人承担。其他材料设备的价格风险由承包人承担并在合同价格中一次包死。招标文件"甲供材料设备一览表"中标明甲供材料设备的品名、规格、单价。

⑤甲供材料设备的数量:由招标人在招标文件中提供。

⑥在招标文件"甲供材料设备一览表"中标明甲供材料设备供货地点,并明示接货后的一切费用由承包人承担,即发包人提供的材料和工程设备在合同约定的时间和地点交货验收后,由承包人负责接收、运输和保管,并承担相关费用。

⑦甲供材料设备的报价。投标人的报价中需包括甲供材料设备的价格,其单价按照招标文件给定的甲供材料设备单价进入报价,同时在降造中不得包括甲供材料设备价格。

(11)甲供物资采购合同及结算

①甲供物资设备的采购合同由发包人与供货商签订。

②中标后发包人与承包人签订的合同包含甲供物资暂估价,结算时由承包人出具数量、质量验收签认单等单据,发包人审核后直接向供应商结算并支付货款,并在季度支付承包人工程进度款中扣除等额的相应费用。

③专用合同条件第17.3.2项规定:进度付款申请单包括应扣减的发包人提供材料和工程

设备的金额。

（12）工程预付款计算基数不包括甲供材料暂估价

专用合同条件第17.2.1项规定：由承包人提供材料和设备的工程按当年预计完成投资额（扣除发包人提供的材料和工程设备）计算预付额。其中建筑工程预付比例为20%，安装工程预付比例为10%。

2）施工总价承包

①招标人提供的工程量清单中所列工程量是投标人报价的参考，不作为最终结算与支付的依据。

②实际计量应按第七章"技术标准和要求"中工程量计算规则、第四章"合同条款及格式"约定的方式和经审核的施工图计算，并经监理工程师确认，形成已完合格工程数量。

③在评标过程中，评标委员会对投标人已标价工程量清单中有计算和汇总方面的算术错误，按照第三章"评标办法"约定的原则进行算术性校核和修正。

a. 投标文件中的大写金额与小写金额不一致的，以大写金额为准；

b. 总价金额与依据单价计算出的结果不一致的，以单价金额为准修正总价，但单价金额小数点有明显错误的除外。

④合同签订后任何一方不得擅自调整合同价格，但有下列情况之一的可做调整：

a. 发包人对建设方案、建设标准、建设规模和建设工期有重大调整；

b. 由以上原因引起的Ⅰ类变更设计产生的增减费用，按照原初步设计批准单位批准概算，进行降造（按相应中标降造率）后扣除不应发生的计算费用来确定，并签订补充合同，据此调整合同价格。

c. 保险范围之外，由于不可抗力造成的重大损失。

由以上原因引起的自然灾害损失，按照原初步设计批准单位批准概算确定，并签订补充合同，调整合同价格。

⑤甲供材料设备按实际采购价调整（除本说明2.8款处理的工程）。

⑥总承包风险费是指总承包单位为支付以下风险费用而计列的金额：

a. 初步设计招标的施工图量差、承包人原因造成的Ⅰ类变更设计及全部Ⅱ类变更设计引起的工程量增减费用；

b. 非不可抗力造成的自然灾害损失及其采取的预防措施费用；

c. 发包人供应的材料和设备以外的材料和设备价差；

d. 建设工期重大调整以外的施工组织设计调整工期造成的损失和增加的措施费；

e. 工程保险费；

f. 由于变更施工方法、施工工艺所引起费用的增加。

⑦以上原因引起的费用计算，按照工程量清单计价方法及以下约定处理，计入总承包风险费：

a. 已标价工程量清单中有适用于变更工作的子目的,采用该子目的单价。

b. 已标价工程量清单中无适用于变更工作的子目,但有类似子目的,可在合理范围内参照类似子目的单价,由监理人按第 3.5 款商定或确定变更工作的单价,并征得发包人同意后执行。

c. 已标价工程量清单中无适用或类似子目的单价,可按照成本加利润的原则,由监理人按第 3.5 款商定或确定变更工作的单价,并征得发包人同意后执行。

⑧总承包风险费的支付:

a. 总承包风险费可采用据实验工、按比例控制、总额包干的计价方式。

b. 按发包人批准的季度实际完成的投资额乘以总承包风险费率确定每季度计价限额。

(本季度计价限额 = 每季度计价限额 + 结转余额)

c. 每季度完成的应由总承包风险费支付的工程及费用,如果低于本季度计价限额,按实际计算费用计价,余额结转到下个季度的计价限额;

d. 如果高于本季度计价限额,则按本季度计价限额计价;

e. 末次计价总额包干。

f. 与本标段工程相关保险由承包人自行办理,保险费计入总承包风险费,不再单独报价。开工前向发包人提供保险手续复印件。

⑨甲供材料设备费应按照招标人提供的数量和材料价格单价计算,纳入工程量清单的相应单价和总价中报价,甲供材料设备费不得降造。

a. 由承包人报价的总承包风险费承担的各类索赔、变更设计等增加或减少的甲供材料设备,已包括在总承包风险费中,建设单位不予调整;

b. 自然灾害损失引起的甲供材料设备损失费用已包括在总承包风险费中,建设单位不予调整;

3) 工程总承包

①招标人提供的工程量清单中所列工程量是投标人报价的参考,不作为最终结算与支付的依据。

②投标人可根据招标人提供的初步设计文件和自行编制的施工图设计大纲对招标人提供的工程量清单进行修订,形成投标人工程量清单,作为报价的基础。

③在评标过程中,评标委员会对投标人已标价工程量清单中有计算和汇总方面的算术错误,按第三章"评标办法"约定的原则进行算术性校核和修正。

a. 投标文件中的大写金额与小写金额不一致的,以大写金额为准;

b. 总价金额与依据单价计算出的结果不一致的,以单价金额为准修正总价,但单价金额小数点有明显错误的除外。

④甲供材料设备:

a.《铁路建设项目甲供物资设备采购供应暂行办法》的通知(铁建设〔2006〕217 号):

第五十七条 实施工程总承包的项目,除特殊物资设备(钢轨等)实行甲供外,其他物资设备采用甲控和自购方式。

b. 专用合同条件第5.2款"发包人提供的材料和工程设备"5.2.1项约定为:

发包人仅提供钢轨、道岔、桥梁支柱;

招标文件应明确甲控物资设备的品名、规格、型号、数量、技术参数,以及物资设备供应商资格的基本条件,由投标人自主报价。

甲控物资设备费用纳入工程承包合同,由工程总承包单位包干使用,承担价格风险。

甲控物资设备在建设单位的监督下由工程总承包单位组织招标采购,建设单位负责制订合格供应商资格条件并负责供应商资格审查,工程总承包单位组织实施并签订物资设备供应合同。

⑤投标人已标价工程量清单中总报价是确定工程总承包合同总价和节点工程付款计划表的依据,已完节点工程计量结果和付款计划表作为工程支付的依据。

注:《铁路建设项目工程总承包办法》(铁建〔2006〕221号)第三十三条规定:

①投标人不按节点报价,按工程量清单报价。

②发包人在工程开工前根据施工组织总体安排和工期要求等因素,确定节点工程划分表。

⑥关于节点的划分,见表5-37、表5-38。

节点划分表(参考)　　　　　　　　　　　　　　表5-37

_____(工程项目名称)　　_____(节点序列)

节点编码	节点名称	内容描述	单 位(项)	金 额(元)
节点1				
节点2				
节点3				
……				
节点n				
合计				

节点汇总表(参考)　　　　　　　　　　　　　　表5-38

_____(工程项目名称)

节点序列	序列名称	内容描述	单 位(项)	金 额(元)
序列1				
序列2				
序列3				
……				
序列n				
合计				

⑦节点支付:

a. 发包人在工程开工前根据施工组织总体安排和工期要求等因素,确定本工程的节点工程划分表,并将签约合同价(除施工图勘察设计费)分配到各计价节点形成付款计划表,其中总承包风险费也按照工程进度和风险大小比例分配到各计价节点。

b. 承包人完成发包人确定的节点工程并经验收合格后按照付款计划表中约定的节点工程计价额进行支付。施工图勘察设计费按照合同约定的施工图勘察设计节点单独支付。

⑧实行总价承包,合同签订后任何一方不得擅自调整合同价格,但有下列情况之一的可做调整:

a. 发包人对建设方案、建设标准、建设规模和建设工期有重大调整;

b. 保险范围之外,由于不可抗力造成的损失按通用条款第21.3.1项办理。

c. 甲供材料设备按实际采购价调整(总承包风险费处理的工程除外)。

⑨总承包风险费包括但不限于以下内容:

a. 初步设计招标的施工图量差和承包人原因造成的Ⅰ类变更设计及全部Ⅱ类变更设计引起的工程增减的费用;

b. 非不可抗力造成的自然灾害损失及其采取的预防措施费用;

c. 发包人供应的材料和设备以外的材料和设备价差;

d. 建设工期重大调整以外的施工组织设计调整工期造成的损失和增加的措施费;

e. 工程保险费;

f. 由于变更施工方法、施工工艺所引起费用的增加;

g. 总承包风险费由投标人根据建设项目的具体情况自主填报,费用包干,一律不调整。

⑩总承包风险费的支付。总承包风险费按照进度和风险大小比例分配到各节点,形成付款计划表中的分期付款额。承包人已完工程节点计量后进行支付。

⑪施工图勘察设计费是承包人根据总承包合同应承担的施工图设计及与此相关的勘察工作所需的费用。投标人直接将施工图勘察设计所需的费用合计值填入"工程量清单投标报价汇总表"中。

5.3.5 工程量清单招标的单价模式

工程量清单招标的单价模式可以分为三种:

①直接费单价模式,也叫基本直接费单价法。编制投标报价单价,最后再计算直接费以外的费用并列入其他报表。这种模式和现行定额模式比较类似,区别在于工程量清单分项可能和定额分项不一致,所以需要进行定额分项的组合或拆分。

②综合单价模式,将完成一个计量单位的分部分项工程量清单项目或措施清单项目所需的人工费、材料费、施工机械使用费和企业管理费与利润以及一定范围内的风险费用综合起来确定单价的模式。这种模式和直接费单价相比分项单价综合了间接费和利润等费用,因此需要首先计算这些费用后,将这些费用分摊到各清单分项中。

③完全单价模式,这是一种国际惯例模式。完全单价模式的工程量清单分项单价综合了直接费、其他直接费、间接费、利润和税金以及招标文件中规定的费用和明示或暗示的风险、责任、义务或有经验的承包人都可以预见的所有费用。这种模式的工程量清单一般分为一般项目、暂定金额和计日工三种。因为这种模式的单价综合了所有费用,所以它需要更多的费用分

摊计算。目前我们招标多采用综合单价模式,并逐渐向完全单价模式靠拢。但无论哪种模式均是以市场形成价格为主的价格体系,故报价时不能再依靠定额进行报价。

实行工程量清单计价招标投标的铁路建设工程,除招标文件另有规定外,其招标标底、投标报价的编制、合同价款确定与调整、工程结算应按《铁路工程工程量清单计价指南(土建部分)》执行。工程量清单应采用综合单价计价。招标工程如设标底,标底应根据招标文件中的工程量清单和有关要求、施工现场实际情况、合理的施工组织与方法以及按照铁道部发布的有关工程造价计价标准进行编制。投标报价应依据招标文件中的工程量清单和有关要求,根据按施工现场实际情况拟定的施工方案或施工组织设计,结合投标人的施工、管理水平及市场价格信息填报。

5.4 合同计价

5.4.1 相关概念

①招标控制价:是指招标人根据国家或省级、行业建设主管部门颁发的有关计价依据和办法计算的,对招标工程限定的最高工程造价。

②招标标底:是指招标人根据招标项目的具体情况,编制的完成招标项目所需的全部费用,是依据国家规定的计价依据和计价办法计算出来的工程造价,是招标人对建设工程的期望价格。标底由成本、利润和税金等组成,一般应控制在批准的总概算及投资包干限额内。

计算依据:按发包工程的工程内容、设计文件、合同条件以及技术规范和有关定额等资料进行编制。

作用:是一项重要的投资额测算,是评标的一个基本尺度;是衡量投标人报价水平高低的基本指标,对投标竞争起着决定性的作用。

③投标报价(bid price):是指投标人投标时报出的工程造价。

④中标价:是指经评审的最低报价,但不得低于成本。中标者的报价,即为决标价,即签订合同的价格。

⑤合同价:是指发、承包双方在施工合同中约定的工程造价。

⑥施工合同即建筑安装工程承包合同,是发包人和承包人为完成商定的建筑安装工程,明确相互权利、义务关系的合同。

⑦竣工结算价:是指发、承包双方依据国家有关法律、法规和标准的规定,按照合同约定确定的最终工程造价。

5.4.2 合同计价方式的分类

(1)从工程量风险分担的角度看,分为单价合同和总价合同。

①单价合同:是指承包商按发包方提供的工程量清单内的分部分项工作内容填报单价,以实际完成工程量乘以所报单价确定结算价款的合同。承包商所填报的单价应为包含各种摊销费用的综合单价,而非直接费单价。

单价合同大多用于工期长、技术复杂、实施过程中发生各种不可预见因素较多的大型土建工程,以及业主为了缩短工程建设周期,初步设计完成后就进行施工招标的工程。单价合同的工程量清单内所开列的工程量为估计工程量,而非准确工程量。

②总价合同(lump sum contract):是指根据合同规定的工程施工内容和有关条件,业主应付给承包商的款额是一个规定的金额,即明确的总价。总价合同也称作总价包干合同,即根据施工招标时的要求和条件,当施工内容和有关条件不发生变化时,业主付给承包商的价款总额就不发生变化。

总价合同又分固定总价合同和变动总价合同两种。

a. 固定总价合同的价格计算是以设计图纸、工程量及规范等为依据,发承包双方就承包工程协商一个固定的总价,即承包方按投标时发包方接受的合同价格实施工程,并一笔包死,无特定情况不做变更。特定情况是指设计和工程范围发生变更的情况,除此之外,合同总价一般不能变动。

b. 变动总价合同又称为可调总价合同,合同价格是以图纸及规定、规范为基础,按照时价(current price)进行计算,得到包括全部工程任务和内容的暂定合同价格。它是一种相对固定的价格,在合同执行过程中,由于通货膨胀等原因而使所使用的工、料成本增加时,可以按照合同约定对合同总价进行相应的调整。当然,一般由于设计变更、工程量变化和其他工程条件变化所引起的费用变化也可以进行调整。因此,通货膨胀等不可预见因素的风险由业主承担,对承包商而言,其风险相对较小,但对业主而言,不利于其进行投资控制和降低突破投资的风险。

(2)从施工期资源价格风险分担的角度看,分为固定价格合同和可调价格合同。

①固定价格合同:是指合同总价或单价,在合同约定的风险范围内不可调整的合同,即在合同的实施期间不因资源价格等因素的变化而调整的价格合同。双方需在专用条款内约定合同价款包含的风险范围、风险费用的计算方法以及承包风险范围以外的合同价款调整方法。

②可调价格合同:是指合同总价或单价,在合同实施期内根据合同约定的办法调整,即在合同的实施过程中可以按照约定,随资源价格等因素的变化而调整的合同。

③可调单价合同:在合同中签订的单价,根据合同约定的条款,如在工程实施过程中物价发生变化等,可做调整。合同单价可调,一般是在工程招标文件中规定。有的工程在招标或签约时,因某些不确定因素而在合同中暂定某些分部分项工程的单价,在工程结算时,再根据实际情况和合同约定合同单价进行调整,确定实际结算单价。

(3)从项目投资的角度看,有成本加酬金合同。

成本加酬金合同是将工程项目的实际投资划分成直接成本费和承包方完成工作后应得酬金两部分的合同。工程实施过程中发生的直接成本费由发包方实报实销,再按合同约定的方式另外支付给承包方相应报酬。

(4)从业主对承包商发包任务范围(委托代理的范围)的角度看,分为施工总承包合同、工程总承包合同、EPC总承包合同各种模式所包含的造价内容和风险范围不同。

如表 5-39 所示合同风险分配矩阵图。

合同风险分配矩阵图　　　　　　　　　表 5-39

资源价格风险 \ 工程量风险	业主 承担工程量风险	承包人 承担工程量风险
施工期 不调价差	估算工程量 固定单价合同	固定 总价合同
施工期 价差可调	估算工程量 可调单价合同	可调 总价合同

5.4.3　铁路工程合同计价方式的相关规定

1) 单价承包合同

建设项目施工实行单价承包的,采用工程量清单方式进行验工计价,根据合同约定的单价和审核合格的施工图确定并经监理单位验收合格的工程数量进行计价。

2) 总价承包合同

建设项目实行施工总承包的,采用合同总价下的工程量清单方式进行验工计价。工程量清单范围内的工程,按合同约定的单价进行计价。工程量清单范围外的工程,属于建设单位对建设方案、建设标准、建设规模和建设工期做重大调整,以及由于人为不可抗力造成重大损失有补充合同的工程,按施工总承包约定的单价计价,在批准费用下计费;其他工程由双方协商单价,按验工数量进行计价,但不得超过承包合同总价。

工程全部验收合格后,按承包合同计价剩余费用,一次拨付给施工总承包单位。

3) 工程总承包合同

建设项目实行工程总承包的,可采用合同总价下的节点式计价方式;计价节点一般按工程类别和工点设置,根据工点和工程类别的工作内容和工程量将总费用分配到各节点;具体节点设定和相应费用根据项目情况在总承包合同中约定。

建设单位对建设方案、建设标准、建设规模和建设工期的重大调整,以及由于人力不可抗力造成重大损失的,应签订补充合同,在批准费用下计费。补充合同验工计价纳入节点计价范围。

5.4.4　合同计价应包含的费用内容

1) 施工承包

合同价中一般只包括建安工程费用,对于非承包商原因导致的施工图量差和变更设计均应在初始合同价外(或清单价外)解决。

2) 设计施工总承包

合同价中应包含建安工程费和勘测设计费,对于非业主原因引起的施工图量差和变更设计应由承包人负责。

3) EPC 总承包

在 EPC 总承包模式下,承包商负责设计、永久设备的采购和施工,因而合同价中应包含设计费、永久设备购置费和建安费。

§想一想§ 某铁路工程招标文件中说明:采用施工总承包的固定价格合同。则承包商应在报价中包含的费用是(　　)。

A. 投标编制期的建筑安装工程费

B. 投标编制期的施工图设计费 + 建筑安装工程费

C. 投标编制期的施工图设计费 + 设备购置费 + 建安费

D. 投标编制期的建安费 + 预测的施工期资源价格上涨费

5.5 投标报价的策略

5.5.1 研究投标报价策略的目的

一般来讲,投标文件主要包含两方面内容,即:技术标书和商务标书。技术标书主要内容是工程施工的主要技术措施。商务标书主要内容是施工企业资质证明、投标报价、付款方式等,投标报价是其中的核心内容。因此,能否作出合理报价是能否中标的重要前提,同时对施工企业追求经济效益和市场效益以及合理规避市场风险都有十分重要的意义。

国内投标报价的费用组成与现行概(预)算文件中的费用构成基本一致,主要有直接费、间接费、计划利润和税金、不可预见费等,但投标报价和工程概(预)算文件是有区别的。工程概(预)算文件必须按照有关规定编制,尤其是各种费用的计算,必须按规定的费率进行,不得任意修改;而投标报价则可根据本企业实际情况进行计算,更能体现企业的实际水平。

投标商要想在投标中获胜,既中标得到承包工程,然后又要从承包工程中获取利润,就需要研究投标策略,它包括投标策略和作价技巧。策略和技巧来自承包商的经验积累,对客观规律的认识和对实际情况的了解,同时也少不了决策能力和魄力。

首先,调整投标报价即调整投标策略。对此应考虑本企业的主观条件,其中包括工人和技术人员的操作技术水平,机械设备能力,设计能力,对工程的熟悉程度和管理经验,竞争的激烈程度,器材设备的交货条件,得标承包后对今后本企业的影响,以往对类似工程的经验等。通过对以上各种因素的分析,大部分条件都能胜任或具有一定的优势,即可做出投标的判断。

其次,还需了解企业自身以外的各种客观因素,如工程的全面情况,业主及其代理人(工程师)的基本情况,劳动力来源情况,建筑材料、机械设备等供应来源情况,专业分包,银行贷款利率;当地各项法规(如企业法、合同法、劳动法、关税、外汇管理办法、工商管理条例和技术规范),竞争对手情况。对以上这些客观条件的了解,除了有些可以从招标文件上和业主对工程的介绍、勘察现场获取外还必须广泛调查研究、咨询及从外交渠道获取。当充分了解以上主客观情况后,对某一具体工程认为值得投标后,就需要采取一定的投标策略,以达到有中标机会,今后又能赢利的目的。

5.5.2 常见的投标策略种类

①靠提高经营管理水平取胜；

②靠改进设计和缩短工期取胜；

③低利政策；

④加强索赔管理。

着眼于发展，投标策略一经确定，就具体反映到作价上，作价技巧，两者必须相辅相成。在作价时，对什么工程定价应高，什么工程定价应低；在总价无多大出入的情况下，哪些单价应高，哪些单价应低，都有一定的技巧。技巧运用的好坏，得法与否，在一定程度上可决定工程能否中标和赢利。因此，它是不可忽视的一个环节。下面是一些可供参考的做法：

①对施工条件差的工程、造价低的小型工程、自己施工上有一定专长的工程报价可高一些；而对于结构比较简单而工程量又较大的工程（如成批的住宅区和大量的土方工程等），短期能突击完成的工程，企业急需拿到任务以及投标竞争对手较多时，报价可低一些。

②海港、码头、特殊构筑物等工程报价可高，一般房屋土建工程则报价宜低。

③在同一个工程中可采取不平衡报价法。所谓不平衡报价，就是在不影响投标总报价的前提下，将某些分部分项工程的单价定得比正常水平高一些，某些分部分项工程的单价定得比正常水平低一些。不平衡报价是单价合同投标报价中常见的一种方法。

a. 对能早期得到结算付款的分部分项工程（如土方工程、基础工程等）的单价定得较高，对后期的施工分项（如粉刷、油漆、电气设备安装等）单价适当降低。

b. 估计施工中工程量可能会增加的项目，单价提高；工程量会减少的项目单价降低。

c. 设计图纸不明确或有错误的，估计今后修改后工程量会增加的项目，单价提高；工程内容说明不清的，单价降低。

d. 没有工程量，只填单价的项目（如土方工程中的挖淤泥、岩石等），其单价提高些，这样做既不影响投标总价，以后发生时承包人又可多获利。

e. 对于暂列数额（或工程），预计会做的可能性较大，价格定高些，估计不一定发生的则单价低些。

f. 零星用工（计日工）的报价高于一般分部分项工程中的工资单价，因它不属于承包总价的范围，发生时实报实销，价高些会多获利。

④其他手法。

a. 多方案报价法。这是承包人如果发现招标文件、工程说明书或合同条款不够明确，或条款不很公正，技术规范要求过于苛刻时，为争取达到修改工程说明书或合同的目的而采用的一种报价方法。当工程说明书或合同条款有不够明确之处时，承包人往往可能会承担较大的风险，为了减少风险就需提高单价，增加不可预见费，但这样做又会因报价过高而增加投标失败的可能性。运用多方案报价法，是在充分估计投标风险的基础上，按多个投标方案进行报价，即在投标文件中报两个价，按原工程说明书和合同条件报一个价，然后再提出如果工程说明书或合同条件可做某些改变时的另一个较低的报价(需加以注释)。这样可使报价降低,吸引招标人。此外,如对工程中部分没有把握的工作,可注明采用成本加酬金方式进行结算的办法。

b. 突然降价法。这是一种迷惑对手的竞争手段。投标报价是一项商业秘密性的竞争工作,竞争对手之间可能会随时互相探听对方的报价情况。在整个报价过程中,投标人先按一般态度对待招标工程,按一般情况进行报价,甚至可以表现出自己对该工程的兴趣不大,但等快到投标截止时,再突然降价,使竞争对手措手不及。

c. 先亏后盈法。如想占领某一市场或想在某一地区打开局面,可能会采用这种不惜代价、降低投标价格的手段,目的是以低价甚至亏本进行投标,只求中标。但采用这种方法的承包人,必须要有十分雄厚的实力,较好的资信条件,这样才能长久、不断地扩大市场份额。

投标承包工程,报价是投标的核心,报价正确与否直接关系到投标的成败。为了增强报价的准确性,提高投标中标率和经济效益,除重视投标策略,加强报价管理外,还应善于认真总结经验教训,采取宏观指标和方法从宏观上对工程总报价进行控制审核。

单元小结

本章着重介绍了工程量清单计价的含义及其基本构成,阐述了铁路工程、公路工程等综合单价的组成及工程量清单计价的方法和程序;在工程量清单投标报价中对合同计价的分类、特点及实际应用过程中应注意的问题进行了翔实的论述,特别是投标报价的策略在实际工作中的应用。通过本章学习应从招投标的角度,理解工程量清单计价的特点;掌握工程量清单报价的关键是什么? 编制工程量清单的关键是什么? 从而对工程量清单计价有一个全面而深刻的理解和认识。

【拓展阅读】

《铁路工程工程量清单计价指南》(土建部分)

序 号	内 容		备 注
1	总则		
2	工程量清单编制	2.1 一般规定	
		2.2 分章说明	
		2.3 暂列金额	
		2.4 计日工	对于总价合同,则无2.3和2.4
3	工程量清单计价		
4	工程量清单及其计价格式	4.1 工程量清单格式	
		4.2 工程量清单计价格式	
5	工程量清单计量规则		

练 习 题

5-1 什么是工程量清单？什么是工程量清单计价？
5-2 简述工程量清单计价的原则和依据。
5-3 简述建设工程承包合同价格的分类。
5-4 简述投标报价工作的主要内容。
5-5 简述投标报价的策略。

单元 6　工程计量与价款结算

 引子

工程计量与价款结算是工程造价管理的重要组成部分,特别是在"政府宏观调控,企业自主报价,市场形成价格"新的计价模式下,如何准确计算工程量,适时进行工程拨款,就关系到一个建设项目是否取得成功、获得盈利的关键。

本章学习的目的是使学生掌握工程计量的程序和方法、掌握工程价款的结算及支付、明确工程变更程序及估价原则,从而满足学生现场管理实际工程的需要。

6.1　工程计量

6.1.1　工程计量的含义

工程计量即工程量的计算,是指就工程某些特定内容进行的计算度量工作;工程造价的计量是指为计算工程造价就工程数量或计价基础数量进行的度量统计工作,是确定工程造价的基础。

6.1.2　工程计量的重要性

①工程计量是项目工程款项支付的前提,是控制项目投资费用支出的关键环节。

工程计量是指根据设计文件及承包合同中关于工程量计量的规定,项目监理机构对承包人申报的已完成工程的工程量进行的核验。合同条件中明确规定工程量表中开列的工程量是该工程的估算工程量,不能作为承包人应予完成的实际和确切的工程量。因为工程量表中的工程量是在编制招标文件时,在图纸和规范的基础上估算的工程量,不能作为结算工程价款的依据,而必须通过项目监理机构对已完成的工程进行计量。经过项目监理机构计量所确定的数量才是向承包人支付任何款项的凭证。

②工程计量是约束承包人履行合同义务的手段。

计量不仅是控制投资费用支出的关键环节,同时也是约束承包人履行合同义务、强化承包人合同意识的手段。FIDIC 合同条件规定,业主对承包人的付款,是以工程师批准的付款证书为凭据的,工程师对计量支付有充分的批准权和否决权。对于不合格的工作和工程,工程师可以拒绝计量。因此,在施工过程中,项目管理机构可以通过计量支付手段,控制工程按合同约定进行。

③工程师通过计量可以及时掌握承包人工作的进展情况。

工程师通过按时计量,可以及时掌握承包人工作的进展情况和工程进度。当工程师发现工程进度严重偏离计划目标时,可要求承包人及时分析原因、采取措施、加快进度。

6.1.3 工程计量的程序

1) 施工合同(标准文本)约定的程序

(1) 单价子目的计量程序(图6-1)。

①承包人提出计量申请;

②工程师予以现场计量;

③计量结果的确认;

④业主支付。

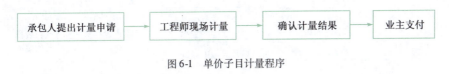

图6-1 单价子目计量程序

说明:

①已标价工程量清单中的单价子目工程量为估算工程量。结算工程量是承包人实际完成的,并按合同约定的计量方法进行计量的工程量。

合同约定的计量方法主要指合同约定的计量周期、专用合同条款、工程量清单中确定的方法。

计量周期:已完工程量一般按月计量和支付,若有特殊要求,可在专用条款中约定。如:铁路合同专用条款约定,工程进度款采用月预付、季度结算、竣工清算的方式。

计量周期的起止日期可根据项目的有关财务拨付和计划统计的要求由当事人协商确定。

②承包人对已完成的工程进行计量,向监理人提交进度付款申请单、已完成工程量报表和有关计量资料。

③监理人对承包人提交的工程量报表进行复核,以确定实际完成的工程量。对数量有异议的,可要求承包人按下述条款约定进行共同复核和抽样复测。承包人应协助监理人进行复核并按监理人要求提供补充计量资料。承包人未按监理人要求参加复核,监理人复核或修正的工程量视为承包人实际完成的工程量。

第8.2款:施工测量。规定实践中,对体形建筑物或断面较为规整的测量体,由承包人测量监理人复测;对于数量较大、断面不规整的施工作业体,由监理人和承包人共同进行联合测量、计量。承包人有配合监理人复测的义务和责任。

④监理人认为有必要时,可通知承包人共同进行联合测量、计量,承包人应遵照执行。

⑤承包人完成工程量清单中每个子目的工程量后,监理人应要求承包人派人员共同对每个子目的历次计量报表进行汇总,以核实最终结算工程量。监理人可要求承包人提供补充计量资料,以确定最后一次进度付款的准确工程量。承包人未按监理人要求派人员参加的,监理人最终核实的工程量视为承包人完成该子目的准确工程量。

⑥监理人应在收到承包人提交的工程量报表后的7天内进行复核,监理人未在约定时间

内复核的,承包人提交的工程量报表中的工程量视为承包人实际完成的工程量,据此计算工程价款。

工程量报表:工程量报表有数字汇总、校核功能,在与各种体型建筑物的设计计算总量和总的结算量不一致时,需要检查和复核应该进行计量的准确工程量,以确定该子目最终付款的准确工程量。

(2) 总价子目的计量程序(图6-2)

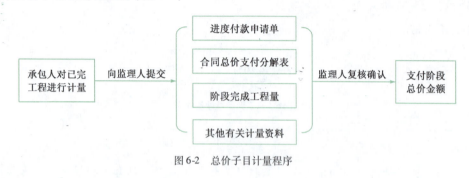

图6-2　总价子目计量程序

说明:

①总价子目的计量和支付应以总价为基础,不因第16.1款中的因素而进行调整。承包人实际完成的工程量,是进行工程目标管理和控制进度支付的依据。(第16.1款　物价波动引起的调整)。

②承包人在合同约定的每个计量周期内,对已完成的工程进行计量,并向监理人提交进度付款申请单、专用合同条款约定的合同总价支付分解表所表示的阶段性或分项计量的支持性资料,以及所达到工程形象目标或分阶段需完成的工程量和有关计量资料。

合同总价支付分解表:为了包含和适应更广泛的工程量计量,或使进度付款不局限月进度付款,将总价子目的计量约定按批准的支付分解报告确定,即承包人应按合同约定进行支付分解,并向监理人提交总价承包子目支付分解表。

③监理人对承包人提交的上述资料进行复核,以确定分阶段实际完成的工程量和工程形象目标。对其有异议的,可要求承包人按第8.2款约定进行共同复核和抽样复测。

工程形象目标:总价子目的计量和支付,以达到各阶段的形象面貌的目标为基础,经监理人检查核实其形象面貌所需完成的相应工程量,已达到支付分解表的要求后,即可支付经批准的每阶段总价支付金额。

④除按照第15条约定的变更外,总价子目的工程量是承包人用于结算的最终工程量。

2) 建设工程监理规范规定的程序(图6-3)

①承包单位统计工程量,填报工程量清单和工程款支付申请表;

②专业监理工程师进行现场计量,按施工合同的约定审核工程量清单和工程款支付申请表,并报总监理工程师审定;

③总监理工程师签署工程款支付证书,并报建设单位。

图6-3 建设工程监理规范规定的计量程序

3) FIDIC 施工合同约定的工程计量程序

①承包人代表应及时亲自或另派合格代表,协助工程师进行测量;

②提供工程师要求的任何具体材料。

6.1.4 工程计量的依据

1) 质量合格证书

对于承包人已完成的工程,并不是全部进行计量,而只是质量达到合同标准的已完成的工程才予以计量。所以工程计量必须与质量监理紧密配合,经过专业监理工程师检验,工程质量达到合同规定的标准后,由专业监理工程师签署报验申请表(质量合格证书),只有质量合格的工程才予以计量。所以说,质量监理是计量管理的基础,计量又是质量管理的保障。通过计量支付,强化承包人的质量意识。

对实体质量合格,外观存在缺陷的但不影响使用和安全的工程,监理工程师可根据合同规定折减计量支付,并报建设单位批准。

2) 工程量清单说明和技术规范

工程量清单说明和技术规范是确定计量方法的依据,因为工程量清单说明和技术规范的"计量支付"条款规定了清单中每一项工程的计量方法,同时还规定了按规定的计量方法确定的单价所包括的工作内容和范围。

例如,某高速公路技术规范计量支付条款规定:所有道路工程、隧道工程和桥梁工程中的路面工程按各种结构类型及各层不同厚度分别汇总,并且以图纸所示或工程师指示为依据,按经工程师验收的实际完成数量,以平方米为单位分别计量。计量方法是根据路面中心线的长度乘以图纸所表明的平均宽度,再加上单独测量的岔道、加宽路面、喇叭口和道路交叉处的面积,以平方米为单位计量。除工程师书面批准外,凡超过图纸所规定的任何宽度、长度、面积或体积均不予计量。

3) 设计图纸

单价合同以实际完成的工程量进行结算,但被工程师计量的工程数量,并不一定是承包人实际施工的数量。计量的几何尺寸要以设计图纸为依据,工程师对承包人超出设计图纸要求增加的工程量和自身原因造成返工的工程量不予计量。

例如,在京津塘高速公路施工管理中,灌注桩的计量支付条款中规定按设计图纸以"m"计量,其单价包括所有材料及施工的各项费用,根据这个规定,如果承包人做了35m 的灌注桩,而桩的设计长度为 30m,则只计量 30m,业主按 30m 付款。承包人多做的 5m 灌注桩所消耗的钢筋及混凝土材料,业主不予补偿。

6.1.5 工程计量的方法

1)工程计量的范畴

工程师一般只对以下三个方面的工程项目进行计量。

(1)工程量清单中的全部项目

清单中的工程项目全部需要进行计量。合同文件规定,没有填写单价与金额的项目,其费用已包括在清单的其他单价或款项中,因此,对于清单中没有填写单价与金额的项目,仍需进行计量,以便确认承包人是否按合同条件完成了该项工程。

(2)合同文件中规定的项目

除了清单中的工程项目以外,在合同文件中通常还规定了一些包干项,对于这些项目也必须根据合同条件进行计量。

(3)工程变更项目

工程变更一般附有变更清单,工程变更清单同工程量清单具有相同的性质。因此,对于工程变更清单项目亦必须按合同有关要求进行计量。

上述合同规定以外的项目,例如承包人为完成上述项目而进行的一些辅助工程,监理工程师没有进行计量的义务,因为这些辅助工程的费用已包括在上述项目的单价中。

2)工程计量的方法

根据 FIDIC 合同条件的规定,工程计量一般可按照以下方法进行计量:

(1)均摊法

所谓均摊法,就是对清单中某些项目的合同价款,按合同工期每月平均计量。例如,为工程师提供宿舍,保养测量设备,保养气象记录设备,维护工地清洁和整洁等。这些项目都有一个共同的特点,即每月均有发生,所以可以采用均摊法进行计量支付。如,保养气象记录设备,每月发生的费用是相同的,如果本项合同款为 2000 元,合同工期为 20 个月,则每月计量、支付的款额为 2000 元/20 月 = 100 元/月。

(2)凭据法

所谓凭据法,就是按照承包人提供的票据进行计量支付。例如,建筑工程险保险费、第三方责任险保险费、履约保证金等项目,一般按凭据法进行计量支付。

(3)估价法

所谓估价法,就是按合同文件的规定,根据工程师估算的已完成的工程价值支付。例如,为工程师提供办公设施和生活设施,为工程师提供用车,为工程师提供测量设备、天气记录设备、通信设备等项目。这类清单项目往往要购买几种仪器设备,当承包人对于某一项清单项目中规定购买的仪器设备不能一次购进时,则需采用估价法进行计量支付。其计量过程如下:

①按照市场的物价情况,对清单中规定购置的仪器设备分别进行估价。

②按下式计量支付金额。

$$F = A \times B/D \tag{6-1}$$

式中：F——计算支付的金额；
　　　A——清单所列该项的合同金额；
　　　B——该项实际完成的金额；
　　　D——该项全部仪器设备的总估算价格。

从公式(6-1)可知：
①该项实际完成金额 B 必须按估算各种设备的价格计算，它与承包人购进的价格无关；
②估算的总价与合同工程量清单的款额无关。

当然，估价的款额与最终支付的款额无关，最终支付的款额总是合同清单中的款额。

(4)断面法

断面法主要用于取土坑或填筑路堤土方的计量。对于填筑土方工程，一般规定计量的体积为原地面线与设计断面所构成的体积。采用这种方法计量，在开工前承包人需测绘出原地形的断面，并需经工程师检查，作为计量的依据。

(5)图纸法

在工程量清单中，许多项目采取按照设计图纸所示的尺寸进行计量的方法。例如，混凝土构筑物的体积、钻孔桩的桩长等。

(6)分解计量法

所谓分解计量法，就是将一个项目，根据工序或部位分解为若干子项。对完成的各子项进行计量支付。这种计量方法主要是为了解决一些包干项目或较大的工程项目的支付时间过长，影响承包人的资金流动的问题。

6.1.6　工程量计算规则

工程量计算规则是对清单项目工程量的计算规定和对相关清单项目的计量界面的划分。在工程实施过程中，计量与支付必须严格执行工程量计算规则。

1)铁路工程工程量计算规则(详见附录4)

①子目划分特征为"综合"的是最低一级的清单子目，与其相关的工程内容属子细目，不单独计量，费用计入该清单子目。

②作为清单子目的土方和石方，除区间路基土石方和站场土石方外，仅指单独挖填土石方的子目和无需砌筑的各种沟渠等的土石方。如改河、改沟、改渠、平交道土石方，刷坡、滑坡减载土石方，挡沙堤、截沙沟土方，为防风固沙工程预先进行处理的场地平整土石方。与砌筑等工程有关的土石方挖填属于子细目，不单独计量。

③区间路基和站场土石方计算规则：

a.挖方以设计开挖断面按天然密实体积计算，含侧沟(路堑地段的两侧水沟)的土石方数量。填方以设计填筑断面按压实后的体积计算。

注意:路堤两侧的排水沟,其工程数量列入路基附属工程。

对于路基填方,压实边坡宜采用专用压实机具;对未做压实的边坡,应按填料种类和压实机械的效能,超填 0.3~0.5m 宽。

在做土石方调配时,应考虑天然密实方与压(夯)实方的换算关系。为了统一概算的编制,当以填方压实体积为工程量,采用以天然密实方为计量单位的定额时,所采用的定额应乘以表 6-1 的系数。

换 算 系 数 表 表6-1

岩土类别铁路等级		土 方			石 方
		松土	普通土	硬土	
设计速度200km/h 及以上铁路	区间	1.258	1.156	1.115	0.941
	站场	1.230	1.130	1.090	0.920
设计速度160km/h 及以下,I级铁路	区间	1.225	1.133	1.092	0.921
	站场	1.198	1.108	1.068	0.900
II 级及以下铁路	区间	1.125	1.064	1.023	0.859
	站场	1.100	1.040	1.000	0.840

注:1. 表 6-1 中的系数包括了天然密实方与压(夯)实方的换算和为了保证碾压质量而在路堤两侧超填加宽的土石方数量两个因素。因此,采用表 6-1 系数后,原在计算路基土石方数量时考虑的松紧系数或涨余系数及路堤两侧超填加宽因素等一律不得再考虑。
2. 采用表 6-1 系数后,不得再计边坡压实的费用。
3. 在输入定额时乘以换算系数,主要是为了确保挖方的数量是天然密实的体积,填方的数量是压实后的体积。

§ 例6-1 § 某设计速度 160km/h 的 I 级铁路工程,区间路基挖方 80000m³(普通土),全部利用,挖掘机挖装,自卸汽车运输 2km。填方 100000m³,除利用方外的缺口需借土,挖掘机挖装,自卸汽车运输 5km。试编制工程量清单并套用定额。

由于挖方 80000m³ 全部移挖作填利用,挖方为天然密实体积,可按此数量直接套用相应的定额子目,而填方为压实后的体积,80000m³ 普通土压实后的体积应换算为 80000÷1.133 = 70609m³,依此计算借土填方的数量为 100000 - 70609 = 29391m³(压实体积),借土开挖数量实际为 29391×1.133 = 33300m³,但在编制概算时,不体现在工程数量上,而是体现在套用定额时乘以换算系数。工程量清单见表 6-2,套用定额见表 6-3。

工 程 量 清 单 表6-2

清单第二章路基				
编 码	节 号	名 称	计量单位	工程数量
0202	2	区间路基土石方	正线公里	
0202J		1. 建筑工程费	m³	
0202J01		一、土方	m³	

续上表

编　码	节　号	名　称	计量单位	工程数量
0202J0101		(一)挖土方	m^3	80000
0202J0102		(二)利用土填方	m^3	70609
0202J0103		(三)借土填方	m^3	29391

套用定额　　　　　　　　　　　　　　　　　　　　　　表6-3

编　码	节　号	名　称	计量单位	工程数量
0202	2	区间路基土石方	正线公里	
0202J		Ⅰ.建筑工程费	施工方/断面方	109331/179940
0202J01		一、土方	施工方/断面方	109331/179940
0202J0101		(一)挖土方	m^3	80000
		1.挖土方(运距≤1km)	m^3	80000
LY-35		挖掘机装车≤2m^3 挖掘机普通土	100m^3	800
LY-142		≤8t 自卸汽车运土运距≤1km	100m^3	800
		2.增运土方(运距>1km 的部分)	m^3	80000
LY-143		≤8t 自卸汽车运土增运1km	100m^3	800
0202J0102		(二)利用土填方	m^3	70609
LY-430		压路机压实	100m^3	706.09
0202J0103		(三)借土填方	m^3	29391
		1.挖填土方(运距≤1km)	m^3	29391
LY-35 ×1.133		挖掘机装车≤2m^3 挖掘机普通土	100m^3	293.91
LY-142 ×1.133		≤8t 自卸汽车运土运距≤1km	100m^3	293.91
LY-430		压路机压实	100m^3	293.91
		2.增运土方(运距>1km 的部分)	m^3	29391
LY-143 ×4×1.133		≤8t 自卸汽车运土增运1km	100m^3	293.91

　　从上例可以看出,当采用借土(石)填方时,借方的开挖、运输在套用定额时均应乘以换算系数,但当移挖作填时,利用的挖方和弃方应通过换算确定。

　　以上例子采用的是部颁定额,投标人在编制投标报价时,应根据招标文件的要求和具体情况编制,必要时,还应增加洒水、翻晒等内容。以石代土填筑,采用填土压实定额,如果是设计要求的填石路堤,应采用填石路堤定额。挖土(石)方应该是指线路本身的开挖,虽然借土(石)方中也有挖运的内容,但由于其实质是用于填方,所以其工程数量只能按压实后的体积数量执行,并通过定额乘系数的方法将压实后的状态换算成天然密实的状态。机械施工石方,在编制概算时,应注意"113 号文"的规定,爆破、机械挖运(运距≤1km 部分)及碾压等、增运(运距>1km 部分)费率不同。

　　b.按设计要求清除表土后或原地面压实后回填至原地面标高所需的土石方按设计图示确定的数量计算,纳入路基填方数量内。

c. 路堤填筑按照设计图示填筑线计算土石方数量，护道土石方、需要预留的沉降数量计入填方数量。

d. 清除表土的数量和路堤两侧因机械施工需要超填帮宽等而增加的数量，不单独计量，其费用应计入设计断面。

e. 既有线改造工程所引起的既有路基落底、抬坡的土石方数量应按相应的土石方的清单子目计量。

重点说明：

a. 土石方调配的几个公式：

断面方 = 挖方 + 填方

施工方 = 挖方 + 借方 或 = 填方 + 弃方（= 利用方 + 借方 + 弃方）

挖方 = 利用方 + 弃方

填方 = 利用方 + 借方

其实，上述公式断面方、施工方并不闭合，因为挖方为天然密实体积，而填方为压实体积，二者相差一个换算系数，引入换算系数后才能闭合。

b. 挖方是指线路或站场设计断面范围内的土石方开挖，包括挖装运卸等全部工作内容；其中有一部分或全部可能被利用作填方，利用方的工作内容是在挖方卸车后的摊铺、翻晒或洒水、压实、修整等（注意：如未直接卸至填筑点则还应包含从利用方临时堆放地点运至填筑点的内容）；借方则是指从线路或站场设计范围以外的土源点借入填筑料，工作内容包括了从挖、运到填筑的全部内容，并应计入价购填料的费用。

c. 石方工程（工作）内容中的"解小"有两层意思：其一是指第一次爆破后有体积过大的石块，不便运输，需二次爆破解小；其二是指如果要利用或外借石方作填方，开挖后石块的最大粒径应满足规范对填料的要求，对不满足粒径要求的石块再进行解小。

d. 利用土（石）填方或利用土改良清单子目，如挖方未直接运至填筑点，而是在某处临时堆放，报价时还应考虑从利用方临时堆放点运至填筑点的费用。

e. 级配碎石（砂砾石）项下分基床表层和过渡段。主要是针对设计时速200km客货专线和客运专线而设置的。但有两种例外情况：一种是当缺乏 A 组填料时，Ⅰ级铁路基床表层经经济比选后可采用级配碎石（砂砾石）；另一种是一次铺设无缝线路的Ⅰ级铁路路基与桥台、路堤与路堑连接处应设置过渡段。过渡段划分为路基与桥台过渡段、路堤与横向结构物过渡段、路堤与路堑过渡段三类。每一类可按填料类型设置子目。

f. 对于设计未要求填筑级配碎石（砂砾石）的路堤，应根据具体情况采用利用土（石）填方、借土（石）填方、渗水土壤、改良土等清单子目计量。

g. 不设置过渡段的桥台后缺口填筑不属于路基范围，而属于桥梁附属工程。

④路桥分界。不设置路堤与桥台过渡段时，桥台后缺口填筑属桥梁范围，设置路堤与桥台过渡段时，台后过渡段属路基范围。

⑤室内外界线划分。

给水管道:以入户水井表或交汇井为界,无入户水表或交汇井而直接入户的,以建筑物外墙皮为界。水表井或交汇井的费用计入第九章第21节的给水管道。

排水管道:以出户第一个排水检查井或化粪池为界。检查井的费用计入第九章第21节的排水管道,化粪池在第九章第21节的排水建筑物下单列清单子目。

热网管道、工艺管道:以建筑物外墙皮为界。

电力、照明线路:以入户配电箱为界。配电箱的费用计入房屋。

除另有规定及说明外,清单子目工程量均以设计图示的工程实体净值计算。施工中的各种损耗和因施工工艺需要所增加的工程量,应由投标人在投标报价时考虑,计入综合单价,不单独计量,计量支付仅以设计图示实体净值为准。

a. 计算钢筋(预应力)混凝土的体积时,不扣除钢筋、预埋件和预应力筋张拉孔道所占的体积。

b. 普通钢筋的重量按设计图示长度乘理论单位重量计算,不含搭接和焊接、绑扎料、接头套筒、垫块等材料的重量。

c. 预应力钢筋(钢丝、钢绞线)的重量按设计图示结构物内的长度乘理论单位重量计算,不含结构物以外张拉所需的锚具、管道、锚板及联结钢板、压浆、封锚、捆扎、焊接材料等的重量。

d. 钢结构的重量按设计图示尺寸计算,不含搭接、焊接材料、缠包料和垫衬物、涂装料等的重量。

e. 各种桩基如以体积计量时,其体积按设计图示桩顶(混凝土桩为承台底)至桩底的长度乘以设计桩径断面积计算,不得将扩孔(扩散)因素或护壁圬工计入工程数量。如需试桩,按设计文件的要求计入工程数量。

f. 以面积计量时,除另有规定外,其面积按设计图示尺寸计算,不扣除在 $1m^2$ 及以下固定物(如检查井等)的面积。

g. 以长度计量时,除另有规定外,按设计图示中心线的长度计算,不扣除接头、检查井等所占的长度。

在新建铁路工程项目中,与路基、桥梁、隧道等工程同步施工的电缆沟、槽及光(电)缆防护、接触网滑道应在路基、桥梁、隧道等工程的清单子目中计量,机电部分不得重复计列。

⑥计量单位及精度要求:

以体积计算的子目——m^3;以面积计算的子目——m^2;以长度计算的子目——m、km;

以重量计算的子目——t;以自然计量单位计算的子目——个、处、孔、组、座或其他可以明示的自然计量单位;没有具体数量的子目——元。

计量精度要求如下:

计量单位为 m^3、m^2、m 的取两位小数,第三位四舍五入;计量单位为 km 的,轨道工程取五位小数,第六位四舍五入;其他工程取三位小数,第四位四舍五入;计量单位为 t 的取三位小数,第四位四舍五入;计量单位为"个"、"处"、"孔"、"组"、"座"或其他可以明示的自然计量单位和"元"的取整,小数点后第一位四舍五入。

2)公路工程工程量计算规则(详见附录5)

①工程量计算规则是对清单项目工程量的计算规定,除另有说明外,清单子目工程量均以设计图示的工程实体净值计算;材料及半成品采备和损耗,场内二次转运,常规的检测等均应包括在相应工程项目中,不另行计量。

②施工现场交通组织、维护费应综合考虑在各项目内,不另行计量。

③为满足项目管理成本核算的需要,对于第四章桥梁、涵洞工程,第五章隧道工程,应按特大桥、大桥、中小桥、分离式立交桥和隧道单洞、连洞分类使用本规则的计量项目。

④计量单位及计量精度

公路工程量计量单位采用基本单位,除各章另有特殊规定外,均按以下单位计量:

以体积计算的项目——m^3;以面积计算的项目——m^2;以长度计算的项目——m;

以质量计算的项目——t、kg;以自然体计算的项目——个、棵、根、台、套、块……

没有具体数量的项目——总额。

计量精度执行下列规定:

以 m^3、m^2、m 为计量单位,应保留两位小数,第三位小数四舍五入;以 t 为计量单位,保留小数点后三位,第四位小数四舍五入;以"个"、"项"为计量单位的,应取整数。

6.2 工程变更及其价款确定

6.2.1 工程变更概述

1)工程变更的概念

工程变更是在工程项目实施过程中,按照合同约定的程序对部分或全部工程在材料、工艺、功能、构造、尺寸、技术指标、工程数量及施工方法等方面做出的改变。

2)工程变更产生的原因

在工程项目实施过程中,由于建设周期长,涉及的经济关系和法律关系复杂,受自然条件和客观因素的影响大,导致项目的实际情况与项目招投标时的情况相比,会发生一些变化。如:发包人修改项目计划对项目有了新的要求;因设计错误而对图纸的修改;施工变化发生了不可预见的事故;政府对建设工程项目有了新的要求等。

工程变更常常会导致工程量变化、施工进度变化等情况,这些都有可能使项目的实际造价超出原来的预算造价,因此,必须严格控制、密切注意其对工程造价的影响。

3)工程变更的内容

①更改工程有关部分的标高、基线、位置和尺寸;

②增减合同中约定的工程量;

③增减合同中约定的工程内容;

④改变工程质量、性质或工程类型;

⑤改变有关工程的施工顺序和时间安排;

⑥为使工程竣工而必需实施的任何种类的附加工作。

《标准施工招标文件》合同条款中关于变更范围和内容的规定:

①取消合同中任何一项工作,但被取消的工作不能转由发包人或其他人实施;

②改变合同中任何一项工作的质量或其他特性;

③改变合同工程的基线、标高、位置或尺寸;

④改变合同中任何一项工作的施工时间或改变已批准的施工工艺或顺序;

⑤为完成工程需要追加的额外工作。

若工程项目工作内容的变动,不对工程的施工组织和约定的工期、单价产生实质性影响时,不能做变更处理。

在此所规定的变更必须是具有实质性影响的变化。

所谓实质性影响,是指合同工作内容发生变更后,由于原合同约定的工程材料和品种、建筑物的结构形式、施工工艺和方法,以及施工工期等的变动,影响了原定的单价或合价,必须变更(增加或减少)合同价款才能维护合同的公正原则的情形。

《铁路建设工程施工合同》示范文本中,"专用合同条款"对变更范围和内容的补充:

对建设单位审核合格的施工图进行设计变更的,变更管理、范围、程序、变更费用执行铁道部变更设计管理相关规定。

4)工程变更原则

①设计文件是安排建设项目和组织施工的主要依据,设计一经批准,不得任意变更。只有当工程变更按本办法的审批权限得到批准后,才可组织施工;

②工程变更必须坚持高度负责的精神与严格的科学态度,在确保工程质量标准的前提下,对于降低工程造价、节约用地、加快施工进度等方面有显著效益时,应考虑工程变更;

③工程变更,事先应周密调查,备有图文资料,其要求与现设计相同,以满足施工需要,并填写"变更设计报告单",详细申述变更设计理由(软基处理类应附土样分析、弯沉检测或承载力试验数据)、变更方案(附上简图及现场图片)、与原设计的技术经济比较(无单价的填写估算费用),按照本办法的审批权限,报请审批,未经批准的不得按变更设计施工;

④工程变更的图纸设计要求和深度等同原设计文件。

5)工程变更分类

工程变更包括工程量变更、工程项目的变更、进度计划的变更、施工条件的变更等。这些变更最终表现为设计变更和其他变更两大类。

①设计变更:设计变更常常包括更改工程有关部分的高程、基线、位置、尺寸;增减合同中约定的工程量,改变有关工程的施工时间和顺序;其他有关工程变更需要的附加工作。在施工

中如果发生设计变更,将对施工进度产生很大影响,容易造成投资失控,因此应尽量减少设计变更。对必须变更的,应先做工程量和造价的分析。国家严禁通过设计变更扩大建设规模,增加建设内容,提高建设标准。变更超过原设计标准建设规模时,发包人应经规划管理部门和其他有关部门重新审查批复,并由原设计单位提供变更的相应图纸和说明后,方可发出变更通知。由于发包人对原设计进行变更,以及经工程师同意的、承包人要求进行的设计变更,导致合同价款的增减及造成的承包人的损失,由发包人承担,延误的工期相应顺延。

②其他变更:合同履行中除设计变更外,其他的能够导致合同内容变更的都属于其他变更。如:发包人要求变更工程质量标准、双方对工期要求的变化、施工条件和环境的变化导致施工机械和材料的变化等。

合同履行中发包人要求变更工程质量标准及发生其他实质性变更,由双方协商解决。

6.2.2 工程变更的确认与处理程序

1) 工程变更的确认

工程变更可能来源于许多方面,如发包人原因、承包人原因、工程师原因等。不论任何一方提出的工程变更,均应由工程师确认,并签发工程变更指令。工程变更指令发出后,应当迅速落实变更。

工程师确认工程变更的步骤为:

提出工程变更→分析提出的工程变更对项目目标的影响→分析有关合同条款和会议纪要、通信记录→向业主提交变更评估报告(初步确定处理变更所需要的费用、时间范围和质量要求)→确认变更。

2) 工程变更处理程序

(1) 工程变更的处理要求

①如果出现了必须变更的情况,应当尽快变更。如果变更不可避免,无论是停止施工等待指令还是继续施工,无疑都会增加损失。

②工程变更后,应当尽快落实变更。

③对工程变更的影响应当做进一步分析。

(2) FIDIC 合同条件下的工程变更程序

①工程师将计划变更事项通知承包人,并要求承包人实施变更建议书。

②承包人应尽快做出书面回应或提出不能照办的理由(如果情况如此),或依据工程师的指示递交实施变更的说明,包括对实施工作的计划以及说明、对进度计划做出修改的建议、对变更估价的建议、提出变更费用的要求。若承包人由于非自身原因无法执行此项变更,应立刻通知工程师。

③工程师收到此类建议书后,应尽快给予批准、不批准或提出意见的回复。

④承包人在等待答复期间,不应延误任何工作,由工程师向承包人发出执行每项变更并附做好各项记录的任何要求的指示,承包人应确认收到该指示。

(3)《建设工程施工合同(标准文本)》的变更程序：

①变更的提出：

a. 在合同履行过程中，发生第 15.1 款约定情形的，监理人可向承包人发出变更意向书。变更意向书应说明变更的具体内容和发包人对变更的时间要求，并附必要的图纸和相关资料。变更意向书应要求承包人提交包括拟实施变更工作的计划、措施和竣工时间等内容的实施方案。发包人同意承包人根据变更意向书要求提交的变更实施方案的，由监理人发出变更指示。

b. 在合同履行过程中，发生第 15.1 款约定情形的，监理人应向承包人发出变更指示。

c. 承包人收到监理人按合同约定发出的图纸和文件，经检查认为其中存在第 15.1 款约定情形的，可向监理人提出书面变更建议。变更建议应阐明要求变更的依据，并附必要的图纸和说明。监理人收到承包人书面建议后，应与发包人共同研究，确认存在变更的，应在收到承包人书面建议后的 14 天内做出变更指示。经研究后不同意作为变更的，应由监理人书面答复承包人。

d. 若承包人收到监理人的变更意向书后认为难以实施此项变更，应立即通知监理人，说明原因并附详细依据。监理人与承包人和发包人协商后确定撤销、改变或不改变原变更意向书。

②变更估价：

a. 除专用合同条款对期限另有约定外，承包人应在收到变更指示或变更意向书后的 14 天内，向监理人提交变更报价书，报价内容应根据合同约定的估价原则，详细开列变更工作的价格组成及其依据，并附必要的施工方法说明和有关图纸。

b. 变更工作影响工期的，承包人应提出调整工期的具体细节。监理人认为有必要时，可要求承包人提交提前或延长工期的施工进度计划及相应施工措施等详细资料。

c. 除专用合同条款对期限另有约定外，监理人收到承包人变更报价书后的 14 天内，根据合同约定的估价原则，商定或确定变更价格。

③变更指示：

a. 变更指示只能由监理人发出。

b. 变更指示应说明变更的目的、范围、变更内容以及变更的工程量、其进度和技术要求，并附有关图纸和文件。承包人收到变更指示后，应按变更指示进行变更工作。

④变更估价原则：

a. 已标价工程量清单中有适用于变更工作的子目的，采用该子目的单价。

b. 已标价工程量清单中无适用于变更工作的子目，但有类似子目的，可在合理范围内参照类似子目的单价，由监理人按第 3.5 款商定或确定变更工作的单价。

c. 已标价工程量清单中无适用或类似子目的单价，可按照成本加利润的原则，由监理人商定或确定变更工作的单价。

d. I 类变更设计引起的费用增减，按照原初步设计批准单位批准概算和相应中标降造率计算费用。

e. 保险范围之外,由于不可抗力造成的损失,按照原初步设计批准单位批准费用计算。

f. 由工程量变化引起的单价调整,下列情况下,应对超过合同约定的变化部分采用新的单价:

该项工作测出的数量变化超过工作量表或其他资料表中所列数量的10%;

此数量变化与该项工作单价的乘积,超过中标合同金额的0.01%;

此数量变化直接改变该项工作的单位成本超过1%;

合同中没有规定该项工作为固定费率项目。

§例6-2§ 某工程发包方提出的估计工程量为1500m³,合同中规定工程单价为16元/m³,实际工程量超过10%时,调整单价,单价为15元/m³,结束时实际完成工程量1800m³,则该项工程工程款为多少元?

解
$$1500 \times (1 + 10\%) = 1650 \text{m}^3$$
$$1650 \times 16 + (1800 - 1650) \times 15 = 28650 \text{ 元}$$

3) 工程设计变更处理程序

①施工中发包人需对原工程设计进行变更,应提前14天以书面形式向承包人发出变更通知。变更超过原设计标准或批准的建设规模时,发包人应报规划管理部门和其他有关部门重新审查批准.并由原设计单位提供变更的相应图纸和说明。承包人按照工程师发出的变更通知及有关要求,进行下列需要的变更:

a. 更改工程有关部分的高程、垂线、位置和尺寸;

b. 增减合同中约定的工程量;

c. 改变有关工程的施工时间和顺序;

d. 其他有关工程变更需要的附加工作。

因变更导致合同价款的增减及造成承包人损失,由发包人承担,延误的工期相应顺延。

②施工中承包人不得对原工程设计进行变更。因承包人擅自变更设计发生的费用和由此导致发包人的直接损失,由承包人承担,延误的工期不予顺延。

③承包人在施工中提出的合理化建议涉及对设计图纸或施工组织设计的更改及对材料、设备的换用,需经工程师同意。未经同意擅自更改成换用时,承包人承担由此发生的费用,并赔偿发包人的有关损失,延误的工期不予顺延。

工程师同意采用承包人合理化建议,所发生的费用和获得的收益,发包人与承包人另行约定分担或分享。

4) 其他变更处理程序

合同履行中发包人要求变更工程质量标准及发生其他实质性变更,由双方协商解决。双方协商一致签署补充协议后,方可变更。

§例6-3§ 某工程基础底板的设计厚度为1m,承包人根据以往的施工经验,认为设计有问题,未报监理工程师,即按 1.2m 施工,多完成的工程量在计量时监理工程师(　　)。

A. 不予计量　　　　　　　　B. 计量一半

C. 予以计量　　　　　　　　D. 由业主与施工单位协商处理

分析　因施工方不得对工程设计进行变更,未经工程师同意擅自更改,发生的费用和由此导致发包人的直接损失,由承包人承担,故答案为 A。

6.2.3　工程变更合同价款的确定

1) 工程变更后合同价款的确定程序

①在工程变更确定后 14 天内,工程变更涉及工程价款调整的,由承包人向发包人提出工程价款报告,经发包人审核同意后调整合同价款。

②工程变更确定后 14 天内,如承包人未提出变更工程价款报告,则发包人可根据所掌握的资料决定是否调整合同价款和调整的具体金额。重大工程变更涉及工程价款变更报告和确认的时限,由发、承包双方协商确定。

③收到变更工程价款报告一方,应在收到之日起 14 天内予以确认或提出协商意见,自变更工程价款报告送达之日起 14 天内,对方未确认也未提出协商意见时,视为变更工程价款报告已被确认。

④确认增(减)的工程变更价款作为追加(减)合同价款与工程进度款合同期支付。

⑤因承包人自身原因导致的工程变更,承包人无权要求追加合同价款。

工程变更后合同价款的确定程序如图 6-4 所示。

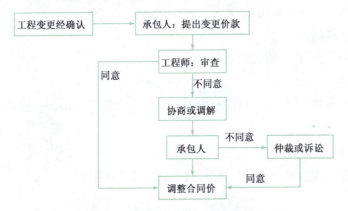

图 6-4　工程变更后合同价款的确定程序

2) 变更后合同价款的确定方法

①合同中已有适用于变更工程的价格,按合同已有的价格变更合同价款。

②合同中只有类似于变更工程的价格,可以参照类似价格变更合同价款。

③合同中没有适用或类似于变更工程的价格,由承包人或发包人提出适当的变更价格,经对方确认后执行。如双方不能达成一致,双方可提请工程所在地工程造价管理机构进行咨询或按合同约定的争议或纠纷解决程序办理。

§ **例 6-4** § 某工程项目原计划有土方量 13000m³,合同约定土方单价为 17 元/m³,在工程实施中,业主提出增加一项新的土方工程,土方量 5000m³,施工方提出 20 元/m³,增加工程价款:5000×20=100000 元。施工方的工程价款计算能否被监理工程师支持?

解 不能被支持。因合同中已有土方单价,应按合同单价执行,正确的工程价款为:

$$5000 \times 17 = 85000 \text{ 元}$$

6.3 工程价款的结算

工程价款结算是指承包人在工程实施过程中,依据承包合同中有关付款条款的规定和已经完成的工程量,并按照规定的程序向业主收取工程款的一项经济活动。

6.3.1 工程价款结算依据和方式

发包人、承包人应当在合同条款中对涉及工程价款结算的下列事项进行约定:

①预付工程款的数额、支付时限及抵扣方式;

②工程进度款的支付方式、数额及时限;

③工程施工中发生变更时工程价款的调整方法、索赔方式、时限要求及支付方式;

④发生工程价款纠纷的解决方法;

⑤约定承担风险的范围及幅度以及超出约定范围和幅度的调整办法;

⑥工程竣工价款的结算与支付方式、数额及时限;

⑦工程质量保证(保修)金的数额、预扣方式及时限;

⑧安全措施和意外伤害保险费用;

⑨工期及工期提前或延后的奖惩办法;

⑩与履行合同、支付价款相关的担保事项。

1) 工程价款结算依据

工程价款结算应按合同约定办理,合同未做约定或约定不明的,发、承包双方应依照下列规定与文件协商处理:

①国家有关法律、法规和规章制度。

②国务院建设行政主管部门、省、自治区、直辖市或有关部门发布的工程造价计价标准、计价办法等有关规定。

③建设工程项目的合同、补充协议、变更签证和现场签证,以及经发、承包人认可的其他有效文件。

④其他可依据的材料。

2) 工程价款结算方式

我国现行工程价款结算根据不同情况,可采取多种方式。

①按月结算。实行旬末或月中预支,月中结算,竣工后清算的方法。

②竣工后一次结算。建设工程项目或单项工程全部建筑安装工程建设期在 12 个月以内,

或工程承包合同价在 100 万元以下的,可实行工程价款每月月中预支、竣工后一次结算。即合同完成后承包人与发包人进行合同价款结算,确认的工程价款为承发包双方结算的合同价款总额。

③分段结算。开工当年不能竣工的单项工程或单位工程,按照工程形象进度,划分不同阶段进行结算。分段标准由各部门、省、自治区、直辖市规定。

④目标结算方式。在工程合同中,将承包工程的内容分解成不同控制面(验收单元),当承包人完成单元工程内容并经工程师验收合格后,业主支付单元工程内容的工程价款。对于控制面的设定,合同中应有明确的描述。

目标结算方式下,承包人要想获得工程款,必须按照合同约定的质量标准完成控制面工程内容,要想尽快获得工程款,承包人必须充分发挥自己的组织实施能力,在保证质量前提下,加快施工进度。

⑤双方约定的其他结算方式。

6.3.2 工程预付款及其计算

施工企业承包工程,一般实行包工包料,这就需要有一定数量的备料周转金。在工程承包合同款中,一般明文规定发包单位在开工前拨付给承包单位一定限额的工程预付款。预付款用于承包人为合同工程施工购置材料、工程设备、施工设备、修建临时设施以及组织施工队伍进场等。预付款必须专用于合同工程。

1) 预付款在支付过程应遵循的规定

①实行工程预付款的,双方应当在专用条款中约定发包方向承包方预付工程款的时间、数额及抵扣方式。

②开工前,在承包方向发包方提交金额等于预付款数额的银行保函后,发包方应按规定的时间和规定的金额向承包人支付预付款。

③当预付款被发包方在工程进度款中进行扣回时,银行保函数额相应递减;

④在发包方全部扣回预付款之前,该银行保函将一直有效;

⑤在颁发工程接收证书前,由于不可抗力或其他原因解除合同时,预付款尚未扣清的,尚未扣清的预付款余额应作为承包人的到期应付款;

⑥凡是没有签订合同或不具备施工条件的工程,发包人不得预付工程款,不得以预付款为名转移资金。

根据《建设工程价款结算暂行办法》(财政部建设部财建〔2004〕369 号)规定:包工包料工程的预付款按合同约定拨付,原则上预付比例不低于合同金额的 10%,不高于合同金额的 30%,对重大工程项目,按年度工程计划逐年预付。计价执行《建设工程工程量清单计价规范》(GB 50500—2008)的工程,实体性消耗和非实体性消耗部分应在合同中分别约定预付款比例。在具备施工条件的前提下,发包人应在双方签订合同后的一个月内或不迟于约定的开工日期前的 7 天内预付工程款.发包人不按约定预付,承包人应在预付时间到期后 10 天内向发包人发出要求预付的通知,发包人收到通知后仍不按要求预付,承包人可在发出通知7天后停止施工,发包人应从约定应付之日起向承包人支付应付款的利息(利率按同期银行贷款利率计),并承担违约责任。

2)工程预付款的额度

工程预付款的额度主要由施工工期、工程造价、主要材料和构件费用占工程造价比重、材料储备周期等因素经测算来确定。

(1)施工单位常年应备的工程预付款限额

$$备料款限额 = (年度承包工程总值 \times 主要材料所占比重 / 年度施工日历天数) \times 材料储备天数 \qquad (6-2)$$

§例6-5§ 某工程合同总额350万,主要材料、构件所占比重为60%,年度施工天数为200天,材料储备天数80天,则:

$$预付备料款 = 350 \times 60\% / 200 \times 80 = 84 \text{ 万元}$$

(2)预付款数额

$$预付款数额 = 年度建筑安装工程合同价 \times 预付款比例额度 \qquad (6-3)$$

预付款的比例额度根据工程类型、合同工期、承包方式、供应体制等不同而定。一般建筑工程不应超过当年建筑工作量(包括水、电、暖)的30%。安装工程按年安装工作量的10%计算,材料占比重较大的安装工程按年计划产值15%左右拨付。对于包定额工日的工程项目,可以不付备料款。

3)预付款的扣回

发包人拨付给承包人的预付款属于预支的性质,工程实施后,随着工程所需材料储备的逐步减少,应以抵充工程款的方式陆续扣回,即在承包人应得的工程进度款中扣回。扣回的时间称为起扣点,起扣点计算方法有两种。

①按公式计算。这种方法原则上是以未完工程所需材料的价值等于预付款时起扣。从每次结算的工程款中按材料比重抵扣工程价款,竣工前全部扣清。

$$未完工程材料款 = 预付款 \qquad (6-4)$$

$$未完工程材料款 = 未完工程价值 \times 主材比例$$

$$= (合同总价 - 已完工程价值) \times 主材比例 \qquad (6-5)$$

$$预付款 = (合同总价 - 已完工程价值) \times 主材比例 \qquad (6-6)$$

$$已完工程价值(起扣点) = 合同总价 - 预付款 / 主材比例 \qquad (6-7)$$

§例6-6§ 某工程合同价总额200万元,工程预付款24万元,主要材料、构件所占比例为60%,则起扣点为:

$$200 - 24 / 60\% = 160 \text{ 万元}$$

则当工程完成160万元时,本项工程预付款开始起扣。

②在承包方完成金额累计达到合同总价一定比例(双方合同约定)后,由发包方从每次应

付给承包方的工程款中扣回工程预付款,在合同规定的完工期前将预付款还清。

《建设工程施工合同(示范文本)》规定:按当年预计完成投资额为基数计算预付款,建筑工程预付比例为20%,安装工程预付比例为10%。

6.3.3 工程进度款结算(中间结算)

工程进度款结算是指施工企业在施工过程中,根据合同所约定的结算方式,按月或形象进度或控制界面,按已经完成的工程量计算各项费用,向业主办理工程款结算的过程,叫工程进度款结算,也叫中间结算。

《建设工程施工合同(示范文本)》规定:工程进度款采用月预付、季度结算、竣工清算的方式。

①月份预支工程款:乙方应按甲方下达的施工计划和施工组织设计,提出月份用款计划;甲方审核后,按不高于下达的月份施工计划的70%预支工程款。

②季度结算工程款:按批准的季度验工计价的95%扣除月份预支的工程款和工程预付款(备料款)拨付。

③竣工清算工程款:按批准的末次验工计价的95%扣除已拨付的工程款(含工程预付款和季度结算工程款)拨付。

以按月预付为例,业主在月中向施工企业预支半月工程款,月末施工企业根据实际完成工程量,向业主提供已完工程月报表和工程价款结算账单,经业主和工程师确认,收取当月工程价款,并通过银行结算。即,承包人提交已完工程量报告→工程师确认→业主审批认可→支付工程进度款。

工程进度款的支付步骤如图6-5所示。

图6-5 工程进度款的支付步骤

在工程进度款支付过程中,应遵循如下原则。

1) 工程量的确认

①承包人应当按照合同约定的方法和时间,向发包人提交已完工程量的报告。发包人接到报告后14天内核实已完工程量,并在核实前1天通知承包人,承包人应提供条件并派人参加核实,承包人收到通知后不参加核实,以发包人核实的工程量作为工程价款支付的依据。发包人不按约定时间通知承包人,致使承包人未能参加核实,核实结果无效。

②发包人收到承包人报告后14天内未核实已完工程量,从第15天起,承包人报告的工程量即视为被确认,作为工程价款支付的依据。双方合同另有约定的,按合同执行。

③对承包人超出设计图纸(含设计变更)范围和因承包人原因造成返工的工程量,发包人不予计量。

2) 工程进度款支付

①根据确定的工程计量结果,承包人应在每个付款周期末,按监理人批准的格式和专用合同条款约定的份数,向监理人提交进度付款申请单,并附相应的支持性证明文件。监理人在收到承包人进度付款申请单以及相应的支持性证明文件后的14天内完成核查,提出发包人到期应支付给承包人的金额以及相应的支持性材料,经发包人审查同意后,由监理人向承包人出具经发包人签认的进度付款证书。监理人有权扣发承包人未能按照合同要求履行任何工作或义务的相应金额。发包人应在监理人收到进度付款申请单后的14天内,将进度应付款按不低于工程价款的60%,不高于工程价款的90%支付给承包人,按约定时间发包人应扣回的预付款,与工程进度款同期结算抵扣。其余10%尾款,在工程竣工结算时除保修金外一并清算。

除专用合同条款另有约定外,进度付款申请单应包括下列内容:

a. 截至本次付款周期末已实施工程的价款;

b. 应增加和扣减的变更金额;

c. 应增加和扣减的索赔金额;

d. 约定应支付的预付款和扣减的返还预付款;

e. 约定应扣减的质量保证金;

f. 根据合同规定应增加和扣减的其他金额。例如,应扣减的发包人提供材料和工程设备的金额,应扣减或奖励的项目约束激励机制考核费用。

②发包人超过约定的支付时间不支付工程进度款,承包人应及时向发包人发出要求付款的通知,发包人收到承包人通知后仍不能按要求付款,可与承包人协商签订延期付款协议,经承包人同意后可延期支付,协议应明确延期支付的时间和从工程计量结果确认后第15天起计算应付款的利息(利率按同期银行贷款利率计)。

③发包人不按合同约定支付工程进度款,双方又未达成延期付款协议,导致施工无法进行,承包人可停止施工,由发包人承担违约责任。

6.3.4 工程质量保证金结算

1) 工程质量保证金的概念

按照《建设工程质量保证金管理暂行办法》的规定,建设工程项目质量保证金(保修金)是指发包人与承包人在建设工程项目承包合同中约定,从应付的工程款中预留,用以保证承包人在施工阶段或保修期内,对建设工程项目出现的缺陷未能履行合同义务,由业主指定他人完成应由承包人承担的工作所发生的费用。缺陷是指建设工程项目质量不符合工程建设强制性标准、设计文件以及承包合同的约定。

2) 保修金的结算

保修金的限额一般为合同总价的5%,待工程项目保修期结束后拨付。保修金扣除有两种方法:

①当工程进度款拨付累计额达到该建筑安装工程造价的一定比例时,停止支付。预留的一定比例的剩余尾款作为保修金。

②保修金的扣除也可以从发包方向承包方第一次支付的工程进度款开始,在每次承包人应得到的工程款中按专用合同条款的约定扣留质量保证金,直至扣留的质量保证金总额达到专用合同条款约定的金额或比例为止。

《建设工程施工合同(示范文本)》专用合同条款规定:每次工程进度款支付时,按进度款的5%预留工程质保金。预留质量保证金直至达到合同金额的5%,待工程竣工验收(初验)交付使用一年后按规定返还。

例如某项目合同约定,保修金每月按进度款的5%扣留。若第一月完成产值100万元,则扣留5%的保修金后,实际支付:$100-100\times5\%=95$万元。

注意:质量保证金的计算额度不包括预付款的支付、扣回以及价格调整的金额。

③保修金的返还:

a. 在合同约定的缺陷责任期满时,承包人向发包人申请到期应返还承包人剩余的质量保证金金额,发包人应在14天内会同承包人按照合同约定的内容核实承包人是否完成缺陷责任。如无异议,发包人应当在核实后将剩余保证金返还承包人。

b. 在约定的缺陷责任期满时,承包人没有完成缺陷责任的,发包人有权扣留与未履行责任剩余工作所需金额相应的质量保证金余额,并有权根据合同约定要求延长缺陷责任期,直至完成剩余工作为止。

6.3.5 工程竣工结算

工程竣工结算是指承包人完成合同规定的全部符合合同要求的所承包的工程内容,经验收质量合格并颁发接收证书后,向发包人进行的最终工程价款结算。结算双方应按照合同价款及合同价款调整内容以及索赔事项,进行工程竣工结算。

1)工程竣工结算方式

工程竣工结算分为单位工程竣工结算、单项工程竣工结算和建设工程项目竣工总结算。

2)工程竣工结算的程序

(1)竣工付款申请书

工程接收证书颁发后,承包人应按专用合同条款约定的份数和期限向监理人提交竣工付款申请单,并提供相关证明材料。除专用合同条款另有约定外,竣工付款申请单应包括下列内容:竣工结算合同总价、发包人已支付承包人的工程价款、应扣留的质量保证金、应支付的竣工付款金额。

监理人对竣工付款申请单有异议的,有权要求承包人进行修正和提供补充资料。经监理人和承包人协商后,由承包人向监理人提交修正后的竣工付款申请单。

(2)竣工付款证书

监理人在收到承包人提交的竣工付款申请单后的14天内完成核查,提出发包人到期应支付给承包人的价款送发包人审核并抄送承包人。发包人应在收到后 14 天内审核完毕,由监理人向承包人出具经发包人签认的竣工付款证书。

发包人应在监理人出具竣工付款证书后的 14 天内,将应支付款支付给承包人。发包人不按期支付的,按合同约定,将逾期付款违约金支付给承包人。

承包人对发包人签认的竣工付款证书有异议的,发包人可出具竣工付款申请单中承包人已同意部分的临时付款证书,并支付相应金额。有争议的部分可进一步协商或留待争议评审、仲裁或诉讼解决。

(3) 最终结清

缺陷责任终止证书颁发后,承包人已完成全部承包工作,但合同的财务账目尚未结清,因此承包人应提交最终结清申请单,表明尚未结清的名目和金额,并附相关证明材料,由发包人审签后支付结清。

若发包人审签时有异议,可与承包人协商,若达不成协议,采取与竣工结算相同的办法解决。最终结清时,如果发包人扣留的质量保证金不足以抵减发包人损失的,按合同约定的争议解决程序办理。

3)《建设工程施工合同(示范文本)》关于竣工结算的程序

①工程竣工验收报告经发包方认可后 28 天内,承包方向发包方递交竣工结算报告及完整的结算资料,双方按照协议书约定的合同价款及专用条款约定的合同价款调整内容,进行工程竣工结算。

②发包方收到承包方递交的竣工结算资料后 28 天内核实,给予确认或者提出修改意见。承包方收到竣工结算价款后 14 天内将竣工工程交付发包方。

③发包方收到竣工结算报告及结算资料后 28 天内无正当理由不支付工程竣工结算价款的,从第 29 天起按承包方同期向银行贷款利率支付拖欠工程价款的利息,并承担违约责任。

④发包方收到竣工结算报告及结算资料后 28 天内不支付工程竣工结算价款的,承包方可以催告发包方支付结算价款。发包方在收到竣工结算报告及结算资料 56 天内仍不支付的,承包方可以与发包方协议将该工程折价,也可以由承包方申请法院将该工程拍卖,承包方就该工程折价或拍卖的价款中优先受偿。

⑤工程竣工验收报告经发包人认可 28 天后,承包人未向发包人递交竣工结算报告及完整的结算资料,造成工程竣工结算不能正常进行或工程竣工结算价款不能及时支付,发包人要求交付工程的,承包人应当交付;发包人不要求交付工程的,承包人承担保管责任。

4) 工程竣工价款结算的基本计算公式

竣工结算工程价款 = 合同价款 + 施工过程中预算或合同价款调整数额 −
预付及结算工程价款 − 保修金   (6-8)

§例 6-7§ 某工程合同价款总额为 300 万元,施工合同规定预付备料款为合同价款的

25%,主要材料为工程价款的62.5%,在每月工程款中扣留5%保修金,每月实际完成工作量如表6-4所示,求预付备料款、每月结算工程款。

某工程每月实际完成工作量(单位:万元)　　　　表6-4

月　份	1	2	3	4	5	6
完成工作量	20	50	70	75	60	25

解 预付备料款 = 300 × 25% = 75 万元

起扣点 = 合同总价 − 预付备料款/主材比例 = 300 − 75/62.5% = 180 万元

1月份:累计完成20万元,结算工程款 20 − 20 × 5% = 19 万元

2月份:累计完成70万元,结算工程款 50 − 50 × 5% = 47.5 万元

3月份:累计完成140万元,结算工程款 70 × (1 − 5%) = 66.5 万元

4月份:累计完成215万元,超过起扣点(180万元)

结算工程款 = 75 − (215 − 180) × 62.5% − 75 × 5% = 49.375 万元

5月份:累计完成275万元

结算工程款 60 − 60 × 62.5% − 60 × 5% = 19.5 万元

6月份:累计完成300万元

结算工程款 = 25 × (1 − 62.5%) − 25 × 5% = 8.125 万元

在实际工作中,由于工程建设周期长,在整个建设期内会受到物价浮动等多种因素的影响,其中主要是人工、材料、施工机械等动态影响。因此,在工程造价结算时要充分考虑动态因素,把多种因素纳入结算过程,使工程价款结算能反映工程项目的实际消耗费用。动态调整的主要方法有实际价格结算法、工程造价指数调整法、调价文件计算法、调值公式法等。

6.3.6　工程竣工价款结算争议处理

①工程造价咨询机构接受发包人或承包人委托,编审工程竣工结算,应按合同约定和实际履约事项认真办理,出具的竣工结算报告经发、承包双方签字后生效。当事人一方对报告有异议的,可对工程结算中有异议部分,向有关部门申请咨询后协商处理。若不能达成一致的,双方可按合同约定的争议或纠纷解决程序办理。

②发包人对工程质量有异议时,已竣工验收或已竣工未验收但实际投入使用的工程,其质量争议按该工程保修合同执行;已竣工未验收且未实际投入使用的工程以及停工、停建工程的质量争议,应当就有争议部分的竣工结算暂缓办理,双方可就有争议的工程委托有资质的检测鉴定机构进行检测,根据检测结果确定解决方案,或按工程质量监督机构的处理决定执行,其余部分的竣工结算依照约定办理。

③当事人对工程造价发生合同纠纷时,可通过下列办法解决:

a. 双方协商确定。

b. 按合同条款约定的办法提请调解。

c. 向有关仲裁机构申请仲裁或向人民法院起诉。

6.3.7 工程竣工价款结算管理

①工程竣工后,发、承包双方应及时办清工程竣工结算。否则,工程不得交付使用,有关部门不予办理权属登记。

②发包人与中标的承包人不按照招标文件和承包人的投标文件订立合同的,或者发包人、中标的承包人背离合同实质性内容另行订立协议,造成工程价款结算纠纷的,另行订立的协议无效,由建设行政主管部门责令改正,并按《中华人民共和国招标投标法》第五十九条进行处罚。

③接受委托承接有关工程结算咨询业务的工程造价咨询机构应具有工程造价咨询单位资质,其出具的办理拨付工程价款和工程结算的文件,应当由造价工程师签字,并应加盖执业专用章和单位公章。

单元小结

本章着重介绍了工程计量、工程价款结算等方面的知识内容。

(1)工程计量方面:要熟知工程计量是确定工程造价的基础,是项目工程款项支付的前提,是工程师掌握工程进展情况的主要途径,更是约束承包人履行合同义务的手段。因此工程计量这部分知识内容要着重掌握工程计量的程序和方法,掌握工程计量的依据和工程量计算规则。

(2)工程价款结算方面:要着重掌握工程变更的内容、工程变更处理的程序及其工程变更后价款确定的方法;掌握工程价款结算的方式及其预付款、工程进度款、工程质量保证金、竣工结算等价款确定的方法和程序,了解工程价款结算的依据。

【拓展阅读】

竣工决算(final settlement of account;final account of project)

1)竣工决算的定义及作用

竣工决算是项目完工后的财务总报告。全面反映竣工项目的建设时间、生产能力、建设资金来源和使用、交付使用财产等情况;是工程项目从筹建、建设到竣工验收的实际投资及造价的最终计算文件;是按照国家有关规定,由建设单位报告项目建设成果和财务状况的总结性文件,是考核其投资效果的依据,也是办理交付、动用、验收的依据。

竣工决算是以实物数量和货币指标为计量单位,综合反映竣工项目从筹建开始到项目竣工交付使用为止的全部建设费用、建设成果和财务情况的总结性文件,是竣工验收报告的重要组成部分。

竣工决算是建设工程经济效益的全面反映,是项目法人核定各类新增资产价值,办理其交付使用的依据。通过竣工决算,一方面能够正确反映建设工程的实际造价和投资结果;另一方面可以通过竣工决算与概算、预算的对比分析,考核投资控制的工作成效,总结经验教训,积累技术经济方面的基础资料,提高未来建设工程的投资效益。

竣工决算反映了竣工项目计划、实际的建设规模;建设工期以及设计和实际生产能力,反映了概算总投资和实际的建设成本,同时还反映了所达到的主要技术经济指标。通过对这些指标计划值、概算值与实际值进行对比分析,不仅可以全面掌握建设工程项目计划和概算执行情况,而且可以考核建设工程项目投资效果,为今后制订建设计划,降低建设成本.提高投资效益提供必要的资料。

2) 竣工决算的内容

竣工决算的内容包括竣工财务决算说明书、竣工财务决算报表、工程竣工图和工程造价对比分析等四个部分。其中竣工财务决算说明书和竣工财务决算报表又合称为竣工财务决算,它是竣工决算的核心内容。

3) 竣工决算的编制依据

竣工决算的编制依据主要有:

(1) 经批准的可行性研究报告及其投资估算书;

(2) 经批准的初步设计或扩大初步设计及其概算书或修正概算书;

(3) 经批准的施工图设计及其施工图预算书;

(4) 设计交底或图纸会审会议纪要;

(5) 招投标的标底、承包合同、工程结算资料;

(6) 施工记录或施工签证单及其他施工发生的费用记录;

(7) 竣工图及各种竣工验收资料;

(8) 历年基建资料、财务决算及批复文件;

(9) 设备、材料等调价文件和调价记录;

(10) 有关财务核算制度、办法和其他有关资料、文件等。

4) 竣工决算编制时应该注意的问题

竣工财务决算表是竣工财务决算报表的一种,用来反映建设项目的全部资金来源和资金占用(支出)情况,是考核和分析投资效果的依据。其采用的是平衡表的形式,即资金来源合计等于资金占用合计。在编制竣工财务决算表时,主要应注意下面几个问题:

(1) 资金来源中的资本金与资本公积金的区别。资本金是项目投资者按照规定,筹集并投入项目的非负债资金,竣工后形成该项目(企业)在工商行政管理部门登记的注册资金;资本公积金是指投资者对该项目实际投入的资金超过其应投入的资本金的差额,项目竣工后这部分资金形成项目(企业)的资本公积金。

(2) 项目资本金与借入资金的区别。如前所述,资本金是非负债资金,属于项目的自有资金;而借入资金,无论是基建借款、投资借款,还是发行债券等,都属于项目的负债资金。这是两者根本性的区别。

(3) 资金占用中的交付使用资产与库存器材的区别。交付使用资产是指项目竣工后,交付使用的各项新增资产的价值;而库存器材是指没有用在项目建设过程中的、剩余的工器具及材料等,属于项目的节余,不形成新增资产。

5) 竣工结算与竣工决算的关系

建设工程项目竣工决算是以工程竣工结算为基础进行编制的,是在整个建设工程项目各单项工程竣工结算的基础上,加上从筹建开始到工程全部竣工有关基本建设的其他工程费用支出,而构成了建设工程项目竣工决算的主体。它们的主要区别见表6-5。

竣工结算与竣工决算的比较一览表　　　　　　　　　　表 6-5

项　目	竣 工 结 算	竣 工 决 算
含义	竣工结算是由施工单位根据合同价格和实际发生的费用的增减变化情况进行编制,并经发包方或委托方签字确认的,正确反映该项工程最终实际造价,并作为向发包单位进行最终结算工程款的经济文件	建设工程项目竣工决算是指所有建设工程项目竣工后,建设单位按照国家有关规定,由建设单位报告项目建设成果和财务状况的总结性文件
特点	属于工程款结算,因此是一项经济活动	反映竣工项目从筹建开始到项目竣工交付使用为止的全部建设费用、建设成果和财务情况的总结性文件
编制单位	施工单位	建设单位
编制范围	单位或单项工程竣工结算	整个建设工程项目全部竣工决算

练　习　题

6-1　什么是工程计量？工程计量的依据有哪些？

6-2　简述工程计量的程序。

6-3　工程计量常用的方法有哪些？

6-4　简述工程变更后合同价款确定的程序及其确定的方法。

6-5　什么是工程价款结算？工程价款结算方式有几种？

6-6　简述工程进度款如何支付？

6-7　某项工程业主与承包人签订了施工合同,合同中含有两个子工程,估算工程量 A 项为 2300m^3,B 项为 3200m^3,经协商合同价 A 项为 180 元/m^3,B 项为 160 元/m^3。

承包合同规定:

(1)工程进度款采用月度结算的方式;

(2)开工前业主应向承包人支付合同价 20% 的预付款;

(3)业主自第一个月起,从承包人的工程款中,按 5% 的比例扣留质量保证金;

(4)当子项工程实际工程量超过估算工程量 10% 时,可进行调价,调整系数为 0.9;

(5)根据合同约定,投标时投标人自主报价,物价波动引起的价格调整均已包括在合同价格中,不另行调整。

(6)工程师签发月度付款最低金额为 25 万元;

(7)预付款在最后两个月扣除,每月扣 50%。

(8)承包人每月实际完成并经工程师签证确认的工程量如表 6-6 所示。

单元6 工程计量与价款结算

某工程每月实际完成并经工程师签证确认的工程量(单位:m³)　　表6-6

月　份	1	2	3	4
A项	500	800	800	600
B项	700	900	800	600

第一个月：

工程量价款为：$500 \times 180 + 700 \times 160 = 20.2$ 万元

应签证的工程款为：$20.2 \times (1 - 5\%) = 19.19$ 万元

由于合同规定工程师签发的最低金额为25万元，故本月工程师不予签发付款凭证。求预付款、从第二个月起每月工程量价款、工程师应签证的工程款、实际签发的付款凭证金额各是多少？

附录1　设备与材料的划分标准

工程建设设备与材料的划分,直接关系到投资构成的合理划分、概预算的编制以及施工产值的计算等方面。为合理确定工程造价,加强对建设过程投资的管理,统一概预算编制口径,现对交通工程中设备与材料的划分提出如下划分原则和规定。本规定如与国家主管部门新颁布的规定相抵触时,按国家规定执行。

附1.1　设备与材料的划分原则

(1)凡是经过加工制造,由多种材料和部件按各自用途组成生产加工、动力、传送、储存、运输、科研等功能的机器、容器和其他机械、成套装置等均为设备。

设备分为标准设备和非标准设备。

①标准设备(包括通用设备和专用设备):是指按国家规定的产品标准批量生产的、已进入设备系列的设备。

②非标准设备:是指国家未定型、非批量生产的,由设计单位提供制造图纸,委托承制单位或施工企业在工厂或施工现场制作的设备。

设备一般包括以下各项:

①各种设备的本体及随设备到货的配件、备件和附属于设备本体制作成型的梯子、平台、栏杆及管道等。

②各种计量器、仪表及自动化控制装置、试验的仪器及属于设备本体部分的仪器仪表等。

③附属于设备本体的油类、化学药品等设备的组成部分。

④用于生产或生活或附属于建筑物的水泵、锅炉及水处理设备,电气、通风设备等。

(2)为完成建筑、安装工程所需的原料和经过工业加工在工艺生产过程中不起单元工艺生产用的设备本体以外的零配件、附件、成品、半成品等均为材料。

材料一般包括以下各项:

①设备本体以外的不属于设备配套供货,需由施工企业进行加工制作或委托加工的平台、梯子、栏杆及其他金属构件等,以及成品、半成品形式供货的管道、管件、阀门、法兰等。

②设备本体以外的各种行车轨道、滑触线、电梯的滑轨等。

附1.2　设备与材料的划分界限

(1)设备。

①通信系统。市内、长途电话交换机,程控电话交换机,微波、载波通信设备,电报和传真设备,中、短波通信设备及中短波电视天线装置,移动通信设备,卫星地球站设备,通信电源设备,光纤通信数字设备,有线广播设备等各种生产及配套设备和随机附件等。

②监控和收费系统。自动化控制装置,计算机及其终端,工业电视,检测控制装置,各种探测器,除尘设备,分析仪表,显示仪表,基地式仪表,单元组合仪表,变送器,传送器及调节阀,盘上安装器,压力、温度、流量、差压、物位仪表,成套供应的盘、箱、柜、屏(包括箱和已经安装就位的仪表、元件等)及随主机配套供应的仪表等。

③电气系统。各种电力变压器、互感器、调压器、感应移相器、电抗器、高压断路器、高压熔断器、稳压器、电源调整器、高压隔离开关、装置式空气开关、电力电容器、蓄电池、磁力启动器、交直流报警器、成套箱式变电站、共箱母线、密封式母线槽,成套供应的箱、盘、柜、屏及其随设备带来的母线和支持瓷瓶等。

④通风及管道系统。空气加热器、冷却器,各种空调机、风尘管、过滤器、制冷机组、空调机组、空调器,各类风机、除尘设备、风机盘管、净化工作台、风淋室、冷却塔,公称直径 300mm 以上的人工阀门和电动阀门等。

⑤房屋建筑。电梯、成套或散装到货的锅炉及其附属设备、汽轮发电机及其附属设备、电动机、污水处理装置、电子秤、地中衡、开水炉、冷藏箱、热力系统的除氧器水箱和疏水箱、工业水系统的工业水箱、油冷却系统的油箱、酸碱系统的酸碱储存槽、循环水系统的旋转滤网、启闭装置的启闭机等。

⑥消防及安全系统。隔膜式气压水罐(气压罐)、泡沫发生器、比例混合器、报警控制器、报警信号前端传输设备、无线报警发送设备、报警信号接收机、可视对讲主机、联动控制器、报警联动一体机、重复显示器、远程控制器、消防广播控制柜、广播功放、录音机、广播分配器、消防通信电话交换机、消防报警备用电源、X 射线安全检查设备、金属武器探测门、摄像设备、监视器、镜头、云台、控制台、监视器柜、支台控制器、视频切换器、全电脑视频切换设备、音频、视频、脉冲分配器、视频补偿器、视频传输设备、汉字发生设备、录像、录音设备、电源、CRT 显示终端、模拟盘等。

⑦炉窑砌筑。装置在炉窑中的成品炉管、电机、鼓风机和炉窑传动、提升装置,属于炉窑本体的金属铸体、锻件、加工件及测温装置,仪器仪表,消烟、回收、除尘装置,随炉供应已安装就位的器具、耐火衬里、炉体金属预埋件等。

⑧各种机动车辆。

⑨各种工艺设备在试车时必须填充的一次性填充材料(如各种瓷环、钢环、塑料环、钢球等)、各种化学药品(如树脂、珠光砂、触煤、干燥剂、催化剂等)及变压器油等,不论是随设备带来的,还是单独订货购置的,均视为设备的组成部分。

(2)材料。

①各种管道、管件、配件、公称直径 300mm 以内的人工阀门、水表、防腐保温及绝缘材料、油漆、支架、消火栓、空气泡沫枪、泡沫炮、灭火器、灭火机、灭火剂、泡沫液、水泵接合器、可曲橡胶接头、消防喷头、卫生器具、钢制排水漏斗、水箱、分气缸、疏水器、减压器、压力表、温度计、调压板、散热器、供暖器具、凝结水箱、膨胀水箱、冷热水混合器、除污器分水缸(器)、各种风管及

其附件和各种调节阀、风口、风帽、罩类、消声器及其部(构)件、散流器、保护壳、风机减振台座、减振器、凝结水收集器、单双人焊接装置、煤气灶、煤气表、烘箱灶、火管式沸水器、水型热水器、开关、引火棒、防雨帽、放散管拉紧装置等。

②各种电线、母线、绞线、电缆、电缆终端头、电缆中间头、吊车滑触线、接地母线、接地极、避雷线、避雷装置(包括各种避雷器、避雷针等)、高低压绝缘子、线夹、穿墙套管、灯具、开关、灯头盒、开关盒、接线盒、插座、闸盒保险器、电杆、横担、铁塔、各种支架、仪表插座、桥架、立柱、托臂、人孔手孔、挂墙照明配电箱、局部照明变压器、按钮、行程开关、刀闸开关、组合开关、转换开关、铁壳开关、电扇、电铃、电表、蜂鸣器、电笛、信号灯、低音扬声器、电话单机、熔断器等。

③循环水系统的钢板闸门及拦污栅、启闭构架等。

④现场制作与安装的炉管及其他所需的材料或填料,现场砌筑用的耐火、耐酸、保温、防腐、捣打料,绝热纤维,天然白泡石,玄武岩,器具,炉门及窥视孔,预埋件等。

⑤所有随管线(路)同时组合安装的一次性仪表、配件、部件及元件(包括就地安装的温度计、压力表)等。

⑥制造厂以散件或分段分片供货的塔、器、罐等,在现场拼接、组装、焊接,安装内件或改制时所消耗的物料均为材料。

⑦各种金属材料、金属制品、焊接材料、非金属材料、化工辅助材料、其他材料等。

(3)对于一些在制造厂未整体制作完成的设备,或分片压制成型,或分段散装供货的设备,需要建筑安装工人在施工现场加工、拼装、焊接的,按上述划分原则和其投资构成应属于设备购置费。为合理反映建筑安装工人付出的劳动和创造的价值,可按其在现场加工组装焊接的工作量,将其分片或组装件按其设备价值的一部分以加工费的形式计入安装工程费内。

(4)供应原材料,在施工现场制作安装或施工企业附属生产单位为本单元承包工程制作并安装的非标准设备,除配套的电机、减速机外,其加工制作消耗的工、料(包括主材)、机等均应计入安装工程费内。

(5)凡是制造厂未制造完成的设备;已分片压制成型、散装或分段供货,需要建筑安装工人在施工现场拼装、组装、焊接及安装内件的,其制作、安装所需的物料为材料,内件、塔盘为设备。

附录 2　公路工程预算示例

建设项目名称：长春—吉林二级公路

编制范围：K0+000～K3+742.00

总 预 算 表

第 1 页　共 3 页　01 表

项	目	节	细目	工程或费用名称	单位	总数量	预算金额（元）	技术经济指标	各项费用比例（%）	备注
				第一部分　建筑安装工程费	公路公里	3.74	11210315.12	2995808.42	89.64	
一				临时工程	公路公里	3.74	325110.64	86881.52	2.60	
	1			临时道路	km	2.00	195752.76	97876.38	1.57	
	2			临时电力线路	km	3.60	111142.50	30872.92	0.89	
	3			临时电信线路	km	3.60	18215.38	5059.83	0.15	
二				路基工程	公路公里	3.74	593042.92	158482.88	4.74	
	1			挖方	m³	51563.00	113902.51	2.21	0.91	
		1		挖土方	m³	51563.00	113902.51	2.21	0.91	
	2			填方	m³	73249.00	446605.77	6.10	3.57	
三				路面工程	公路公里	3.74	10119640.52	2704340.06	80.92	
	1			路面垫层	m²	13670.00	435752.21	31.88	3.48	
	2			路面基层	m²	39320.00	5051079.83	128.46	40.39	
		1		石灰、粉煤灰稳定类底基层	m²	39320.00	2143622.96	54.52	17.14	
		2		石灰、粉煤灰碎石稳定类基层	m²	39320.00	2520749.49	64.11	20.16	
		3		基层厂拌设备安装、拆除	座	1.00	353763.61	353763.61	2.83	

建设项目名称:长春—吉林二级公路
编制范围:K0+000～K3+742.00

第 2 页　共 3 页　01 表

项	目	节	细目	工程或费用名称	单位	总数量	预算金额(元)	技术经济指标	各项费用比例(%)	备注
		3		沥青混凝土面层	m²	39291.00	4342803.81	110.53	34.73	
			1	细粒式沥青混凝土面层	m²	39291.00	1542134.55	39.25	12.33	
			2	粗粒式沥青混凝土面层	m²	39291.00	2131511.53	54.25	17.04	
				面层厂拌设备安装、拆除	座	1.00	560297.45	560297.45	4.48	
		4		路肩、路基中央分隔带	公路公里	3.74	290004.67	77499.91	2.32	
			1	挖路槽	m²	13440.00	232902.73	17.33	1.86	
			2	培路肩	m²	5680.00	57101.94	10.05	0.46	
四				桥梁涵洞工程	公路公里	3.74	152832.62	40842.50	1.22	
	1			涵洞工程	道	2.00	141838.95	70919.48	1.13	
			1	钢筋混凝土圆管	道	1.00	95348.51	95348.51	0.76	
			2	盖板涵	道	1.00	46490.45	46490.45	0.37	
				第二部分　设备及工具、器具购置费						
				第三部分　工程建设其他费用	公路公里	3.74	931644.68	248969.72	7.45	
一				土地征用及拆迁补偿费	公路公里	3.74	230000.00	61464.46	1.84	
二				建设项目管理费	公路公里	3.74	696039.52	186007.36	5.57	
	1			建设单位(业主)管理费	公路公里	3.74	336884.87	90028.03	2.69	
	2			工程质量监督费	公路公里	3.74	16814.08	4493.34	0.13	
	3			工程监理费	公路公里	3.74	280257.88	74895.21	2.24	

附录2 公路工程预算示例

建设项目名称:长春—吉林二级公路
编制范围:K0+000~K3+742.00

第3页 共3页 01表

项目	节	细目	工程或费用名称	单位	总数量	预算金额（元）	技术经济指标	各项费用比例（%）	备注
	4		工程定额测定费	公路公里	3.74	13452.38	3594.97	0.11	
	5		设计文件审查费	公路公里	3.74	11210.32	2995.81	0.09	
	6		竣(交)工验收试验检测费	公路公里	3.74	37420.00	10000.00	0.30	
			联合试运转费	公路公里	3.74	5605.16	1497.90	0.04	
三			第一、二、三部分费用合计	公路公里	3.74	12141959.80	3244778.14	97.09	
			预备费	元		364089.53		2.91	
			预算总金额	元		12506049.32		100.00	
			公路基本造价	公路公里	3.74	12506049.32	3342076.25	100.00	

编制: 复核:

人工、主要材料、机械台班数量汇总表

建设项目名称：长春—吉林二级公路

编制范围：K0+000~K3+742.000

第 1 页 共 4 页　　02 表

序号	规格名称	单位	代号	总数量	分项统计				场外运输消耗	
					临时工程	路基工程	路面工程	涵洞工程	路面养护	%	数量
1	人工	工日	1	11147.45	621.88	529.05	9277.07	607.19	112.26		
2	原木	m³	101	28.77	28.73		0.10	0.04			
3	锯材	m³	102	1.42	1.19			0.13			
4	光圆钢筋	t	111	0.67				0.67			
5	型钢	t	182	0.08	0.07		0.07	0.01			
6	钢板	t	183	0.07				0.02			
7	钢管	t	191	0.02				0.05			
8	电焊条	kg	231	0.05			0.09				
9	组合钢模板	t	272	0.09				4.57			
10	铁件	kg	651	250.87	97.20		149.10	0.83			
11	铁钉	kg	653	0.83				3.54			
12	8~12号铁丝	kg	655	391.26	387.72			0.23			
13	20~22号铁丝	kg	656	0.23				0.40			
14	铁皮	m	666	0.40							
15	皮线	m²	714	11520.00	11520.00			102.61			
16	油毛毡	m²	825	102.61				23.75		1	2.18
17	32.5级水泥	t	832	218.29			194.54	0.33			
18	石油沥青	t	851	442.80			442.46	0.58		3	13.28
19	汽油	t	862	1.23			0.65	0.02			
20	柴油	t	863	89.43	2.19	55.58	31.64				

建设项目名称:长春—吉林二级公路 第 2 页 共 4 页 02 表
编制范围:K0+000～K3+742.000

序号	规格名称	单位	代号	总数量	临时工程	路基工程	路面工程	涵洞工程	路面养护	%	数量
21	电	度	865	14618.73			14611.13	7.60			
22	水	m³	866	2632.06	134.00		2363.76	134.30			
23	生石灰	t	891	3348.49			3348.49			3	100.45
24	砂	m³	897	1441.02			1441.02			2.5	36.03
25	中(粗)砂	m³	899	739.25			672.48	66.77		1	7.39
26	砂砾	m³	902	4204.61			4183.02	21.59		1	42.05
27	片石	m³	931	870.65			760.00	110.65			
28	粉煤灰	m³	945	13157.77			13157.77			1	131.58
29	矿粉	t	949	428.68			428.68				
30	碎石(4cm)	m³	952	164.31			150.70	13.61		1	1.64
31	碎石	m³	958	7054.54			7054.19	0.36		1	70.55
32	石屑	m³	961	807.44			807.44			1	8.07
33	路面用碎石(1.5cm)	m³	965	1750.61			1750.61			1	17.51
34	路面用碎石(2.5cm)	m³	966	705.57			705.57			1	7.06
35	路面用碎石(3.5cm)	m³	967	1107.13			1107.13			1	11.07
36	块石	m³	981	909.32			909.32				
37	其他材料费	元	996	4425.38	2998.44		1244.54	182.40			
38	设备推铺费	元	997	12508.48			12508.48				
39	75kW以内履带式推土机	台班	1003	29.24	14.92	14.32					
40	0.6m³以内履带式单斗挖掘机	台班		5.03		5.03					

建设项目名称：长春—吉林二级公路
编制范围：K0+000～K3+742.000

第 3 页 共 4 页　02 表

序号	规格名称	单位	代号	总数量	分项统计				场外运输消耗	
					临时工程	路基工程	路面工程	涵洞工程	路面养护	%	数量
41	2.0m³ 以内履带式单斗挖掘机	台班	1032	58.40		58.40					
42	0.6m³ 以内轮胎式单斗挖掘机	台班	1042	18.33			18.33				
43	2m³ 以内轮胎式装载机	t	1050	27.62			27.62				
44	3m³ 以内轮胎式装载机	台班	1051	18.54			18.54				
45	120kW 以内自行式平地机	台班	1057	142.27		103.98	38.29				
46	6～8t 光轮压路机	台班	1075	136.00	1.26	78.24	56.49				
47	8～10t 光轮压路机	台班	1076	2.90	2.90						
48	12～15t 光轮压路机	台班	1078	426.85	7.60	280.74	138.51				
49	0.6t 手扶式振动碾	台班	1083	11.30	11.30		11.30				
50	235kW 以内稳定土厂拌和机	台班	1155	22.47			22.47				
51	300t/h 以内稳定土拌和设备	台班	1160	9.19			9.19				
52	120t/h 以内沥青拌和设备	台班	1204	6.26			6.26				
53	6.0m 以内沥青混合料摊铺机	台班	1212	15.98			15.98				
54	16～20t 轮胎压路机	台班	1224	10.74			10.74				
55	20～25t 轮胎压路机	台班	1225	4.59			4.59				
56	250L 以内混凝土搅拌机	台班	1272	8.61			8.61				
57	5t 以内自卸汽车	台班	1383	15.30			15.30				
58	15t 以内自卸汽车	台班	1388	69.43			69.43				
59	20t 以内自卸汽车	台班	1390	166.81		166.81		0.03			

附录2 公路工程预算示例

建设项目名称：长春—吉林二级公路
编制范围：K0+000~K3+742.000
第 4 页 共 4 页
场外运输消耗 02 表

序号	规格名称	单位	代号	总数量	临时工程	路基工程	路面工程	涵洞工程	路面养护	数量	%
60	15t 以内平板拖车	台班	1392	8.26			8.26				
61	20t 以内平板拖车	台班	1393	7.74			7.74				
62	6000L 以内洒水汽车	台班	1405	20.39			95.43				
63	5t 以内汽车式起重机	台班	1449	65.72				22.89			
64	12t 以内汽车式起重机	台班	1451	3.52			3.52				
65	20t 以内汽车式起重机	台班	1453	16.41			16.38	0.03			
66	40t 以内汽车式起重机	台班	1456	28.17			28.17				
67	75t 以内汽车式起重机	台班	1458	11.79			11.79				
68	32kV·A 以内交流电弧焊机	台班	1726	0.11				0.11			
69	小型机具使用费	台班	1998	1271.56			1151.90	119.66			

编制： 审核：

建筑安装工程费计算表

建设项目名称：长春—吉林二级公路
编制范围：K0+000～K3+742.000

第 1 页　共 2 页　03 表

序号	工程名称	单位	工程量	直接费(元) 直接工程费 人工费	材料费	机械使用费	合计	其他工程费	合计	间接费(元)	利润(元) 费率7%	税金(元) 综合税率3.41%	建安工程费 合计(元)	单价(元)
1	临时道路	1km	2	18041.20	123211.56	15806.82	157059.58	7193.33	164252.91	13097.53	11947.26	6455.05	195752.76	97876.38
2	临时电力线路	100m	36	8114.40	79635.89	0.00	87750.29	4922.79	92673.08	7969.61	6834.83	3664.98	111142.50	3087.29
3	临时电信线路	1km	3.6	2450.88	11582.34	0.00	14033.22	787.26	14820.48	1701.20	1093.04	600.66	18215.38	5059.83
4	挖土方	1000m³	51.563	10871.64	0.00	81377.06	92248.70	3108.78	95357.48	7846.34	6942.69	3756.00	113902.51	2209.00
5	借土方填筑	1000m³	21.8	0.00	0.00	144523.30	144523.30	2688.13	147211.44	3150.32	10525.32	5486.25	166373.34	7631.80
6	填方碾压	1000m³	51.45	8235.95	0.00	224675.67	232911.62	7849.12	240760.74	12701.81	17529.07	9240.81	280232.44	5446.80
7	挖方反零填方碾压	1000m³	13.67	628.82	0.00	26517.22	27146.04	914.82	28060.86	1357.90	2043.03	1072.85	32534.64	2380.00
8	天然沙砾垫层	1000m²	13.67	565.94	349407.66	12245.40	362219.00	16589.68	378808.67	15020.86	27553.48	14369.19	435752.21	31876.53
9	二灰土底基层	1000m²	39.32	108586.17	1506363.43	133270.57	1748220.17	80068.48	1828288.65	111662.97	132984.23	70687.11	2143622.96	54517.37
10	二灰碎石基层拌和	1000m²	39.32	5022.28	2005036.25	28266.85	2038325.38	93355.30	2131680.68	85206.96	155052.06	80883.14	2452822.85	62381.05
11	二灰碎石基层运输	1000m²	6.442	0.00	0.00	28617.21	28617.21	532.28	29149.49	623.80	2084.13	1086.34	32943.76	5113.90
12	二灰碎石基层铺筑	1000m²	39.32	8500.98	0.00	45286.05	53787.03	2463.45	56250.48	5344.76	4091.49	2239.92	67926.65	1727.53
13	基层厂拌设备安装、拆除	座	1	39941.80	181910.67	72225.96	294078.43	13468.79	307547.22	12180.79	22370.06	11665.54	353763.61	353763.61
14	沥青面层拌和	1000m³	3.932	8533.54	2986135.19	93328.71	3087997.44	147297.48	3235294.92	85010.37	232200.35	121140.44	3673646.08	934294.53

附录2　公路工程预算示例

建设项目名称：长春—吉林二级公路
编制范围：K0+000～K3+742.000

第 2 页　共 2 页　03 表

序号	工程名称	单位	工程量	直接费（元） 直接工程费 人工费	材料费	机械使用费	合计	其他工程费	合计	间接费（元）	利润（元）费率7%	税金（元）综合税率3.41%	建安工程费 合计（元）	单价（元）
15	沥青面层运输	1000m³	3.932	0.00	0.00	23654.56	23654.56	1128.32	24782.88	627.01	1778.69	927.13	28115.71	7150.49
16	沥青面层摊铺	1000m³	3.932	7502.57	0.00	58015.04	65517.61	3125.19	68642.80	4512.61	4926.56	2662.60	80744.57	20535.24
17	沥青混合料厂拌设备安装、拆除	座	1	73738.00	306373.84	89204.32	469316.16	22386.38	491702.54	14828.82	35289.98	18476.11	560297.45	560297.45
18	培路肩	1000m²	5.68	30228.26	0.00	7642.45	37870.71	1734.48	39605.19	12733.02	2880.76	1882.97	57101.94	10053.16
19	挖路槽	1000m²	13.44	144125.54	0.00	3709.19	147834.73	6770.83	154605.57	59371.53	11245.55	7680.09	232902.73	17329.07
20	圆管涵			21034.52	22004.27	27219.53	70258.32	4315.46	74573.78	12109.38	5521.77	3143.58	95348.51	
21	盖板涵			11496.08	22690.22	98.02	34284.32	1762.90	36047.22	6261.16	2649.96	1532.11	46490.45	
22	合计			507618.58	7594351.32	1115683.94	9217653.84	422463.25	9640117.09	473318.75	697544.31	368652.87	11210315.12	

编制：　　　　　　　　　　　　　　　　　复核：

其他工程费及间接费综合费率计算表

建设项目名称:长春—吉林二级公路
编制范围:K0+000~K3+742.00
第1页 共1页 04表

序号	工程类别	其他工程费费率(%)										综合费率		间接费费率(%)										
		冬季雨季施工增加费	夜间施工增加费	高原地区施工增加费	风沙地区施工增加费	沿海地区施工增加费	行车干扰工程施工增加费	安全文明施工及施工措施费	临时设施费	施工辅助费	工地转移费	I	II	规费					综合费率	企业管理费					综合费率
														养老保险费	失业保险费	医疗保险费	住房公积金	工伤保险费		基本费用	主副食运费补贴	职工探亲路费	职工取暖补贴	财务费用	
1	人工土方	0.11						0.59	1.57	0.89	0.24	3.40		23	2	6	5	1	37	3.36	0.42	0.1	0.23		4.11
2	机械土方	0.11						0.59	1.42	0.49	0.76	3.37		23	2	6	5	1	37	3.26	0.32	0.22	0.21		4.01
3	汽车运输	0.11						0.21	0.92	0.16	0.46	1.86		23	2	6	5	1	37	1.44	0.35	0.14	0.21		2.14
4	高级路面	0.10						1.00	1.92	0.80	0.95	4.77		23	2	6	5	1	37	1.91	0.21	0.14	0.27		2.53
5	其他路面	0.09						1.02	1.87	0.74	0.86	4.58		23	2	6	5	1	37	3.28	0.17	0.16	0.3		3.91
6	构造物 I	0.08						0.72	2.65	1.30	0.86	5.61		23	2	6	5	1	37	4.44	0.26	0.29	0.37		5.36
7	构造物 III	0.17	0.70					1.57	5.81	3.03	2.02	13.30		23	2	6	5	1	37	9.79	0.5	0.55	0.82		11.66

编制: 复核:

附录2　公路工程预算示例

工程建设其他费用及回收金额计算表

建设项目名称：长春—吉林二级公路
建设范围：K0+000～K3+742.00
编制范围：K0+000～K3+742.00

第1页　共1页　06表

序号	费用名称及回收金额项目	说明及计算式	金额（元）	备注
一	土地征用及拆迁补偿费	35×2000+40×4000	230000.00	
二	建设项目管理费		696039.52	
1	建设单位（业主）管理费	310500+(11210315.12−10000000)×2.18%	336884.87	
2	工程质量监督费	（建安费）×0.15%	16814.08	11210315.12×0.15%
3	工程监理费	（建安费）×2.50%	280257.88	11210315.12×2.5%
4	工程定额测定费	（建安费）×0.12%	13452.38	11210315.12×0.12%
5	设计文件审查费	（建安费）×0.10%	11210.32	11210315.12×0.1%
6	竣（交）工验收试验检测费	10000×3.742	37420.00	
三	联合试运转费	（建安费）×0.05%	5605.16	11210315.12×0.05%
	预备费	第一、二、三部分费用合计×0.03	364089.53	

编制：　　　　　　　　　　　　　　　　　　　　　　审核：

人工、材料、机械台班单价汇总表

建设项目名称：长春—吉林二级公路
编制范围：K0+000～K3+742.00

第 1 页　共 2 页　07 表

序号	名　称	单位	代号	预算单价（元）	备注	序号	名　称	单位	代号	预算单价（元）	备注
1	人工	工日	1	46		22	电	度	865	0.68	
2	原木	m³	101	1012.91		23	水	m³	866	0.5	
3	锯材	m³	102	1320.41		24	生石灰	t	891	362.54	
4	光圆钢筋	t	111	5106.76		25	砂	m³	897	87.52	
5	型钢	t	182	4748.01		26	中（粗）砂	m³	899	85.99	
6	钢板	t	183	5260.51		27	砂砾	m³	902	83.53	
7	钢管	t	191	5890.52		28	片石	m³	931	161.46	
8	电焊条	kg	231	5.65		29	粉煤灰	m³	945	89.06	
9	组合钢模板	t	272	5688.52		30	矿粉	t	949	140.63	
10	铁件	kg	651	5.22		31	碎石（4cm）	m³	952	160.52	
11	铁钉	kg	653	5.74		32	碎石	m³	958	159.48	
12	8～12号铁丝	kg	655	5.01		33	石屑	m³	961	166.73	
13	20～22号铁丝	kg	656	5.17		34	路面用碎石（1.5cm）	m³	965	165.69	
14	铁皮	m²	666	20.89		35	路面用碎石（2.5cm）	m³	966	164.66	
15	皮线	m	714	4.75		36	路面用碎石（3.5cm）	m³	967	162.59	
16	油毛毡	m²	825	2.12		37	块石	m³	981	276.46	
17	32.5级水泥	t	832	413.10		38	75kW以内履带式推土机	台班	1003	667.86	
18	石油沥青	t	851	4668.08		39	0.6m³以内履带式单斗挖掘机	台班	1027	537.03	
19	汽油	kg	862	6.39		40	2.0m³以内履带式单斗挖掘机	台班	1032	1183.47	
20	柴油	kg	863	5.90		41	0.6m³以内轮胎式单斗挖掘机	台班	1042	487.25	
21	煤	t	864	479.91		42	2m³以内轮胎式装载机	台班	1050	797.51	

建设项目名称:长春—吉林二级公路
编制范围:K0+000~K3+742.00

第 2 页 共 2 页 07 表

序号	名称	单位	代号	预算单价(元)	备注	序号	名称	单位	代号	预算单价(元)	备注
43	3m³ 以内轮胎式装载机	台班	1051	1019.15		56	5t 以内自卸汽车	台班	1383	418.71	
44	120kW 以内自行式平地机	台班	1057	991.02		57	15t 以内自卸汽车	台班	1388	752.93	
45	6~8t 光轮压路机	台班	1075	270.82		58	20t 以内自卸汽车	台班	1390	866.41	
46	8~10t 光轮压路机	台班	1076	303.58		59	15t 以内平板拖车	台班	1392	579.37	
47	12~15t 光轮压路机	台班	1078	452.23		60	20t 以内平板拖车	台班	1393	758.32	
48	0.6t 以内手扶式振动碾	台班	1083	104.76		61	6000L 以内洒水汽车	台班	1405	557.44	
49	235kW 以内稳定土拌和机	台班	1155	1892.38		62	5t 以内汽车式起重机	台班	1449	413.11	
50	300t/h 以内稳定土厂拌设备	台班	1160	1019.34		63	12t 以内汽车式起重机	台班	1451	750.72	
51	120t/h 以内沥青拌和设备	台班	1204	4403.51		64	20t 以内汽车式起重机	台班	1453	1101.78	
52	6.0m 以内沥青混合料摊铺机	台班	1212	1725.42		65	40t 以内汽车式起重机	台班	1456	2103.01	
53	16~20t 轮胎压路机	台班	1224	660.95		66	75t 以内汽车式起重机	台班	1458	3127.94	
54	20~25t 轮胎压路机	台班	1225	810.56		67	32kV·A 以内交流电弧焊机	台班	1726	116.03	
55	250L 以内混凝土搅拌机	台班	1272	103.64							

编制:

分项工程预算表

编制范围:K0+000~K3+742.000

工程名称:绿化工程

第1页 共1页   08-2表

编号	工程项目	工程细目	定额单位	工程数量	定额表号	工、料、机名称	单位	单价(元)	定额	数量	金额(元)	定额	数量	金额(元)	定额	数量	金额(元)	合计 数量	合计 金额(元)
1	绿化工程		1km	3.742					5000		18710.00								18710.00
						定额基价	元				18710.00								
						直接工程费													
	其他 工程费	I					元		4.58%		856.92								856.92
		II					元		37.00%										
						规费	元		3.91%		765.07								765.07
	间接费					企业管理费	元												
						利润及税金	元		利润:7% 税金:3.41%		2165.09								2165.09
						建筑安装工程费	元		1423.2389	741.85	22497.08								22497.08

编制: 　　　　　　　　　　　复核:

附录2 公路工程预算示例

材料预算单价计算表

建设项目名称：吉林—长春二级公路

编制范围：K0+000～K3+742.00

第1页 共2页 09表

序号	规格名称	单位	原价(元)	供应地点	运输方式、比例及运距	运杂费 毛重系数或单位毛重	运杂费 运杂费构成说明计算式	单位运费(元)	原价运费合计(元)	场外运输损耗 费率(%)	场外运输损耗 金额(元)	采购及保管费 费率(%)	采购及保管费 金额(元)	预算单价(元)
1	原木	m³	900	长春市	汽车运输100km	1	(0.86×100+2.2)×1	88.2	988.2			2.5	24.705	1012.91
2	锯材	m³	1200	长春市	汽车运输100km	1	(0.86×100+2.2)×1	88.2	1288.2			2.5	32.205	1320.41
3	光圆钢筋	t	4550	通化市	汽车运输500km	1	(0.86×500+2.2)×1	432.2	4982.2			2.5	124.555	5106.76
4	型钢	t	4200	通化市	汽车运输500km	1	(0.86×500+2.2)×1	432.2	4632.2			2.5	115.805	4748.01
5	钢板	t	4700	通化市	汽车运输500km	1	(0.86×500+2.2)×1	432.2	5132.2			2.5	128.305	5260.51
6	钢管	t	5400	通化市	汽车运输500km	1	(0.86×500+2.2)×1	432.2	5832.2			1	58.322	5890.52
7	电焊条	kg	5.5	长春市	汽车运输100km	1.1×0.001	(0.86×100+2.2)×1.1×0.001	0.09702	5.59702			1	0.056	5.65
8	组合钢模板	t	5200	通化市	汽车运输500km	1	(0.86×500+2.2)×1	432.2	5632.2			1	56.322	5688.52
9	铁件	kg	5	长春市	汽车运输100km	1.1×0.001	(0.86×100+2.2)×1.1×0.001	0.09702	5.09702			2.5	0.127	5.22
10	铁钉	kg	5.5	长春市	汽车运输100km	0.001	(0.86×100+2.2)×0.001	0.0882	5.5882			2.5	0.140	5.74
11	8～12号铁丝	kg	4.8	长春市	汽车运输100km	0.001	(0.86×100+2.2)×0.001	0.047	4.8882			2.5	0.122	5.01
12	20～22号铁丝	kg	5	长春市	汽车运输100km	0.001	(0.86×100+2.2)×0.001	0.047	5.047			2.5	0.126	5.17
13	铁皮	m²	20	长春市	汽车运输100km	0.00432	(0.86×100+2.2)×0.00432	0.381024	20.381024			2.5	0.510	20.89
14	皮线	m	4.6	长春市	汽车运输100km	0.0003	(1.0×100+3)×0.0003	0.0309	4.6309			2.5	0.116	4.75
15	石油沥青	t	3600	辽宁	汽车运输700km	1.17×1	(1.0×700+2.2)×1.17×1	821.574	4421.574	3	132.65	2.5	113.856	4668.08
16	油毛毡	m²	1.89	长春市	汽车运输100km	0.00197×1	(0.86×100+2.2)×0.00197×1	0.1737542	2.063754			2.5	0.052	2.12

建设项目名称：吉林—长春二级公路
编制范围：K0+000~K3+742.00

第 2 页　共 2 页　09 表

序号	规格名称	单位	原价(元)	供应地点	运输方式、比例及运距	毛重系数或单位毛重	运杂费构成说明或计算式	单位运费(元)	原价运费合计(元)	场外运输损耗费率(%)	场外运输损耗金额(元)	采购及保管费费率(%)	采购及保管费金额(元)	预算单价(元)
17	碎石	m³	27	大屯	汽车运输150km	1.5	(0.55×150+2.2)×1.5	127.05	154.05	1	1.54	2.5	3.890	159.48
18	矿粉	t	80	长春市	汽车运输100km	1	(0.55×100+2.2)×1	57.2	137.2	2.5	2.08	2.5	3.430	140.63
19	砂	m³	14	饮马河	汽车运输80km	1.50	(0.55×80+2.2)×1.50	69.3	83.3	2.5	2.08	2.5	2.135	87.52
20	生石灰	t	90	通化	汽车运输300km	1	(0.86×300+2.2)×1	260.2	350.2	3	3.50	2.5	8.843	362.54
21	32.5级水泥	t	315	长春市	汽车运输180km	1.01	(0.86×180+2.2)×1.01	158.57	399.032	1	3.99	2.5	10.076	413.10
22	汽油	kg	6.13	长春市	汽车运输100km	1.17×0.001	(0.86×100+2.2)×1.17×0.001	0.10	6.23	2.5		2.5	0.156	6.39
23	柴油	kg	5.65	长春市	汽车运输100km	1.17×0.001	(0.86×100+2.2)×1.17×0.001	0.10	5.75			2.5	0.144	5.90
24	煤	t	380	长春市	汽车运输100km	1	(0.86×100+2.2)×1	88.2	468.2	2.5	3.50	2.5	11.705	479.91
25	电	度	0.68						0.68					0.68
26	水	m³	0.5						0.5					0.50
27	中(粗)砂	m³	17	饮马河	汽车运输80km	1.43	(0.55×80+2.2)×1.43	66.066	83.066	1	0.83066	2.5	2.097	85.99
28	砂砾	m³	13	饮马河	汽车运输80km	1.465	(0.55×80+2.2)×1.465	67.683	80.683	1	0.80683	2.5	2.037	83.53
30	片石	m³	22	大屯	汽车运输150km	1.6	(0.55×150+2.2)×1.6	135.52	157.52	2.5	3.938	2.5	3.938	161.46
31	粉煤灰	t	4	长春市	汽车运输100km	0.93	(0.86×100+2.2)×0.93	82.026	86.026	1	0.86026	2.5	2.172	89.06
32	石屑	m³	34	大屯	汽车运输150km	1.5	(0.55×150+2.2)×1.5	127.05	161.05	1	1.6105	2.5	4.067	166.73
33	碎石(4cm)	m³	28	大屯	汽车运输150km	1.5	(0.55×150+2.2)×1.5	127.05	155.05	1	1.5505	2.5	3.915	160.52
34	块石	m³	27	大屯	汽车运输150km	1.85	(0.86×150+2.2)×1.85	242.72	269.72	2.5		2.5	6.743	276.46
35	路面用碎石(1.5cm)	m³	33	大屯	汽车运输150km	1.5	(0.55×150+2.2)×1.5	127.05	160.05	1	1.6005	2.5	4.041	165.69
36	路面用碎石(2.5cm)	m³	32	大屯	汽车运输150km	1.5	(0.55×150+2.2)×1.5	127.05	159.05	1	1.5905	2.5	4.016	164.66
37	路面用碎石(3.5cm)	m³	30	大屯	汽车运输150km	1.5	(0.55×150+2.2)×1.5	127.05	157.05	1	1.5705	2.5	3.966	162.59

机械台班单价计算表

建设项目名称：吉林—长春二级公路

编制范围：K0+000～K3+742.00

第 1 页 共 2 页　11 表

序号	定额号	机械规格名称	台班单价（元）	不变费用（元）		可变费用（元）							合计
						人工:49.2元工日		汽油:6.39元/kg		柴油:5.90元/kg		电:0.68元/(kW·h)	
				定额	调整系数:1 调整值	定额	金额	定额	金额	定额	金额	定额	金额	
1	1003	75kW 以内履带式推土机	667.86	245.14	245.14	2	98.4			54.97	324.32			422.72
2	1027	0.6m³ 以内履带式单斗挖掘机	537.07	219.84	219.84	2	98.4			37.09	218.83			317.23
3	1032	2.0m³ 以内履带式单斗挖掘机	1183.47	541.15	541.15	2	98.4			92.19	543.92			642.32
4	1042	0.6m³ 以内轮胎式单斗挖掘机	487.25	170.02	170.02	2	98.4			37.09	218.83			317.23
5	1051	3m³ 以内轮胎式装载机	1019.15	241.36	241.36	2	98.4			115.15	679.39			777.79
6	1057	120kW 以内自行式平地机	991.02	408.05	408.05	2	98.4			82.13	484.57			582.97
7	1075	6～8t 光轮压路机	270.82	107.57	107.57	1	49.2			19.33	114.05			163.25
8	1076	8～10t 光轮压路机	303.58	117.5	117.5	1	49.2			23.20	136.88			186.08
9	1078	12～15t 光轮压路机	452.23	164.32	164.32	1	49.2			40.46	238.71			287.91
10	1083	0.6t 以内手扶式振动碾	104.76	38.1	38.1	1	49.2			2.96	17.46			66.66
11	1160	300t/h 以内稳定土厂拌设备	1019.34	455.64	455.64	4	196.8					539.56	366.90	563.70
12	1212	6.0m³ 以内沥青混合料摊铺机	1725.42	1302.7	1302.7	3	147.6			46.63	275.12			422.72
13	1272	250L 以内混凝土搅拌机	103.64	18.58	18.58	1	49.2					52.74	35.86	85.06
14	1204	120t/h 以内沥青拌和设备	4403.51	2844.03	2844.03	6	295.2	266.02				1859.23	1264.28	1559.48
15	1383	5t 以内自卸汽车	418.71	103.49	103.49	1	49.2	41.63						315.22
16	1388	15t 以内自卸汽车	752.93	303.18	303.18	1	49.2			67.89	400.55			449.75
17	1390	20t 以内自卸汽车	866.41	411.46	411.46	1	49.2			77.11	454.95			454.95
18	1392	15t 以内平板拖车	579.37	242.26	242.26	2	98.4			40.46	238.71			337.11
19	1393	20t 以内平板拖车	758.32	392.89	392.89	2	98.4			45.26	267.03			365.43

建设项目名称:吉林—长春二级公路
编制范围:K0+000~K3+742.00

第2页 共2页 表11

序号	定额号	机械规格名称	台班单价(元)	不变费用(元) 调整系数:1 定额	不变费用(元) 调整系数:1 调整值	可变费用(元) 人工:49.2元/工日 定额	可变费用(元) 人工:49.2元/工日 金额	可变费用(元) 汽油:6.39元/kg 定额	可变费用(元) 汽油:6.39元/kg 金额	可变费用(元) 柴油:5.90元/kg 定额	可变费用(元) 柴油:5.90元/kg 金额	可变费用(元) 电:0.68元/(kW·h) 定额	可变费用(元) 电:0.68元/(kW·h) 金额	合计
20	1224	16~20t 轮胎压路机	660.95	362.24	362.24	1	49.2			42.29	249.51			298.71
21	1225	20~25t 轮胎压路机	810.56	464.65	464.65	1	49.2			50.29	296.71			345.91
22	1405	6000L 以内洒水汽车	557.44	257.9	257.9	1	49.2			42.43	250.34			299.54
23	1449	5t 以内汽车式起重机	413.11	199.62	199.62	1	49.2	25.71	164.29					213.49
24	1451	12t 以内汽车式起重机	750.72	387.11	387.11	2	98.4			44.95	265.21			363.61
25	1453	20t 以内汽车式起重机	1101.78	672.98	672.98	2	98.4			56.00	330.40			428.80
26	1456	40t 以内汽车式起重机	2103.01	1566.3	1566.3	2	98.4			74.29	438.31			536.71
27	1458	75t 以内汽车式起重机	3127.94	2501.31	2501.31	2	98.4			89.53	528.23			626.63
28	1726	32kV·A 以内交流电弧焊机	116.03	7.24	7.24	1	49.2					87.63	59.59	108.79
29	1050	2m³ 以内轮胎式装载机	797.51	200.44	200.44	1	49.2			92.86	547.87			597.07
30	1155	235kW 以内稳定土拌和机	1892.38	922.43	922.43	2	98.4			147.72	871.55			969.95

编制: 复核:

附录3 铁路工程概（预）算示例

南昌北站某货物专用线，设计为Ⅱ级铁路，全长1.75km，不含车站工程，但需考虑一组12号单开道岔与车站接轨，主要工程包括拆迁工程、路基、桥梁、涵洞、轨道等工程。

1）主要技术标准

线路类别：中型；轨枕：钢筋混凝土枕，1760根/km；扣件：W弹条扣件；道床：双层道床（20cm/20cm，边坡1:1.75）；正线数目：单线；最小曲线半径：350m；限制坡度：12‰；机车类型：东风型内燃机车。

2）主要工程数量情况

线路长度1.75km；大桥1座计237.7延长米；涵洞1座，计71.45横延米；路基土石方32630m^3，其中挖方9230m^3，填方23400m^3，具体详见附表3-1。

南昌北站某货物专用线工程数量表　　　　　　　　　　附表3-1

序号	工程项目	计量单位	数量	备注
一	拆迁与征地			
（一）	改移公路	km	0.5	
（二）	征用土地	亩	35	
（三）	拆迁工程			
1	民房	m^2	100	
2	水井	个	2	
3	坟墓	座	10	
二	区间路基土石方	断面方	33230	
（一）	土方	断面方	32630	
1	机械挖土方	断面方	9230	
2	机械填土方	断面方	23400	
3	机械借土方	断面方	14725.19	
（二）	石方	断面方	600	
1	抛填片石	断面方	600	
（三）	附属土石方	断面方		
1	侧沟挖土方	断面方	1080	
2	天沟挖土方	断面方	500	
3	干砌石	断面方	100	
4	浆砌石	断面方	500	
（四）	路基加固及防护	断面方		

续上表

序号	工程项目	计量单位	数量	备注
	干砌石	断面方	100	
	浆砌石	断面方	150	M7.5
	铺草皮或种草籽	m²	4500	
三	桥梁工程	延长米	237.7	
(一)	基坑开挖	m³		
1	挖土方(软石)	m³	5472	坑深3m以上无水,无挡土板
2	基坑回填	m³	4033	
(二)	基础			
1	C20钢筋混凝土钻孔桩		72/48	硬土 φ100 桩身有/无坞工
2	C20钢筋混凝土钻孔桩		393/24	风化石 φ100 桩身有/无坞工
3	钢护筒/凿除桩头混凝土	个	24/24	制作、埋设、拆除 δ=4mm
4	C20钢筋混凝土	m³	324	承台
5	钻孔桩钢筋	kg	10504	A3
6	承台钢筋	kg	3953	A3
7	C15混凝土	m³	616	基础
(三)	墩台身			
1	C20混凝土	m³	1073	墩台身
2	C30混凝土	m³	120.5	托盘
3	C30钢筋混凝土	m³	58	顶帽、垫石
4	C30钢筋混凝土	m³	6.7/5.4	耳墙/道砟槽
5	顶帽、垫石钢筋	kg	2494/411	Q235钢/HRB335
6	耳墙钢筋	kg	179/25	Q235钢/HRB335
7	道砟槽	kg	109	Q235
(四)	梁部及桥面			
1	后张法预应力混凝土梁	孔	7	跨度32m,直线梁
2	盆式橡胶支座	个	14/14	2000kN,固定、活动
3	双侧人行道及栏杆	延米	237.7	梁上及台上、人行道宽1.05m
(五)	附属工程			
1	护轮轨	延米	259.03	
2	避车台带检查梯	个	3/3	钢立柱、钢栏杆左/右
3	墩台检查设备	座	7	围栏、吊篮、检查梯
4	电缆槽(通信、信号)	延米	243	宽×深=250mm×200mm
5	填渗水土	m³	445	锥体及台后
6	填普通土	m³	209	
7	M5浆砌片石	m³	66.8	锥体铺砌厚0.35m,台后路堤台阶、台阶人行道与路肩连接斜坡、护面

续上表

序号	工程项目	计量单位	数量	备注
8	碎石垫层	m³	17	厚0.1m
9	填碎石土	m³	56	台后及锥体
10	路堑挖方	m³	227	软石
四	涵洞	横延米	71.45	盖板箱涵
1	基坑挖土	m³	2644.8	3m以上、无水
2	基坑回填	m³	881.6	
3	围堪	m³	1520	
4	C15混凝土	m³	334.9	涵身基础、出入口基础
5	C15混凝土	m³	191.5	涵身边墙、出入口边翼墙
6	C15混凝土	m³	39.4	涵身边墙、出入口边墙、上部帽石
7	C25混凝土	m³	48.3	预制及安装盖板
8	钢筋	kg	4899/456	盖板铁HRB335/Q235钢
9	沉降缝	个	18	
10	防水层	m²	226	丙种
11	碎石垫层	m³	96.8	出入口沟床、边坡、锥体
12	干砌片石	m³		出入口沟床、边坡、锥体
13	M5浆砌片石	m³	387	出入口沟床、边坡、锥体垂裙
14	M5浆砌片石	m³	11.7	检查台阶
15	沟床开挖	m³	2150	土方
五	轨道	km	1.75	
1	区间铺新轨	km	1.75	
2	人工铺50kg25m轨 1840根混凝土枕	km	1.75	
3	12号单开道岔	组	1	
4	人工铺底砟	m³	1300	
5	人工铺面砟	m³	2620	

3)施工组织方案

区间路基工程,挖方(天然密实断面方)9230m³,全部利用,挖掘机配合自卸汽车运输3km。填方(压实后断面方)23400m³,除利用方外的缺口需借土,挖掘机配合自卸汽车运输5km。在土石方调配时首先考虑移挖作填,假设路基挖方和借土挖方均为普通土,则路基挖方作为填料压实后的数量为9230/1.064 = 8674.81m³,需外借土方23400 - 8674.81 = 14725.19m³(压实后断面方)。

桥梁工程:拟从贵溪桥梁厂(运距230km)购买桥梁,用架桥机架设,桥涵基础施工亦采用人工开挖。

隧道工程:采用短台阶法开挖,锚喷支护。

轨道工程:采用人工铺轨与养道。

材料供应方案:外来料由项目经理总部材料库供应(运距 45km);当地料就地采购,其中石场距昌北站 15km;砂场距昌北 10km(赣江)。

4) 有关设计或协议标准

(1) 本段拆迁工程,房屋按 1850 元/m³ 补贴,水井 2100 元/个,坟墓 2000 元/座。

(2) 简易公路为车道采用泥结石路面,按综合价 30 元/m³ 标准修建。

(3) 征用土地按 21000 元/亩标准补偿,用地勘界费按 300 元/亩考虑。

(4) 设计定员按 6 人考虑。

5) 火车运梁运杂费计算

$$营业线火车运价(元/t) = K_1 \times (基价_1 + 基价_2 \times 运行进程) + 附加费运价$$

其中

$$附加费运价 = K_2 \times (电气化附加费费率 \times 电气化里程 + 新路新价均摊运价率 \times 运价里程 + 铁路建设基金费率 \times 运价里程)$$

查相关资料得:铁路建设基金费率为 0.099 元/(轴·km),新路新价均摊运价率为 0.0033 元/(轴·km),电气化附加费费率为 0.036 元/(轴·km),$基价_1 = 10.20$ 元/(t·km),$基价_2 = 0.0491$ 元/(t·km),$K_1 = 3.48$,$K_2 = 1.64$。假设采用 4 轴车运输,则有

$$营业线火车运价(元/t) = 3.48 \times (10.2 + 0.0491 \times 230) + 1.64 \times (0.036 \times 4 \times 230 + 0.0033 \times 4 \times 230 + 0.099 \times 4 \times 230) = 283.46 \ 元/t$$

6) 主要参考文献

(1)《铁路基本建设工程设计概(预)算编制办法》;

(2)《铁路工程建设材料预算价格》(2000 年度);

(3)《铁路工程施工机台班费用定额》(2005 年度);

(4)《关于调整铁路设计概算工程用水、电基价标准的通知》;

(5)《关于调整铁路基本建设工程设计概预算综合工费标准的通知》;

(6)《关于对铁路工程定额和费用进行调整的通知》;

(7)《铁路工程预算定额》(第一册 路基工程);

(8)《铁路工程预算定额》(第二册 桥涵工程);

(9)《铁路工程预算定额》(第三册 隧道工程);

(10)《铁路工程预算定额》(第四册 轨道工程);

(11) 2005 年度铁路工程建设材料费材料价差系数表。

为方便读者了解概(预)算的主要编制思路,加之篇幅所限,本例题只编列"单项工程概(预)算表、综合概(预)算表、总概(预)算汇总表",略去主要材料平均运杂费单价分析表、补充单价分析汇总表、补充单价分析表、补充材料单价表、主要材料预算价格表、设备单价汇总

表、技术经济指标统计表等相关表格,在正式进行概(预)算时请读者按要求参照编制办法或相关资料予以完善。另外,本例在计算过程中,还略去人工费及机械使用费价差调整,各基价仍以参考文献所列定额中基价为依据,材料费则以2005年材料价差系数对部分材料进行调差,请读者在实际计算时按编制办法进行严格调差。

概算和预算虽然编制方法相似,却是不同的计价文件,本例未对其进行区别,实际编制中应根据使用需要,明确是概算或是预算,采用不同的表格。

概(预)算计算见附表3-2～附表3-4。

总 概 (预) 算 表　　　　　　　　　　　　　　　附表3-2

建设名称	南昌某货物专用线			编号				
编制范围	站前工程			概(预)算总额			1132.19 万元	
工程总量	1.75km			技术经济指标			646.96 万元	

章别	各章名称	概算价值(万元)					V 技术经济指标(万元)	费用比例(%)
		I 建筑工程费	II 安装工程费	III 设备购置费	IV 其他费	合计		
	第一部分　静态投资					1085.62	620.35	95.89
一	拆迁工程	7.50			144.71	152.21	86.98	13.44
二	路基	101.63				101.63	58.07	8.98
三	桥涵	454.09				454.09	259.48	40.11
四	隧道及明洞							
五	轨道	191.92				191.92	109.67	16.95
六	通信及信号							
七	电力及电力牵引供电							
八	房屋							
九	其他运营生产设备及建筑物							
十	大型临时设施和过渡工程							
十一	其他费用				154.14	154.14	88.08	13.61
	以上各章合计					1054.00	602.28	93.09
十二	基本预备费					31.62	18.07	2.79
	第二部分　动态投资					32.57	18.61	2.88
十三	工程造价增涨预留费					32.57	18.61	2.88
十四	建设期投资贷款利息							
	第三部分　机车车辆购置费							
十五	机车车辆购置费							
	第四部分　铺底流动资金					14.00	8.00	1.24
十六	铺底流动资金					14.00	8.00	1.37
	概算总额					1132.19	646.96	100.00

编制:　　　　　　　年　月　日　　　　　　复核:　　　　　　　年　月　日

综合概(预)算(汇总)表

附表3-3

建设名称	南昌某货物专用线		工程总量		1.75km		编号		
编制范围	站前工程		概(预)算总额		11321860.45元		技术经济指标		6469635元

章别	节号	工程及费用名称	单位	数量	概(预)算价值(元)				合计	指标(元)
					I建筑工程费	II安装工程费	III设备工器具费	IV其他费		
第一部分		静态投资	元						10856175	
一	1	第一章 拆迁及征地费用	正线公里	1.75	75000			1447123.60	1522124	869784.91
		第1节 拆迁及征地用	正线公里	1.75	75000.00				75000	42857.14
		I.建筑工程费	正线公里	1.75	75000.00				75000	42857.14
		一、改移道路	元		75000.00				75000	
		(二)泥结碎石路	m²	2500.00	75000.00				75000	30.00
		IV.其他费	元					1447123.60	1447124	
		一、土地征用及拆迁补偿费	正线公里	1.75				1447123.60	1447124	826927.77
		(一)土地征用补偿费	亩	35.00				735000.00	735000	21000.00
		(二)拆迁补偿费	元					695900.00	695900	
		(三)土地征用、拆迁建筑物手续费	元					5723.60	5724	
		(四)用地勘界费	元					10500.00	10500	
二	2	第二章 路基	正线公里	1.75	1016290.29				1016290	580737.31
		第2节 区间路基土方	m³	33230.00	777304.47				777304	23.39
		I.建筑工程	m³	33230.00	777304.47				777304	23.39
		一、土方	m³	33230.00	777304.47				777304	23.39
		(一)挖土方	m³	9230.00	87835.69				87836	9.52
		(二)利用土填方	m³	8674.81	166430.33				166430	19.19
		(三)借土填方	m³	14725.19	523038.46				523038	35.52
	4	第4节 路基附属工程	正线公里	1.75	238985.81				238986	136563.32
		I.建筑工程	m³		238985.81				238986	
		一、附属土石方及加固防护	m³		238985.81				238986	
		(一)土石方	m³	1080.00	12032.27				12032	11.14
		(二)混凝土及砌体	m³	850.00	125369.21				125369	147.49
		(三)绿色防护	元		60069.66				60070	
		1.铺草皮	m²	4500.00	60069.66				60070	13.35
		(九)地基处理	元		41514.67				41515	
		1.抛填石(片石)	m³	600.00	41514.67				41515	69.19

续上表

章别	节号	工程及费用名称	单位	数量	概(预)算价值(元)					指标(元)
					I 建筑工程费	II 安装工程费	III 设备工器具费	IV 其他费	合计	
三		第三章 桥涵	延长米	237.70	4540939.48				4540939	19103.66
	6	第6节 大桥(1座)	延长米	237.70	4152626.92				4152627	17470.03
		I.建筑工程	延长米	237.70	4152626.92				4152627	17470.03
		甲、新建(1座)	延长米	237.70	4152626.92				4152627	17470.03
		二、一般大桥(1座)	延长米	237.70	4152626.92				4152627	17470.03
		(一)基础	圬工方	1874.00	1331409.25				1331409	710.46
		1.明挖	圬工方	616.00	348355.17				348355	565.51
		2.承台	圬工方	324.00	97146.87				97147	299.84
		4.钻孔桩	圬工方	120.00	885907.22				885907	7382.56
		(二)墩台	圬工方	1263.60	418358.77				418359	331.08
		(五)购架后张法预应力混凝土梁	孔	7.00	1698982.28				1698982	242711.75
		(十二)支座	元		204691.95				204692	
		(十三)桥面系	延长米	237.70	343915.01				343915	1446.84
		(十四)附属工程	元		50579.66				50580	
		(十五)基础施工辅助设施	元		104690.00				104690	
	9	第9节 涵洞(1座)	横延米	71.45	388312.56				388313	5434.75
		I.建筑工程	横延米	71.45	388312.56				388313	5434.75
		甲、新建(1座)	横延米	71.45	388312.56				388313	5434.75
		三、盖板箱涵(1座)	横延米	71.45	388312.56				388313	5434.75
		(一)明挖(1座)	横延米	71.45	388312.56				388313	5434.75
		1.单孔(1座)	横延米	71.45	388312.56				388313	5434.75
		(1)涵身及附属	横延米	71.45	207638.98				207639	2906.07
		(2)明挖基础(含承台)	圬工方	334.90	180673.57				180674	539.49
五		第五章 轨道	正线公里	1.75	1919183.96				1919184	1096676.55
	12	第12节 正线	铺轨公里	1.75	1791236.12				1791236	1023563.50
		甲、新建	铺轨公里	1.75	1791236.12				1791236	1023563.50
		I.建筑工程	铺轨公里	1.75	1791236.12				1791236	1023563.50
		一、铺新轨	铺轨公里	1.75	1489060.12				1489060	850891.50
		(二)钢筋混凝土枕	铺轨公里	1.75	1489060.12				1489060	850891.50
		三、铺道床	铺轨公里	1.75	302176.00				302176	172672.00
		(一)粒料道床	m³	3920.00	302176.00				302176	77.09

续上表

章别	节号	工程及费用名称	单位	数量	概(预)算价值(元)				合计	指标(元)
					Ⅰ建筑工程费	Ⅱ安装工程费	Ⅲ设备工器具费	Ⅳ其他费		
五	13	第13节 站线	铺轨公里	1.75	113155.96				113156	64660.55
		甲、新建	铺轨公里	1.75	113155.96				113156	64660.55
		Ⅰ.建筑工程	铺轨公里	1.75	113155.96				113156	64660.55
		三、铺新岔	组	1.00	113155.96				113156	113155.96
		(一)单开道岔	组	1.00	113155.96				113156	113155.96
	14	第14节 线路有关工程	铺轨公里	1.75	14791.88				14792	8452.50
		Ⅰ.建筑工程	铺轨公里	1.75	14791.88				14792	8452.50
		一、附属工程	元		4151.87				4152	
		二、线路备料	正线公里	1.75	10640.01				10640	6080.01
十一	29	第十一章 其他费用	正线公里	1.75				1541438.60	1541439	
		第29节 其他费用	元					1541438.60	1541439	
		Ⅳ.其他费	元					1541438.60	1541439	
		一、建设项目管理费	元					1360313.60	1360314	
		(一)建设单位管理费(累法)[8.7×(747.6414－500)×1.64%]×10000	元					127613.19	127613	
		(二)建设管理其他费 3×300000+7476414×0.05%	元					903738.21	903738	
		(三)建设项目管理信息系统购建费	元							
		(四)工程监理与咨询服务费	元					164481.10	164481	
		1.招投标监理与咨询费	元							
		2.勘察监理与咨询费	元							
		3.设计监理与咨询费	元							
		4.施工监理与咨询费 7476414×2.2%	元					164481.10	164481	
		5.设备采购监造监理与咨询费	元							
		(五)工程质量检测费	元							
		(六)工程质量安全监督费 7476414×0.05%	元					3738.21	3738	

续上表

章别	节号	工程及费用名称	单位	数量	概(预)算价值(元)				指标(元)
					I 建筑工程费	II 安装工程费	III 设备工器具费	IV 其他费	合计	
十一	29	(七)工程定额测定费 7476414×0.03%	元					2242.92	2243	
		(八)施工图审查费	元							
		(九)环境保护专项监理费	元							
		(十)营业线施工配合费	元							
		二、建设项目前期工作费	元					84000.00	84000	
		(一)项目筹融资费	元							
		(二)可行性研究费	元							
		(三)环境影响报告编制与评估费	元							
		(四)水土保持方案报告编制与评估费	元							
		(五)地质灾害危险性评估费	元							
		(六)地震安全性评估费	元							
		(七)洪水影响评价报告编制费	元							
		(八)压覆矿藏评估费	元							
		(九)文物保护费	元							
		(十)森林植被恢复费	元							
		(十一)勘察设计费	元					84000.00	84000	
		1. 勘察费 2.46×1.75×10000	元					43050.00	43050	
		2. 设计费 2.34×1.75×10000	元					40950.00	40950	
		3. 标准设计费	元							
		三、研究试验费	元							
		四、计算机软件开发与购置费	km							

续上表

章别	节号	工程及费用名称	单位	数量	概(预)算价值(元)					指标(元)
					I 建筑工程费	II 安装工程费	III 设备工器具费	IV 其他费	合计	
十一	29	五、配合辅助工程费	元							
		六、联合试运转及工程动态检测费 30000×1.75	元					52500.00	52500	
		七、生产准备费	正线公里	1.75				44625.00	44625	
		(一)生产职工培训费 7500×1.75	正线公里	1.75				13125.00	13125	
		(二)办公和生活家具购置费 6000×1.75	正线公里	1.75				10500.00	10500	
		(三)工器具及生产家具购置费 12000×1.75	正线公里	1.75				21000.00	21000	
		八、其他	元							
		以上各章合计	正线公里	1.75	7551413.72			2988562.20	10539976	
		其中:I.建筑工程费	正线公里	1.75	7551413.72				7551414	
		II.安装工程费	正线公里	1.75						
		III.设备购置费	正线公里	1.75						
		IV.其他费	正线公里	1.75				2988562.20	2988562	
十二	30	基本预备费(按3%计)	正线公里	1.75					316199	
		以上总计	正线公里	1.75					10856175	
第二部分		动态投资	正线公里	1.75					325685	
十三	31	工程造价增涨预留费 10856175×3%	正线公里	1.75					325685	
十四	32	建设期投资贷款利息	正线公里	1.75						
第三部分		机车车辆购置费	正线公里	1.75						
十五	33	机车车辆购置费	正线公里	1.75						
第四部分		铺底流动资金	正线公里	1.75					140000	
十六	34	铺底流动资金 8×1.75×10000	正线公里	1.75					140000	
		概(预)算总额	正线公里	1.75					11321860	

编制:　　　　　年　月　日　　　　　　　　　　　复核:　　　　　年　月　日

附录3 铁路工程概(预)算示例

单项概(预)算概算表　　　　　　　　　　　　　　　　　　　　　　　附表3-4

建设名称	南昌北站某货物专用线	概(预)算编号	GS-01		
工程名称	拆迁及征地费用	工程总量	1.75km		
工程地点	南昌北	概(预)算价值	1522124元		
所属章节	第一章　第1节	概(预)算指标	869784.91元		

| 单价编号 | 工程项目或费用名称 | 单位 | 数量 | 费用(元) | | 质量(t) | |
				单价	合价	单重	合重
	第一章　拆迁及征地费用	km	1.75		1522124		
	第1节　拆迁及征地费用	km	1.75		1522124		
	I.建筑工程费	km	1.75		75000		
	一、改移道路	元			75000		
	(二)泥结碎石路	m²	2500.0	30.00	75000		
	单项概(预)算合计	元			75000		
	IV.其他费	元			1447124		
	一、土地征用及拆迁补偿费	km			1447124		
	(一)土地征用补偿费	亩	35	21000	735000		
	(二)拆迁补偿费	元			695900		
	1.建筑物	元			671700		
	(1)民房	m²	350	1850	647500		
	(2)其他建筑物	元			24200		
	2.拆迁水井	个	2	2100	4200		
	3.拆迁坟墓	座	10	2000	20000		
	(三)土地征用、拆迁建筑物手续费	%	1430900	0.40	5724		
	(四)用地勘界费	元	35	300	10500		
	单项概(预)算合计	元			1447124		

建设名称	南昌北站某货物专用线	概(预)算编号	GS-02		
工程名称	区间路基土石方	工程总量	1.75km		
工程地点	南昌北	概(预)算价值	777304元		
所属章节	第二章　第2节	概(预)算指标	444173.98元		

| 单价编号 | 工程项目或费用名称 | 单位 | 数量 | 费用(元) | | 质量(t) | |
				单价	合价	单重	合重
	第2节　区间路基土石方	km	1.75		777304		
	I.建筑工程费	m	33230		777304		
	一、土方	m³	33230		777304		
	(一)挖土方	m³	9230		87836		
	1.挖土方(运距≤1km)	m³	9230		63921		

续上表

单价编号	工程项目或费用名称	单位	数量	费用(元) 单价	费用(元) 合价	质量(t) 单重	质量(t) 合重
LY-35	挖掘机装车≤2m³ 挖掘机普通土	100m³	92.30	103.33	9537		
LY-142	≤8t 自卸汽车运土运距≤1km	100m³	92.30	414.19	38230		
	定额直接工程费	元			47767		
	其中:基期人工费	元			526		
	基期材料费	元					
	基期机使费	元			47241		
	运杂费	t					
	材料费价差	元					
	填料费	100m³					
	直接工程费	元			47767		
	施工措施费	%	47767	9.98	4767		
	直接费	元			52534		
	间接费	%	47767	19.50	9315		
	税金	%	61849	3.35	2072		
	单项概(预)算合计	元			63921		
	2.增运土方(运距>1km 的部分)	m³	9230		23915		
LY-143×2	≤8t 自卸汽车运土增运1km	100m³	92.3	218.40	20158		
	定额直接工程费	元			20158		
	其中:基期人工费	元					
	基期材料费	元					
	基期机使费	元			20158		
	运杂费	t					
	材料费价差	元					
	填料费	100m³					
	直接工程费	元			20158		
	施工措施费	%	20158	4.99	1006		
	直接费	元			21164		
	间接费	%	20158	9.80	1976		
	税金	%	23140	3.35	775		
	单项概(预)算合计	元			23915		
	(二)利用土填方	m³	8675		166430		
LY-431	压路机压实	100m³	86.75	291.59	25295		

续上表

单价编号	工程项目或费用名称	单位	数量	费用(元) 单价	费用(元) 合价	质量(t) 单重	质量(t) 合重
LY-432	洒水取水距离≤1km	10m³	867.5	115.11	99858		
	定额直接工程费	元			125153		
	其中:基期人工费	元			7166		
	基期材料费	元			3434		
	基期机使费	元			114554		
	运杂费	t					
	材料费价差	元	3434				
	填料费	100m³					
	直接工程费	元			125153		
	施工措施费	%	121719	9.98	12148		
	直接费	元			137300		
	间接费	%	121719	19.50	23735		
	税金	%	161036	3.35	5395		
	单项概(预)算合计	元			166430		
	(三)借土填方	m³	15668		523038		
	1.挖填土方(运距≤1km)	m³	15668				
LY-35×1.064	挖掘机装车≤2m³ 挖掘机普通土	100m³	156.68	109.94	17225		
LY-142×1.064	≤8t 自卸汽车运土,运距≤1km	100m³	156.68	440.70	69047		
LY-431×1.064	压路机压实	100m³	156.68	310.25	48609		
LY-432×1.064	洒水取水距离运1km	10m³	1567	122.48	191897		
	定额直接工程费	元			326778		
	其中:基期人工费	元			14720		
	基期材料费	元			6598		
	基期机使费	元			305460		
	运杂费	t					
	材料费价差	元	6598				
	填料费	100m³	156.68	8.50	1332		
	直接工程费	元			328110		
	施工措施费	元	320180	9.98	31954		
	直接费	元			360064		

续上表

单价编号	工程项目或费用名称	单位	数量	费用(元) 单价	费用(元) 合价	质量(t) 单重	质量(t) 合重
	间接费	%	320180	19.50	62435		
	税金	%	422499	3.35	14154		
	单项概(预)算合计	元			436653		
	2.增运土方(运距>1km的部分)	m^3	15668				
LY-143×4×1.064	≤8t自卸汽车运土,增运4km	$100m^3$	156.68	464.76	72816		
	定额直接工程费	元			72816		
	其中:基期人工费	元					
	基期材料费	元					
	基期机使费	元			72816		
	运杂费	t					
	材料费价差	元					
	填料费	$100m^3$					
	直接工程费	元			72816		
	施工措施费	%	72816	4.99	3634		
	直接费				76450		
	间接费	%	72816	9.80	7136		
	税金	%	83585	3.35	2800		
	单项概(预)算合计	元			86 386		

建设名称	南昌北站某货物专用线	概(预)算编号	GS-02
工程名称	路基附属工程	工程总量	1.75km
工程地点	南昌北	概(预)算价值	238986元
所属章节	第二章 第4节	概(预)算指标	136563.32元

单价编号	工程项目或费用名称	单位	数量	费用(元) 单价	费用(元) 合价	质量(t) 单重	质量(t) 合重
	第4节 路基附属工程				238986		
	I.建筑工程费				238986		
	一、附属土石方及加固防护						
	(一)土石方				12032		
	1.土方				12032		
LY-436	人力挖土普通土	$100m^3$	10.8	410.87	4437		

续上表

单价编号	工程项目或费用名称	单位	数量	费用(元) 单价	费用(元) 合价	质量(t) 单重	质量(t) 合重
LY-436	人力挖普通土	100m³	5	410.87	2054		
	定额直接工程费	元			6492		
	其中:基期人工费	元			6374		
	基期材料费	元			118		
	基期机使费	元					
	运杂费	t					
	材料费价差	元	118	0.01	1		
	填料费	100m³		8.50			
	直接工程费	元			6493		
	施工措施费	%	6374	21.09	1344		
	直接费	元			7837		
	间接费	%	6374	59.70	3805		
	税金	%	11642	3.35	390		
	单项概(预)算合计	元			12032		
	(二)混凝土及砌体	m³	850		125369		
LY-303	干砌片石侧沟、天沟、排水沟	10m³	10	397.64	3976	22.327	223.270
LY-281	护坡干砌片石	10m³	10	386.79	3868	22.327	223.270
LY-304	浆砌侧沟天沟排水沟急流槽渗水暗沟 M5	10m³	50	790.01	39501	28.067	1403.350
LY-283	护坡砌筑浆砌片石 M7.5	10m³	15	785.51	11783	28.106	421.590
	定额直接工程费	元			59127	100.827	2271.480
	其中:基期人工费	元			23176		
	基期材料费	元			35133		
	基期机使费	元			819		
	运杂费	t	2271.48	18.53	42091		
	材料费价差	元	35133	0.02	703		
	填料费	10m³		85.00			
	直接工程费	元			101921		
	施工措施费	%	23994	21.09	5060		
	直接费	元			106981		
	间接费	%	23994	59.70	14324		
	税金	%	121305	3.35	4064		
	单项概(预)算合计	元			125369		

续上表

单价编号	工程项目或费用名称	单位	数量	费用(元) 单价	费用(元) 合价	质量(t) 单重	质量(t) 合重
	(三)绿色防护				60070		
	1.铺草皮						
LY-356	路基边坡斜铺土工网垫	100m²	45	1206.32	54284	0.109	4.905
	定额直接工程费	元			54284	0.109	4.905
	其中:基期人工费	元			3462		
	基期材料费	元			50822		
	基期机使费	元					
	运杂费	t	4.91	5.00	25		
	材料费价差	元	50822	0.02	1016		
	填料费	100m²					
	直接工程费	元			55325		
	施工措施费	%	3462	21.09	730		
	直接费	元			56056		
	间接费	%	3462	59.70	2067		
	税金	%	58123	3.35	1947		
	单项概(预)算合计	元			60070		
	(九)地基处理				41515		
LY-362	1.抛填石(片石)	10m³	60	201.52	12091	19.548	1172.880
	定额直接工程费	元			12091	19.548	1172.880
	其中:基期人工费	元			2297		
	基期材料费	元			9794		
	基期机使费	元					
	运杂费	t	1172.88	18.52	21722		
	材料费价差	元					
	填料费	10m³	60.00	75.00	4500		
	直接工程费	元			38313		
	施工措施费	%	2297	21.09	485		
	直接费	元			38797		
	间接费	%	2297	59.70	1372		
	税金	%	40169	3.35	1346		
	单项概(预)算合计	元			41515		

附录3 铁路工程概(预)算示例

续上表

建设名称	南昌北站某油库专用线		概(预)算编号		GS-03		
工程名称	大桥		工程总量		237.7m		
工程地点	南昌北		概(预)算价值		4152627 元		
所属章节	第三章 第6节		概(预)算指标		17470.03 元		
单价编号	工程项目或费用名称	单位	数量	费用(元)		质量(t)	
				单价	合价	单重	合重
	第6节 大桥(1座)				4152627		
	甲、新建(1座)						
	I.建筑工程	m³					
	二、一般梁式大桥(1座)						
	(一)基础	m³	616		1331409		
	1.明挖	m³	616		348355		
QY-25	人力打眼开挖石方(人力提升≤6m无水、无挡土)	10m³	547.2	211.63	115804	0.001	0.547
QY-45	基坑回填	10m³	403.3	62.43	25178		0.000
QY-337	基础C15混凝土	10m³	61.6	1600.30	98578	24.987	1539.199
	定额直接工程费	元			239560	24.988	1539.746
	其中:基期人工费	元			164346		
	基期材料费	元			66449		
	基期机使费	元			8766		
	运杂费	t	1539.75	19.89	30626		
	材料费价差	元	66449	0.15	9768		
	直接工程费	元			279954		
	施工措施费	%	173112	9.19	15909		
	直接费	元			295863		
	间接费	%	173112	23.80	41201		
	税金	%	337064	3.35	11292		
	单项概(预)算合计	元			348355		
	2.承台	m³	324		97147		
QY-345	陆上承台C20钢筋、混凝土(泵送)	10m³	32.4	1722.30	55803	24.382	789.977
QY-351	陆上承台钢筋(HRB335)	t	3.953	2598.56	10272	1.037	4.099
	定额直接工程费	元			66075	25.419	794.076
	其中:基期人工费	元			9697		
	基期材料费	元			52864		
	基期机使费	元			3514		

土木工程概预算

续上表

单价编号	工程项目或费用名称	单位	数量	费用(元) 单价	费用(元) 合价	质量(t) 单重	质量(t) 合重
	运杂费	t	794.08	19.89	15794		
	材料费价差	元	52864	0.15	7771		
	直接工程费	元			89640		
	施工措施费	%	13210	9.19	1214		
	直接费	元			90854		
	间接费	%	13210	23.80	3144		
	税金	%	93998	3.35	3149		
	单项概(预)算合计	元			97147		
	4.钻孔桩	m	120		885907		
QY-109	硬土(100cm 桩径)陆上钻机钻孔	10m	12	4232.90	50795	0.489	5.868
QY-115	风化石(100cm 桩径)陆上钻孔	10m	41.7	11619.67	484540	0.512	21.350
QY-174	陆上钻孔浇筑水下混凝土 C20 泵送	10m³	37.31	1938.90	72333	28.451	1061.404
QY-181	泥浆外运 1km 以内	10m³	42.18	11.75	496		
QY-182	泥浆外运增运 1km	10m³	42.18	2.27	96		
QY-183	钻渣外运 1km 以内(土质)	10m³	14.92	81.66	1219		
QY-184	钻渣外运增运 1km(土质)	10m³	14.92	15.83	236		
QY-185	钻渣外运 1km 以内(石质)	10m³	11.19	111.01	1242		
QY-186	钻渣外运增运 1km(石质)	10m³	11.19	20.48	229		
QY-187	钢筋笼制作安装(陆上)	t	10.504	2837.30	29803	1.037	10.893
QY-193	钢护筒埋设及拆除(埋深≤1.5m)	t	4.712	884.21	4166	9.858	46.451
	定额直接工程费	元			645155	40.347	1145.966
	其中:基期人工费	元			63469		
	基期材料费	元			129375		
	基期机使费	元			452311		
	运杂费	t	1145.97	19.95	22862		
	材料费价差	元	129375	0.15	19018		
	直接工程费	元			687035		
	施工措施费	%	515780	9.19	47400		
	直接费	元			734436		
	间接费	%	515780	23.80	122756		
	税金	%	857191	3.35	28716		
	单项概(预)算合计	元			885907		

附录3　铁路工程概(预)算示例

续上表

单价编号	工程项目或费用名称	单位	数量	费用(元) 单价	费用(元) 合价	质量(t) 单重	质量(t) 合重
	(二)墩台	m	1263.6		418359		
QY-359	实体墩台(混凝土)C20 陆上、泵送	10m³	107.3	2038.09	218687.06	24.440	2622.412
QY-461	顶帽混凝土 C30 陆上墩高≤30m	10m³	5.8	2882.33	16717.51	24.029	139.368
QY-481	陆上顶帽钢筋	t	2.905	2966.28	8617.04	1.041	3.024
QY-493	C30 托盘混凝土	10m³	12.05	2948.93	35534.61	24.097	290.369
QY-498	道渣槽、混凝土(泵送)C30	10m³	0.67	3009.86	2016.61	24.111	16.154
QY-502	耳墙、混凝土(泵送)C30	10m³	0.54	2711.52	1464.22	24.168	13.051
QY-504	道砟槽钢筋	t	0.109	2725.93	297.13	1.028	0.112
QY-505	耳墙钢筋	t	0.204	2743.36	559.65	1.033	0.211
	定额直接工程费	元			283894	123.947	3084.701
	其中:基期人工费	元			53150		
	基期材料费	元			211103		
	基期机使费	元			19641		
	运杂费	t	3084.70	21.35	65858		
	材料费价差	元	211103	0.15	31032		
	直接工程费	元			380784		
	施工措施费	%	72791	9.19	6689		
	直接费	元			387474		
	间接费	%	72791	23.80	17324		
	税金	%	404798	3.35	13561		
	单项概(预)算合计	元			418359		
	(五)购架后张法预应力混凝土梁	孔	7		1698982		
	T形梁购买	孔	7	183600.00	1285200	224.710	1572.970
	定额直接工程费	元			1285200	224.710	1572.970
	运杂费	t	1572.97	283.46	445874		
	材料费价差	元	1285200.00	(0.15)	-192780		
	税金	%	1538294	3.35	51533		
	单项概(预)算合计	元			1589827		
QY-579	架桥机架设(预应力)混凝土 T 形梁 32m	孔	7	7796.54	54576		
QY-585	架桥机安拆调试(130t)	次	1	20549.97	20550	2.485	2.485
	定额直接工程费	元			75126	2.485	2.485

续上表

单价编号	工程项目或费用名称	单位	数量	费用(元)		质量(t)	
				单价	合价	单重	合重
	其中:基期人工费	元			5545		
	基期材料费	元			5333		
	基期机使费	元			64248		
	运杂费	t	2.49	22.16	55		
	材料费价差	元	5333	(0.15)	-800		
	直接工程费	元			74381		
	施工措施费	%	69793	4.68	3266		
	直接费	元			77647		
	间接费	%	69793	24.50	17099		
	税金	%	94746	3.35	3174		
	单项概(预)算合计	元			97920		
QY-537	T形梁架设后横向联结湿接缝混凝土	10m³	0.736	3704.92	2727	23.997	17.662
QY-538	T形梁架设后横向联结温接缝钢筋	t	2.56	3045.24	7796	1.035	2.650
	定额直接工程费	元			10523	25.032	20.311
	其中:基期人工费	元			1848		
	基期材料费	元			8338		
	基期机使费	元			336		
	运杂费	t	20.31	22.16	450		
	材料费价差	元	8338	(0.15)	-1251		
	直接工程费	元			9722		
	施工措施费	%	2184	13.89	303		
	直接费	元			10025		
	间接费	%	2184	38.70	845		
	税金	%	10871	3.35	364		
	单项概(预)算合计	元			11235		
	(十二)支座	元			204692		
QY-705	盆式橡胶支座承载力≤3000kN 固定	个	14	5070.42	70986	1.153	16.142
QY-706	盆式橡胶支座承载力≤3000kN 活动	个	14	6661.17	93256	1.294	18.116
	定额直接工程费	元			164242	2.447	34.258

续上表

单价编号	工程项目或费用名称	单位	数量	费用(元) 单价	费用(元) 合价	质量(t) 单重	质量(t) 合重
	其中:基期人工费	元			3578		
	基期材料费	元			156147		
	基期机使费	元			4518		
	运杂费	t	34.26	23.18	794		
	材料费价差	元	156147	0.15	22954		
	直接工程费	元			187990		
	施工措施费	%	8095	26.96	2182		
	直接费	元			190172		
	间接费	%	8095	97.40	7885		
	税金	%	198057	3.35	6635		
	单项概(预)算合计	元			204692		
	(十三)桥面系	m	237.70		343915		
QY-730	钢筋混凝土道板及钢筋混凝土立柱、钢栏杆人行道板宽1.05m	100双侧米	2.377	45234.22	107522	52.892	125.724
QY-740	混凝土桥枕地段铺设护轮轨(单线)护轮轨	100延长米	2.5903	32984.27	85439	12.576	32.576
QY-741	混凝土桥枕地段铺设护轮轨(单线)弯轨及梭头	一座桥	1	3940.35	3940	1.383	1.383
QY-732	道砟桥面避车台	个	6	1491.82	8951	0.809	4.854
QY-767	实体桥墩检查设施围栏	一个墩	7	176.78	1237	0.063	0.441
QY-768	实体桥墩检查设施吊篮	每侧	14	702.65	9837	0.542	7.588
QY-769	实体桥墩检查设施检查梯	个	7	165.43	1158	0.054	0.378
QY-1111	钢筋混凝土电缆槽(通信)	100m	2.43	7253.19	17625	12.676	30.803
QY-588	梁间防水铁盖板制安	t	6	4078.76	24473	1.388	8.328
	定额直接工程费	元			260183	82.383	212.075
	其中:基期人工费	元			33514		
	基期材料费	元			220796		
	基期机使费	元			5873		
	运杂费	t	212.07	22.55	4782		
	材料费价差	元	220796	0.15	32457		
	直接工程费	元			297422		
	施工措施费	%	39387	22.14	8720		
	直接费	元			306142		

续上表

单价编号	工程项目或费用名称	单位	数量	费用(元)		质量(t)	
				单价	合价	单重	合重
	间接费	%	39387	67.60	26625		
	税金	%	332767	3.35	11148		
	单项概(预)算合计	元			343915		
	(十四)附属工程	元			50580		
QY-587	桥头线路加固	一座桥	1	1758.95	1759	0.366	0.366
LY-282	M5浆砌片石	10m³	6.68	764.55	5107	28.067	187.488
	定额直接工程费	元			6866	28.433	187.854
	其中:基期人工费	元			2122		
	基期材料费	元			4131		
	基期机使费	元			614		
	运杂费	t	187.85	19.85	3729		
	材料费价差	元	4131	0.15	607		
	直接工程费	元			11202		
	施工措施费	%	2736	9.19	251		
	直接费	元			11454		
	间接费	%	2736	23.80	651		
	税金	%	12105	3.35	406		
	单项概(预)算合计	元			12510		
LY-154	石方开挖浅孔爆破人工打眼软石	100m³	2.27	583.89	1325	0.019	0.043
LY-365	夯填砂(填渗水土)	10m³	44.5	263.29	11716	16.202	720.989
LY-363	夯填一般土	10m³	20.9	78.36	1638		
LY-360	松填碎石	10m³	1.7	318.26	541	15.450	26.265
LY-369	夯填砂砾石	10m³	5.6	196.16	1098	20.625	115.500
	定额直接工程费	元			16319	52.296	862.797
	其中:基期人工费	元			6705		
	基期材料费	元			9615		
	基期机使费	元					
	运杂费	t	862.80	19.85	17127		
	材料费价差	元	9615	0.15	1413		
	直接工程费	元			34859		
	施工措施费	%	6705	9.98	669		
	直接费	元			35528		
	间接费	%	6705	19.50	1307		

续上表

单价编号	工程项目或费用名称	单位	数量	费用(元)		质量(t)	
				单价	合价	单重	合重
	税金	%	36835	3.35	1234		
	单项概(预)算合计	元			38069		
	(十五)基础施工辅助设施	元			104690		
QY-52	塑料编织袋围堰填筑	10m³	152	479.44	72875	0.020	3.040
QY-53	塑料编织袋围堰拆除	10m³	135	82.36	11119		
	定额直接工程费	元			83993	0.020	3.040
	其中:基期人工费	元			26784		
	基期材料费	元			57210		
	基期机使费	元					
	运杂费	t	3.04	18.85	57		
	材料费价差	元	57210	0.15	8410		
	直接工程费	元			92461		
	施工措施费	%	26784	9.19	2461		
	直接费	元			94922		
	间接费	%	26784	23.80	6375		
	税金	%	101297	3.35	3393		
	单项概(预)算合计	元			104690		

建设名称	南昌北站某油库专用线	概算编号	GS-04
工程名称	涵洞	工程总量	71.45m
工程地点	南昌北	概算价值	388313 元
所属章节	第三章 第9节	概算指标	5434.75 元

单价编号	工程项目或费用名称	单位	数量	费用(元)		质量(t)	
				单价	合价	单重	合重
	第9节 涵洞(1座)						
	I.建筑工程				388313		
	甲、新建(1座)						
	三、盖板箱涵(1座)				388313		
	(一)明挖(1座)						
	1.单孔(1座)						
	(1)涵身及附属	m	71.45		207639		
QY0820	端翼墙混凝土 C15	10m³	3.94	2077.47	39784	25.000	98.500
QY-822	中边墙混凝土 C15	10m³	19.15	1699.09	2447	24.723	473.445

续上表

单价编号	工程项目或费用名称	单位	数量	费用(元) 单价	费用(元) 合价	质量(t) 单重	质量(t) 合重
QY-1041	沉降缝	10m²	1.44	907.63	1307	0.321	0.462
QY-1027	防水层	10m²	22.6	252.85	5714	0.018	0.407
LY-282	M5浆砌片石	10m³	39.87	764.55	30483	28.067	1119.031
QY-3	沟床开挖	10m³	215	73.57	15818		
QY-833	预制箱涵盖板 C20	10m³	4.83	2401.60	11600	24.084	116.326
QY-834	钢筋	t	5.355	2701.91	14469	1.037	5.553
QY-835	盖板箱涵安砌混凝土盖板	10m³	4.83	278.34	1344	0.568	2.743
	定额直接工程费	元			122965	103.818	1816.468
	其中:基期人工费	元			40322		
	基期材料费	元			77455		
	基期机使费	元			3681		
	运杂费	t	1816.47	19.89	36130		
	材料费价差	元	77455	0.13	9992		
	直接工程费	元			169086		
	施工措施费	%	44003	20.22	8897		
	直接费	元			177983		
	间接费	%	44003	52.10	22925		
	税金	%	200909	3.35	6730		
	单项概(预)算合计	元			207639		
	(2)明挖基础(含承台)	m³	334.90		180674		
QY-25	人力开挖、人力提升≤6m 无水	10m³	264.48	211.63	55972	0.001	0.264
QY-45	基坑回填	10m³	88.16	62.43	5504		
QY-814	涵洞基础混凝土 C15	10m³	33.49	1372.48	45964	24.934	835.040
	定额直接工程费	元			107440	24.935	835.304
	其中:基期人工费	元			62272		
	基期材料费	元			38766		
	基期机使费	元			1005		
	运杂费	t	835.30	19.89	16614		
	材料费价差	元	38766	0.13	5001		
	直接工程费	元			129055		
	施工措施费	%	63277	20.22	12795		
	直接费	元			141850		
	间接费	%	63277	52.10	32967		

续上表

单价编号	工程项目或费用名称	单位	数量	费用(元)		质量(t)	
				单价	合价	单重	合重
	税金	%	174817	3.35	5856		
	单项概(预)算合计	元			180674		

建设名称	南昌北站某油库专用线	概算编号	GS-05
工程名称	正线	工程总量	1.75km
工程地点	南昌北	概算价值	1919184 元
所属章节	第五章 第12节	概算指标	1096676.55 元

单价编号	工程项目或费用名称	单位	数量	费用(元)		质量(t)	
				单价	合价	单重	合重
	第12节 正线	km	1.75		1791236		
	甲、新建	km	1.75				
	I.建筑工程	km	1.75		1791236		
	一、铺新轨	km	1.75		1489060		
	(二)钢筋、混凝土枕	km	1.75		1489060		
GY-27	人工铺轨 50kg 钢轨混凝土枕 1760根	km	1.75	18244.86	31929	6.294	11.015
GY-42	人工铺轨 50kg 钢轨混凝土桥枕 1760根	km	0.26	21176.72	5506	6.294	1.636
GY-167	轨料混凝土枕弹条Ⅱ型扣件 50kg25m1760根	km	1.75	690443.92	1208277	570.758	998.827
GY-209	轨料混凝土桥枕弹条Ⅱ型扣件 50kg25m1760根	km	0.26	811683.24	211038	632.809	164.530
GY-753	安装防爬器(穿销式)混凝土枕50kg	1000个	0.18	15943.37	2870	5.056	0.910
GY-760	安装防爬支撑混凝土制混凝土枕	1000个	0.21	3728.35	783	8.888	1.866
	定额直接工程费	元			1460402	1230.099	1178.784
	其中:基期人工费	元			23847		
	基期材料费	元			1432807		
	基期机使费	元			3748		
	运杂费	t	1178.78	19.89	23446		
	材料费价差	元	1432807	0.054	−77372		
	直接工程费	元			1406476		
	施工措施费	%	27595	26.96	7440		
	直接费	元			1413916		

续上表

单价编号	工程项目或费用名称	单位	数量	费用(元) 单价	费用(元) 合价	质量(t) 单重	质量(t) 合重
	间接费	%	27595	97.40	26878		
	税金	%	1440794	3.35	48267		
	单项概(预)算合计	元			1489060		
	三、铺道床	m³			302176		
	(一)粒料道床	m³	3920		302176		
GY-675	铺底砟混凝土枕线路混砟	km	1.300	15117.39	19653	1833.150	2383.095
GY-682	正线铺面砟、开通速度≤60km/h	km	2.620	43478.37	113913	1777.600	4657.312
	定额直接工程费	元			133566	3610.750	7040.407
	其中:基期人工费	元			9998		
	基期材料费	元			88385		
	基期机使费	元			35183		
	运杂费	t	7040.41	19.89	140034		
	材料费价差	元	88385				
	直接工程费	元			273600		
	施工措施费	%	45181	9.07	4098		
	直接费	元			277698		
	间接费	%	45181	32.50	14684		
	税金	%	292381	3.35	9795		
	单项概(预)算合计	元			302176		
	第13节 站线				113156		
	甲、新建						
	I.建筑工程						
	三、铺新岔	组	1		113156		
	(一)单开道岔	组	1		113156		
GY-300	人工铺单开道岔木枕、50kg轨、12号直向速度≤120km/h	组	1	996.41	996		
GY-502	单开道岔木枕、50kg轨、12号直向速度≤121km/h	组	1	105672.26	105672	21.856	21.856
GY-671	扳道器	组	1	609.37	609	0.334	0.334
	定额直接工程费	元			107278	22.190	22.190
	其中:基期人工费	元			801		
	基期材料费	元			106283		

续上表

单价编号	工程项目或费用名称	单位	数量	费用(元) 单价	费用(元) 合价	质量(t) 单重	质量(t) 合重
	基期机使费	元			194		
	运杂费	t	22.19	19.89	441		
	材料费价差	元	106283	0.005	531		
	直接工程费	元			108251		
	施工措施费	%	995	26.96	268		
	直接费	元			108519		
	间接费	%	995	97.40	969		
	税金	%	109488	3.35	3668		
	单项概(预)算合计	元			113156		
	第14节 线路有关工程				14792		
	Ⅰ.建筑工程						
	一、附属工程	元			4152		
GY-797	浆砌片石式车挡	处	1	1667	1667	28.607	28.61
GY-806	百米标	100个	0.16	1203.68	193	0.532	0.09
GY-807	半公里标	100个	0.03	1103.25	33	4.374	0.13
GY-808	公里标	100个	0.01	1901.62	19	7.555	0.08
GY-811	曲线标	100个	0.01	2016.08	20	9.166	0.09
GY-812	曲线始终点标	100个	0.05	842.79	42	2.355	0.12
GY-813	坡度标	100个	0.03	2021.94	61	8.086	0.24
GY-820	减速标(反光)	100个	0.01	19563.37	196	52.451	0.52
GY-829	警冲标(反光)	100个	0.01	2125.9	21	2.949	0.03
GY-833	车挡标甲式	100个	0.01	11717.9	117	4.249	0.04
	定额直接工程费	元			2369	120	30
	其中:基期人工费	元			798		
	基期材料费	元			1565		
	基期机使费	元			6		
	运杂费	t	29.95	19.89	596		
	材料费价差	元	1565	0.034	53		
	直接工程费	元			3018		
	施工措施费	%	804	26.96	217		
	直接费	元			3234		
	间接费	%	804	97.40	783		
	税金	%	4017	3.35	135		

土木工程概预算

续上表

单价编号	工程项目或费用名称	单位	数量	费用(元)		质量(t)	
				单价	合价	单重	合重
	单项概(预)算合计	元			4152		
	二、线路备料	km	1.75		10640		
GY-907	备料混凝土枕正线50kg弹条扣件25m	100km	0.0175	572306.42	10015	189.966	3.324
	定额直接工程费	元			10015	190	3
	其中:基期人工费	元			172		
	基期材料费	元			9844		
	基期机使费	元					
	运杂费	t	3.32	19.89	66		
	材料费价差	元		9844			
	直接工程费	元			10081		
	施工措施费	%	172	26.96	46		
	直接费	元			10128		
	间接费	%	172	97.40	167		
	税金	%	10295	3.35	345		
	单项概(预)算合计	元			10640		

编制： 年 月 日 复核： 年 月 日

附录4 铁路工程工程量计算规则

附4.1 拆迁工程工程量计算规则

改移道路费用根据设计的工程数量(包括土石方、路面、桥涵、挡墙以及其他有关工程和费用)进行定额单价分析编列。

改移道路分等级公路、泥结碎石路、土路、道路过渡工程和取弃土(石)场处理。等级公路路基土石方(含路基附属工程的土石方)按设计图示断面尺寸,挖方以天然密实体积计算,填方以压实体积计算。路基附属工程砌体及(钢筋)混凝土按设计图示砌体尺寸计算,包括各种笼装片(块)石。附属工程中绿色防护、绿化按设计绿色防护、绿化面积计算。路面垫层、基层按设计图示面积计算,沥青混凝土路面面层、水泥混凝土路面面层按设计车行道和人行道面层面积计算。沿线设施按设计图示公路中心线长度计算。泥结碎石路、土路按设计图示面层面积计算。

公路桥按设计图示桥面面积计算,含车行道和人行道的面积。涵洞按设计图示进出口帽石外边缘之间中心线长度计算。隧道开挖按图示不含设计允许超挖、预留变形量的设计断面计算,含沟槽和各种附属洞室的开挖数量(含支护)。隧道衬砌按图示不含设计允许超挖回填、预留变形量的设计断面计算,含沟槽、盖板和各种附属洞室的衬砌数量(不含挂网喷射混凝土的钢筋网)。隧道洞门按设计图示洞门圬工体积计算,包括端翼墙和与洞门连接的挡墙。

砍树及挖除树根:当线路通过森林地区或遇有树林、丛林需要砍树、除根,遇有草原需铲除草皮时,可按调查数量,分析单价计列。如无调查资料可按类似线路综合指标计列。

管线路防护费用按设计数量和分析单价或有关单位提出的预算资料进行编列。

青苗补偿费根据国家或当地行政主管理部门补偿标准及现场测量确定的"量"进行计算。

补偿原则:依据政策合理补偿,充分保护群众利益,既要防止漫天要价,又要防止不合理压价;涉及国有或集体所有制厂矿企事业单位的拆迁,给予适当补偿;涉及国有资产的电力、电信、铁路、水利、管道及军用设施等构造物拆迁,按成本价计算补偿;补偿标准通常按目前社会物价指数测算,并适当考虑市场物价变化因素。

具体补偿内容包括:土地补偿、人员安置补助、青苗补偿、地上附着物补偿等。一般补偿方法:土地补偿、安置补助费按被征用土地前3年每亩平均年产值的若干倍计算;青苗补偿按被征用土地前3年平均每亩年产值,根据年种季节数,折算补偿几季计算;地上附着物补偿按实际量和补偿标准计算,如植物、附属房屋、公共建筑物、水井等。具体依照当地政府不同的补偿标准规定执行。

附4.2 路基工程工程量计算规则

路基工程包括区间路基土石方、站场土石方和路基附属工程。

1) 区间路基和站场土石方计算规则

挖方以设计开挖断面按天然密实体积计算,含侧沟的土石方数量。填方以设计填筑断面按压实后的体积计算,利用土填方,如挖方未直接运至填筑点,工作内容应包含从利用方临时堆放点运至填筑点的内容。设计要求清除表土后或原地面压实后回填至原地面标高所需的土石方按设计图示确定的数量计算,因此也纳入路基填方数量内。路堤填筑按照设计图示填筑线计算土石方数量,护道土石方、需要预留的沉降数量计入填方数量。清除表土的数量和路堤两侧因机械施工需要超填帮宽等而增加的数量,不单独计量,其费用应计入设计断面。既有线改造工程所引起的既有路基落底、抬坡的土石方数量应按相应土石方的清单子目计量。

2) 路基附属工程

路基附属工程包括附属土石方及加固防护和支挡结构两大部分。

(1) 附属土石方及加固防护

①附属土石方及加固防护系指支挡结构以外的所有路基附属工程,包括改河、改沟、改渠、平交道口土石方等工程,盲沟、排水沟、天沟、截水沟、渗沟、急流槽等排水系统,边坡防护(含护墙)、冲刷防护、风沙路基防护、绿色防护等防护工程,与路基同步施工的电缆槽、接触网支柱基础、路基地段综合接地贯通地线、光(电)缆过路基防护,软土路基、地下洞穴、取弃土场等加固处理工程,综合接地引入地下,降噪声工程,线路两侧防护栅栏,路基护轮轨等。

②除地下洞穴处理、取弃土(石)场处理两类工程需单独计量外,其余各类工程中的清单子目划分应视为并列关系。地下洞穴处理、取弃土(石)场处理的工程,只能采用其相应类别的清单子目计量;非地下洞穴处理、取弃土(石)场处理的工程,不得采用地下洞穴处理、取弃土(石)场处理的清单子目计量。

③对于各类工程的挖基等数量,不单独计量,其费用计入相应的清单子目。

④加固防护的砌体及圬工,按设计图示砌体体积计算。

⑤路基地基处理中基底所设的垫层按清单子目单独计量,按设计图示压实体积计算。地基处理抛填石、换填土按设计图示压实体积计算。袋装砂井按设计图示井长计算,砂桩、石灰桩、碎石桩、旋喷桩、粉喷桩等按设计图示桩顶至桩底的长度计算。堆载预压中填筑的砂垫层、砂井或塑料排水板,应采用地基处理的清单子目计量。

⑥土工合成材料处理的工程量按设计图示铺设面积计算,各清单子目中设计要求的回折长度计量,搭接长度不计量。除土工网垫外,其下铺的各种垫层或其上填筑的各种覆盖层等应采用地基处理的清单子目计量。支挡结构(挡土墙等)中的受力土工材料,如加筋土挡土墙中的拉筋带等,在支挡结构的清单子目中计量。

⑦地下洞穴处理仅适用于对地下洞穴进行直接处理,对于通过挖开后回填处理,应采用地基处理的清单子目计量。地下洞穴处理的填土方、填石方等清单子目,适用于通过地下巷道进

入施工现场进行填筑的工程。

（2）支挡结构

支挡结构包括各类挡土墙、抗滑桩等工程。

①锚杆挡土墙、桩板挡土墙、加筋土挡土墙、锚定板挡土墙、抗滑桩、预应力锚索、预压力锚索、预应力锚索桩等特殊形式的支挡结构采用独立的清单子目计量；其余重力式挡土墙、扶壁式挡土墙、悬臂式挡土墙等一般形式的支挡结构及抗滑桩间挡墙按圬工类别划分，应采用挡土墙浆砌石、挡土墙片石混凝土、挡土墙混凝土、挡土墙钢筋混凝土四种清单子目计量。混凝土工程量按设计图示圬工尺寸计算。

②土钉墙分别按土钉、基础圬工和喷射混凝土的清单子目计量。

③加筋土挡土墙中填筑的土石方，应采用区间或站场土石方的清单子目计量。

④预应力锚索桩桩身的混凝土按抗滑桩清单子目计量，桩间挡墙的混凝土和砌体按一般形式的支挡结构的清单子目计量；预应力锚索桩板挡土墙的混凝土砌体按桩板挡土墙清单子目计量，预应力锚索单独计量；桥梁等混凝土和砌体按一般形式的支挡结构的清单子目计量。预应力锚索包括独立的预应力锚索、预压力锚索桩以及预应力锚索桩板挡土墙中的预应力锚索，预应力锚索中的锚墩不单独计量，其费用计入预应力锚索。

⑤挡土墙、护墙等砌体圬工的基础、墙背所设垫层不单独计量，其费用计入相应的清单子目；挡土墙等的基础垫层以下的特殊地基处理按地基处理项下的清单子目单独计量。

附4.3 铁路桥涵工程工程量计算规则

（1）桥梁基础、墩台混凝土工程量按设计图示圬工尺寸计算。

（2）钢筋按设计图示长度计算重量；预应力钢筋按设计图示结构内长度计算，重量不含锚具的重量。

（3）钻孔桩按设计图示承台底至桩底的长度计算。

（4）预制、架设或现浇梁按设计图示数量计算孔数。

（5）桥面系按设计图示桥梁长度计算工程量。

（6）涵洞工程涵身及附属工程量按设计图示进出口帽石外边缘之间中心线长度计算。

附4.4 隧道工程工程量计算规则

指南清单格式隧道工程列隧道、明洞2节。

隧道长度$L>4$km 的按座单独编制，长度$L\leqslant 4$km 的分别按3km$<L\leqslant 4$km，2km$<L\leqslant 3$km，1km$<L\leqslant 2$km，$L\leqslant 1$km 为单元编列。单线、双线、多线隧道分别编列。瓦斯隧道、地质复杂隧道单独编列。隧道长度是指隧道进出口（含与隧道相连的明洞）洞门端墙墙面之间的距离，以端墙面或斜切式洞门的斜切面与设计内轨顶面的交线同线路中线的交点计算。双线隧道按下行线长度计算；位于车站上的隧道以正线长度计算；设有缓冲结构的隧道长度应从缓冲结构的起点计算。

正洞开挖按不同围岩级别设置清单子目，出渣运输包括有轨运输和无轨运输。支护按不同围岩级别设置清单子目，工程量按设计图示隧道长度计算。不同围岩级别所配置的相应支护形式由设计确定。锚杆包括砂浆锚杆、中空锚杆、自钻式锚杆、水泥药卷锚杆、预压力锚杆等。衬砌指模筑(钢筋)混凝土和砌筑部分，包括拱部、边墙、仰拱或铺底、沟槽及盖板和各种附属洞室的衬砌数量，按不同围岩级别设置清单子目。隧道洞口防护中的土钉墙分别按土钉、基础圬工和喷射混凝土的清单子目计量。

具体工程量计算规则如下：.

①正洞开挖工程量按图示不含设计允许超挖、预留变形量的设计断面计算(含沟槽和各种附属洞室的开挖数量)。

②衬砌工程量按图示不含设计允许超挖、回填、预留变形量的设计断面计算(含沟槽和各种附属洞室的衬砌数量)。

③明洞及棚洞按设计图示明(棚)洞长度计算。

④平行导坑按设计图示平行导坑长度计算，平行导坑的横通道不单独计量，其费用计入平行导坑。竖井按设计图示竖井锁口至井底长度计算，竖井的横通道不单独计量，其费用计入竖井。

⑤洞门按设计图示洞门圬工体积计算，包括端翼墙、缓冲结构和与洞门连接的挡墙。

附4.5 轨道工程工程量计算规则

指南清单格式轨道工程列正线、站线、线路有关工程3节。站场中的正线列入清单格式中第12节正线。清单格式中第13节站线包括通往机务段、车辆段、动车段、材料厂的线路(不包括厂房、库房内的轨道)以及三角线、回转线、套线、安全线、避难线、厂库线、石碴场、牵引变电所、供电段专用线等。

铺轨和铺道床包含满足设计开通速度的全部工程(工作)内容。铺轨按木枕、钢筋混凝土枕、钢筋混凝土桥枕、钢筋混凝土宽枕、无砟道床铺轨、无枕地段铺轨、过渡段铺轨分列清单项目，轨型按标准轨和长钢轨分列清单子目。铺道床按粒料道床、无砟道床、道床过渡段、混凝土宽枕道床分列清单子目。铺道岔按单开道岔、特种道岔分列清单项目。

具体工程量计算规则如下：

①正线、站线铺轨长度按设计图示长度(不含过渡段、不含道岔)计算。

②铺砟数量计算：粒料道床面砟按设计图示断面尺寸计算，含无砟道床与粒料道床过渡段和无砟道床两侧铺设的数量；底砟按设计图示断面尺寸计算，含线间石砟；粒料道床减振橡胶垫层按设计图示铺设面积计算。

③无砟道床按设计图示道床长度(不含过渡段)计算，无砟道床减振垫层铺设按设计图示减振地段道床长度(不含过渡段)计算。

④铺道岔工程量按设计图示道岔组数计算。

改建铁路线路工程按拆除线路、重铺线路、起落道、拨移线路、换轨、换枕、无缝线路应力放散、无缝线路锁定分列清单项目,道床按粒料道床(含清筛道砟、补充道砟)和无砟道床分列清单子目。

具体工程量计算规则:

①拆除线路按设计图示拆除的既有线路长度计算,重铺线路按设计图示重铺长度计算。

②起落道按设计图示起落长度计算,拨移线路按设计图示拨移长度计算。

③换轨按设计图示更换钢轨的长度计算,抽换轨枕按设计图示更换轨枕的数度计算。

④无缝线路应力放散按设计图示数量计算,无缝线路锁定按设计图示数量计算。

⑤清筛道砟按设计清筛道砟的数量计算,补充道砟按设计补充道砟的数量计算。

线路有关工程包括附属工程和线路备料。附属工程包括区间和站平交道口板预制、铺砌(不包括平交道土石和路面);平交通口护轮轨及防护设施制安;车挡、各种线路及信号标志(标牌)制安;扳道器、钢轨脱鞋器安装。线路备料包括钢轨架制作、埋设,各种规定备用材料按规定存放地点放置及验交前保管,工程量均按设计铺轨长度计算。

铁路站后工程、大临及其他费计算规则详见《铁路工程工程量清单计价指南》(简称07指南)。

附录5　公路工程工程量清单计算规则

(1) 场地清理工程量清单计量规则,见附表5-1。

场地清理工程量清单计量规则　　　　　　　　　　　　　　附表5-1

细目号	细目名称	计量单位	工程量计算规则	工程内容
202-1	清理与掘除			
-a	清理现场	m²	按设计图表所示,以投影平面面积计算	清除路基范围内所有垃圾,清除草皮或农作物的根系与表土(10~30cm厚),清除灌木、竹林、树木(胸径小于150mm)和石头,废料运输及堆放;坑穴填平夯实
-b	砍树、挖根	棵	按设计图所示直径(离地面1.3m处的直径)大于150mm的树木,以累计棵树计算	砍树、截锯、挖根,运输堆放,坑穴填平夯实
202-2	挖除旧路面			
-a	水泥混凝土路面	m²	按设计图所示,以面积计算	挖除、坑穴回填、压实,装卸、运输、堆放
-b	沥青混凝土路面			
-c	碎(砾)石路面			
202-3	拆除结构物			
-a	钢筋混凝土结构	m³	按设计图所示,以体积计算	拆除、坑穴回填、压实,装卸、运输、堆放
-b	混凝土结构			
-c	砖、石及其他砌体结构			

(2) 路基挖方工程量清单计量规则,见附表5-2。

路基挖方工程量清单计量规则　　　　　　　　　　　　　　附表5-2

细目号	细目名称	计量单位	工程量计算规则	工程内容
203-1	路基挖方			
-a	挖土方	m³	按路线中线长度乘以核定的断面面积(扣除10~30cm厚清表土及路面厚度),以开挖天然密实体积计算	防、排水,开挖、装卸、运输,路基顶面挖松压实,整修边坡,弃方和剩余材料的处理(包括弃土堆的堆置、整理)
-b	挖石方	m³		防、排水,石方爆破、开挖、装卸、运输,岩石开凿、解小、清理坡面危石,路基顶面凿平或填平压实,整修路基,弃方和剩余材料的处理(包括弃土堆的堆置、整理)

续上表

细目号	细目名称	计量单位	工程量计算规则	工程内容
-c	挖除非适用材料（包括淤泥）	m³	按设计图所示，以体积计算（不包括清理原地面线以下 10~30cm 以内的表土）	围堰排水，挖装，运弃（包括弃土堆的堆置、整理）
203-2	改路改河改渠挖方			
-a	挖土方	m³	按路线中线长度乘以核定的断面面积（扣除 10~30cm 厚清表土及路面厚度），以开挖天然密实体积计算	防、排水，开挖，装卸、运输，路基顶面挖松压实，整修边坡，弃方和剩余材料的处理（包括弃土堆的堆置、整理）
-b	挖石方	m³		防、排水，石方爆破、开挖，装卸、运输，岩石开凿、解小，清理坡面危石，路基顶面凿平或填平压实，整修路基，弃方和剩余材料的处理（包括弃土堆的堆置、整理）
-c	挖除非适用材料（包括淤泥）	m³	按设计图所示，以体积计算（不包括清理原地面线以下 10~30cm 以内的表土）	围堰排水，挖装，运弃（包括弃土堆的堆置、整理）
203-3	借土挖方			
-a	借土(石)方	m³	按设计图所示，经监理工程师验收的取土场借土或经监理工程师批准由于变更引起增加的借土，以体积计算（不包括借土场表土及不适宜材料）	借土场的表土清除、移运、整平、修坡，土方开挖（或石方爆破）、装运、堆放、分理填料，岩石开凿、解小，清理坡面危石

（3）路基填筑工程量计量规则，见附表 5-3。

路基填筑工程量清单计量规则　　　　　　附表 5-3

细目号	细目名称	计量单位	工程量计算规则	工程内容
204-1	路基填筑（包括填前压实）			
-a	回填土	m³	按设计图表所示，以压实体积计算	回填好土的摊平、压实
-b	土方	m³	按路线中线长度乘以核定的断面面积（含 10~30cm 清表回填，不含路面厚度），以压实体积计算（为保证压实度路基两侧加宽超填的土石方不予计量）	施工防、排水，填前压实或挖台阶，摊平、洒水或晾晒压实，整修路基和边坡
-c	石方			防、排水，填前压实或挖台阶，人工码砌嵌锁、改渣，摊平、洒水或晾晒压实，整修路基和边坡
204-2	改路改河、改渠填筑			

续上表

细目号	细目名称	计量单位	工程量计算规则	工程内容
-a	回填土	m³	按设计图所示,以压实体积计算	回填土的摊平、压实
-b	土方			防、排水,填前压实或挖台阶,摊平、洒水或晾晒压实,整修路基和边坡
-c	石方			防、排水,填前压实或挖台阶,人工码砌嵌锁、改渣,摊平、洒水或晾晒压实,整修路基和边坡
204-3	结构物台背回填及锥坡填筑			
-a	涵洞、通道台背回填	m³	按设计图所示,以压实体积计算	挖运、掺配、拌和,摊平、压实,洒水、养护,整形
-b	桥梁台背回填	m³		
-c	锥坡填筑	m³		

(4) 特殊地区软基处理工程量清单计量规则,见附表 5-4。

特殊地区软基处理工程量清单计量规则　　　　　　附表 5-4

细目号	细目名称	计量单位	工程量计算规则	工程内容
205-1	软土地基处理			
-a	抛石挤淤	m³	按设计图所示,以体积计算	排水清淤,抛填片石,填塞垫平、压实
-b	砂垫层、砂砾垫层			运料,铺料,整平,压实
-c	灰土垫层			拌和,摊铺,整形,碾压,养生
-d	预压与超载预压			布载,卸载,清理场地
-e	袋装砂井		按设计图所示,按不同孔径以长度计算(砂及砂袋不单独计量)	轨道铺设,装砂袋,定位,打钢管,下砂袋,拔钢管,桩机移位,拆卸
-f	塑料排水板		按设计图所示,按不同宽度以长度计算(不计伸入垫层内长度)	轨道铺设,定位,穿塑料排水板,安桩靴,打拔钢管,剪断排水板,桩机移位,拆卸
-g	粉喷桩		按设计图所示,按不同桩径以长度计算	场地清理,设备安装、移位、拆除,成孔喷粉,二次搅拌
-h	碎石桩			
-i	砂桩			设备安装、移位、拆除,试桩,冲孔填料
-k	土工格栅	m²		铺设,搭接,铆固
-l	土工格室			
205-2	滑坡处理	m³	按实际量测的体积计算	排水,挖、装、运、卸

(5) 特殊地区软基处理工程量清单计量规则,见附表 5-5。

特殊地区软基处理工程量清单计量规则　　　　表 5-5

细目号	细目名称	计量单位	工程量计算规则	工程内容
207-1	边沟			
-a	浆砌片石边沟		按设计图所示,以 m 计算	扩挖整形,砌筑勾缝或预制混凝土块,铺砂砾垫层,砌筑,伸缩缝填塞,抹灰压顶,预制安装(钢筋)混凝土盖板
-b	浆砌混凝土预制块边沟			
207-2	排水沟			
-a	浆砌片式排水沟		按设计图所示,以 m 计算	挖整形,砌筑勾缝或预制混凝土块,铺砂砾垫层,砌筑,伸缩缝填塞,抹灰压顶,预制安装(钢筋)混凝土盖板
-b	浆砌混凝土预制块排水沟			
207-3	截水沟			
-a	浆砌片石截水沟		按设计图所示,以 m 计算	扩挖整形,砌筑勾缝或预制混凝土块,铺砂砾垫层,砌筑,伸缩缝填塞,抹灰压顶;预制安装(钢筋)混凝土盖板
-b	浆砌混凝土预制块截水沟			
207-4	浆砌片石急流槽(沟)	m^3	按设计图所示,以体积计算(包括消力池、消力槛、抗滑台等附属设施)	挖基整形,砌筑勾缝,伸缩缝填塞,抹灰压顶
207-5	暗沟(…mm×…mm)	m^3	按设计图所示,以体积计算	挖基整形,铺设垫层,砌筑,预制安装(钢筋)混凝土盖板,铺砂砾反滤层,回填
207-6	渗沟			
-a	带 PVC 管的渗沟		按设计图所示,以 m 计算	挖基整形,混凝土垫层,埋 PVC 管,渗水土工布包碎砾石填充,出水口砌筑,试通水,回填
-b	无 PVC 管的渗沟			挖基整形,混凝土垫层,渗水土工布包碎砾石填充,出水口砌筑,回填

(6) 护坡、护面墙工程量清单计量规则,见附表 5-6。

护坡、护面墙工程量清单计量规则　　　　附表 5-6

细目号	细目名称	计量单位	工程量计算规则	工程内容
208-1	植草			
-a	播种草籽	m^2	按设计图所示,按合同规定成活率,以面积计算	修整边坡、铺设表土,播草籽,洒水覆盖,养护
-b	铺(植)草皮			修整边坡、铺设表土,铺设草皮,洒水,养护
208-2	浆砌片石护坡			

续上表

细目号	细目名称	计量单位	工程量计算规则	工程内容
-a	满砌护坡	m³	按设计图所示,以体积计算	整修边坡,挖槽,铺垫层,铺筑滤水层;制作安装沉降缝、伸缩缝、泄水孔,砌筑、勾缝
-b	骨架护坡			
208-3	预制(现浇)混凝土护坡			
-a	预制块满铺护坡	m³	按设计图所示,以体积计算	整修边坡,预制、安装混凝土块,铺筑砂砾垫层,铺设滤水层,制作安装沉降缝、泄水孔,预制安装预制块
-b	预制块骨架护坡			
-c	现浇骨架护坡			整修边坡,浇筑,铺筑砂砾垫层,铺设滤水层,制作安装沉降缝、泄水孔
208-4	护面墙			
-a	××级浆砌片(块)石	m³	按设计图所示,以体积计算	整修边坡,基坑开挖、回填、砌筑、勾缝,抹灰压顶,铺筑垫层,铺设滤水层,制作安装沉降缝、伸缩缝、泄水孔
-b	××级混凝土			整修边坡,浇筑,铺筑垫层,铺设滤水层,制作安装沉降缝、泄水孔

(7)锚杆挡土墙工程量清单计量规则,见附表 5-7。

锚杆挡土墙工程量清单计量规则　　　　　　　　　　　表 5-7

细目号	细目名称	计量单位	工程量计算规则	工程内容
210-1	锚杆挡土墙			
-a	混凝土立柱(C…)	m³	按设计图所示,以体积计算	挖基、基底清理,模板制作安装现浇混凝土或预制安装构件墙背回填
-b	混凝土挡板(C…)			
-c	钢筋	kg	按设计图所示,以质量计算	钢筋制作安装
-d	锚杆			钻孔、清孔,锚杆制作安装,注浆,张拉抗拔力试验

(8) 加筋土挡土墙工程量清单计量规则,见附表5-8。

加筋土挡土墙工程量清单计量规则　　　　　　附表5-8

细目号	细目名称	计量单位	工程量计算规则	工 程 内 容
211-1	加筋土挡墙		按设计图所示,以体积计算	围堰排水,挖基、基底清理,浇筑或砌筑基础; 预制安装墙面板,铺设加筋带,沉降缝填塞,铺设滤水层,安装泄水孔,填筑与碾压墙面封顶
-a	…级砂浆砌片石基础	m³		
-b	…级混凝土基础	m³		
-c	…级混凝土帽石	m³		
-d	…混凝土墙面板	m³		
-e	…级钢筋混凝土带	m³		
-f	聚丙烯土工带	kg	按设计图所示,以质量计算	
加筋土挡墙的路堤填料按图纸的规定和要求,在本规则204节计量				

参 考 文 献

［1］李明华.铁路及公路工程施工组织与概预算.北京:中国铁道出版,2009.
［2］吴怀俊,马楠.工程造价管理.北京:人民交通出版社,2010.
［3］张起森,王首绪.公路施工组织及概预算.北京:人民交通出版社,2004.
［4］田元福.铁路及公路工程概预算编制原理与方法.北京:中国铁道出版,2008.